中 国 国 家 标 准 汇 编

604

GB 30331～30361

（2013 年制定）

中国标准出版社 编

中国标准出版社

北 京

图书在版编目(CIP)数据

中国国家标准汇编:2013年制定.604:GB 30331～30361/中国标准出版社编.—北京:中国标准出版社,2014.9

ISBN 978-7-5066-7685-4

Ⅰ.①中… Ⅱ.①中… Ⅲ.①国家标准-汇编-中国-2013 Ⅳ.①T-652.1

中国版本图书馆CIP数据核字(2014)第187911号

中国标准出版社出版发行
北京市朝阳区和平里西街甲2号(100029)
北京市西城区三里河北街16号(100045)

网址 www.spc.net.cn
总编室:(010)64275323 发行中心:(010)51780235
读者服务部:(010)68523946
中国标准出版社秦皇岛印刷厂印刷
各地新华书店经销

*

开本 880×1230 1/16 印张 30.25 字数 937 千字
2014年9月第一版 2014年9月第一次印刷

*

定价 220.00 元

出 版 说 明

1.《中国国家标准汇编》是一部大型综合性国家标准全集。自1983年起，按国家标准顺序号以精装本、平装本两种装帧形式陆续分册汇编出版。它在一定程度上反映了我国建国以来标准化事业发展的基本情况和主要成就，是各级标准化管理机构，工矿企事业单位，农林牧副渔系统，科研、设计、教学等部门必不可少的工具书。

2.《中国国家标准汇编》收入我国每年正式发布的全部国家标准，分为"制定"卷和"修订"卷两种编辑版本。

"制定"卷收入上一年度我国发布的、新制定的国家标准，顺延前年度标准编号分成若干分册，封面和书脊上注明"20××年制定"字样及分册号，分册号一直连续。各分册中的标准是按照标准编号顺序连续排列的，如有标准顺序号缺号的，除特殊情况注明外，暂为空号。

"修订"卷收入上一年度我国发布的、被修订的国家标准，视篇幅分设若干分册，但与"制定"卷分册号无关联，仅在封面和书脊上注明"20××年修订-1,-2,-3,……"字样。"修订"卷各分册中的标准，仍按标准编号顺序排列(但不连续)；如有遗漏的，均在当年最后一分册中补齐。需提请读者注意的是，个别非顺延前年度标准编号的新制定的国家标准没有收入在"制定"卷中，而是收入在"修订"卷中。

读者配套购买《中国国家标准汇编》"制定"卷和"修订"卷则可收齐由我社出版的上一年度我国制定和修订的全部国家标准。

3. 由于读者需求的变化，自1996年起，《中国国家标准汇编》仅出版精装本。

4. 2013年我国制修订国家标准共1 979项。本分册为"2013年制定"卷第604分册，收入国家标准GB 30331～30361的最新版本。

中国标准出版社

2014年8月

出版说明

目　录

GB/T 30331—2013　仓储绩效指标体系 …… 1
GB/T 30332—2013　仓单要素与格式规范 …… 9
GB/T 30333—2013　物流服务合同准则 …… 20
GB/T 30334—2013　物流园区服务规范及评估指标 …… 29
GB/T 30335—2013　药品物流服务规范 …… 37
GB/T 30336—2013　物流景气指数统计指标体系 …… 45
GB/T 30337—2013　物流园区统计指标体系 …… 54
GB/T 30338.1—2013　证券期货业电子化信息披露规范体系　第1部分:基础框架 …… 69
GB/T 30338.2—2013　证券期货业电子化信息披露规范体系　第2部分:编码规则 …… 90
GB/T 30338.3—2013　证券期货业电子化信息披露规范体系　第3部分:标引模板 …… 98
GB/T 30338.4—2013　证券期货业电子化信息披露规范体系　第4部分:实例文档封装格式 …… 137
GB/T 30338.5—2013　证券期货业电子化信息披露规范体系　第5部分:注册管理规范 …… 151
GB/T 30339—2013　项目后评价实施指南 …… 169
GB/T 30340—2013　机动车驾驶员培训机构资格条件 …… 181
GB/T 30341—2013　机动车驾驶员培训教练场技术要求 …… 195
GB/T 30342—2013　二手货　分类 …… 213
GB/T 30343—2013　国际货运代理海铁联运作业规范 …… 221
GB/T 30344—2013　国际货运代理铁海联运作业规范 …… 229
GB/T 30345—2013　国际物流企业信用管理规范 …… 237
GB/T 30346—2013　加工贸易物流作业规范 …… 249
GB/T 30347—2013　国际货运代理危险货物运输服务质量要求 …… 265
GB/T 30348—2013　国际展品运输服务质量要求 …… 285
GB/T 30349—2013　集装箱货运代理服务规范 …… 307
GB/T 30350—2013　电视收视率调查准则 …… 318
GB/T 30351—2013　搬家服务规范 …… 343
GB/T 30352—2013　地震灾情应急评估 …… 349
GB/T 30353—2013　人员密集场所地震避险 …… 384
GB/T 30354—2013　食用植物油散装运输规范 …… 394
GB/T 30355—2013　龙舌兰剑麻综合利用导则 …… 403
GB/T 30356—2013　木质楼梯安装、验收和使用规范 …… 409
GB/T 30357.1—2013　乌龙茶　第1部分:基本要求 …… 419
GB/T 30357.2—2013　乌龙茶　第2部分:铁观音 …… 425
GB/T 30358—2013　棉花加工工艺系统安装及制作通用技术条件 …… 433
GB/T 30359—2013　蜂花粉 …… 443
GB/T 30360—2013　颗粒状农药粉尘测定方法 …… 469
GB/T 30361—2013　农药干燥减量的测定方法 …… 475

ICS 03.100.10
A 87

中华人民共和国国家标准

GB/T 30331—2013

仓储绩效指标体系

Warehousing performance indicators system

2013-12-31 发布　　　　2014-07-01 实施

中华人民共和国国家质量监督检验检疫总局
中国国家标准化管理委员会　发布

前　言

本标准按照 GB/T 1.1—2009 给出的规则起草。

本标准由全国物流标准化技术委员会(SAC/TC 269)提出并归口。

本标准起草单位:中国仓储协会、上海北芳储运集团有限公司、综合开发研究院物流与供应链管理研究所、上海仓储行业协会、北京东方信捷物流有限责任公司、嘉里大通物流有限公司。

本标准主要起草人:李燕、李忠良、张家良、俞军耀、陈祥龙、王国文、王海伦、徐东、马立群。

仓储绩效指标体系

1 范围

本标准规定了仓储活动绩效管理中仓储绩效指标体系设立的基本原则、仓储绩效指标体系、可测量的关键绩效指标(KPI)以及绩效评价方式。

本标准适用于仓储经营活动的绩效评价。非经营性仓储活动绩效评价可参照执行。

2 规范性引用文件

下列文件对于本文件的应用是必不可少的。凡是注日期的引用文件,仅注日期的版本适用于本文件。凡是不注日期的引用文件,其最新版本(包括所有的修改单)适用于本文件。

GB/T 18354 物流术语

3 术语和定义

GB/T 18354 界定的以及下列术语和定义适用于本文件。

3.1

仓储绩效 warehousing performance

仓储活动所取得的、可测量的社会效益与经济效益。

4 仓储绩效指标体系设立的基本原则

4.1 充分利用企业现有资源。

4.2 以目标任务为依据,尽可能节省资源、降低成本。

4.3 平衡绩效考量,既考核财务指标又考核非财务指标。

4.4 应充分考虑环境约束,注重节能与减排。

5 仓储绩效指标体系

5.1 仓储绩效指标分类体系

根据企业的资本构成与业务模式,仓储绩效指标体系包括人力、仓储、机械、服务与财务五大类,每个大类对应若干具体指标,共14项,见表1。每类指标之间既相对独立,又相互关联、相互影响。

表 1 仓储绩效指标分类体系

类型	指标
人力	人均日拣货量 人均日加工量 人均日订单处理量 人均仓储收入
仓储	仓库面积(容积、货位)利用率 库存周转次数 单位仓库面积能耗 单位仓库面积产值
机械	机械化作业率
服务	加工包装率 配送率
财务	仓储收入利润率 企业净资产收益率 利润增长率

5.2 仓储绩效指标分级体系

根据各项指标的属性及其相互关系,仓储绩效指标分为财务绩效、管理绩效和作业绩效共三级指标,每级指标对应若干具体指标,共 14 项,见表 2。财务绩效是最终绩效,是管理与作业绩效的综合反映;作业绩效在一定程度上决定管理绩效,管理绩效直接决定财务绩效。

表 2 仓储绩效指标分级体系

级别及名称	具体指标
一级:财务绩效指标	仓储收入利润率 企业净资产收益率 利润增长率
二级:管理绩效指标	人均仓储收入 单位仓库面积产值 仓库面积(容积、货位)利用率 库存周转次数 机械化作业率 加工包装率 配送率 单位仓库面积能耗
三级:作业绩效指标	人均日拣货量 人均日订单处理量 人均日加工量

6 仓储绩效关键指标

6.1 仓储收入利润率

仓储收入利润率是指仓储经营活动的利润与收入的比率，用以反映仓储收入与仓储利润之间的关系，一般按年度评价。按式(1)计算：

$$仓储收入利润率=\frac{仓储利润}{仓储收入}\times 100\% \quad\cdots\cdots(1)$$

式中：

仓储利润=仓储收入－仓储成本，单位为万元；

仓储收入包含存储费(可按面积、托盘、重量等收取)以及出入库、装卸、搬运、加工包装、质押监管、配送、信息资讯等与仓储相关的所有服务性收入，但不含仓储企业兼营的商品贸易收入、与仓储货物没有连带关系的运输收入，单位为万元；

仓储成本指的是按仓储收入同口径计算的仓储活动直接成本，包含仓储设施设备折旧或租金、直接人工成本、加工材料、配送成本、因仓储活动所产生的动力能源及水电消耗，但不含企业管理费用，单位为万元。

6.2 企业净资产收益率

企业净资产收益率是指净利润与净资产的比率，用以衡量企业运用自有资本的效率，一般按年度评价。按式(2)计算：

$$企业净资产收益率=\frac{净利润}{净资产}\times 100\% \quad\cdots\cdots(2)$$

式中：

净利润是指企业总收入扣除企业总成本、总费用与税金之后的余额，即：净利润=利润总额－所得税；

净资产即所有者权益(或股东权益)，按企业财务报表中数额计算。

6.3 利润增长率

利润增长率是指利润增长额与上年利润总额的比率，用以衡量利润增长速度。按式(3)计算：

$$利润增长率=\frac{当年利润总额-上年利润总额}{上年利润总额}\times 100\% \quad\cdots\cdots(3)$$

6.4 人均仓储收入

人均仓储收入是指仓储从业人员人均仓储收入，以万元为单位，一般按年度评价。按式(4)计算：

$$人均仓储收入(人均产值)=\frac{年仓储收入}{年仓储从业人员平均人数} \quad\cdots\cdots(4)$$

式中：

仓储从业人员是指从事仓储活动的一线操作人员及从事仓储经营管理活动的管理者，年仓储从业人员平均数=一年内每月月末从业人员人数之和/12。

6.5 单位仓库面积产值

单位仓库面积产值是指每万平方米仓库面积总收入，以万元为单位，一般按年度评价。按式(5)计算：

$$单位仓库面积产值=\frac{仓储收入}{仓库总面积} \quad\cdots\cdots(5)$$

式中：

仓库总面积是指仓库的建筑面积，单位为万平方米。

6.6 仓库面积(容积、货位)利用率

仓库面积(容积、货位)利用率是指实际使用仓库面积(容积、货位)与仓库总面积(容积、货位)的比率。按式(6)计算：

$$仓库面积(容积、货位)利用率=\frac{实际使用仓库面积(容积、货位)}{仓库总面积(容积、货位)}\times 100\% \quad\cdots\cdots(6)$$

式中：

实际使用仓库面积是指库内存放货物实际所占用的面积(容积、货位)。

6.7 库存周转次数

库存周转次数是指年发货量与年平均储存量的比值。库存周转次数越多，表明仓储活动的效率与效益越高，一般按年度评价。按式(7)计算：

$$库存周转次数=\frac{年发货量}{年平均储存量} \quad\cdots\cdots(7)$$

式中：

年发货量是指通过出库操作的货物总量，可按吨、立方米、托盘等计算；

年平均储存量是指一年内货物储存量的平均值，年平均储存量＝每天存储量的总和/365，可按吨、立方米、托盘等计算。

6.8 机械化作业率

机械化作业率是指使用机械设备的作业量与货物吞吐量的比率，一般按年度评价。按式(8)计算：

$$机械化作业率=\frac{使用机械设备作业总量}{货物吞吐量}\times 100\% \quad\cdots\cdots(8)$$

式中：

货物吞吐量指进出库货物的总量，货物吞吐量＝入库货物量＋出库货物量，可按吨、立方米、托盘等计算；

使用机械设备作业总量是指仓库货物吞吐总量中，减去完全手工操作处理的货物总量，可按吨、立方米、托盘等计算。

6.9 加工包装率

加工包装率是指加工包装总量与储存总量的比率，一般按年度评价。按式(9)计算：

$$加工包装率=\frac{加工包装总量}{储存总量}\times 100\% \quad\cdots\cdots(9)$$

式中：

加工包装总量是指在仓储环节对产品实施的简单物理性作业活动(如包装、分割、刷标志、栓标签、组装等)的货物总量；

储存总量是指累计存储货物的总量。

6.10 配送率

配送率是指配送量与出库量的比率，一般按年度评价。按式(10)计算：

$$配送率=\frac{配送量}{出库量}\times 100\% \qquad \cdots\cdots(10)$$

式中：

配送量是指在经济合理区域范围内，根据客户要求，对物品进行拣选、加工、包装、分割、组配等作业，并按时送达指定地点的货物量，既包括多货主多品种送到单点或多点，也包括单一货主的货物送到多点，不含不经过出入库操作的点对点运输。

6.11 单位仓库面积能耗

单位仓库面积能耗是指单位面积年消耗的能源量（水、电、油），一般按年度评价。按式(11)计算：

$$单位面积能耗(水、电、油)=\frac{能耗总量(水、电、油)}{仓库总面积} \qquad \cdots\cdots(11)$$

式中：

能耗总量按照水、电、油，依据上述公式分别计算，是指累计消耗（水、电、油）的总量。

6.12 人均日拣货量

人均日拣货量可分为每台叉车日均拣货量、人均日整件拣货量和人均日拆零拣货量，一般按年度评价。

6.12.1 每台叉车日均拣货量，可以吨、立方米、托盘等为计算单位，按式(12)计算：

$$每台叉车日均拣货量=\frac{年叉车拣货总量}{年叉车使用台数} \qquad \cdots\cdots(12)$$

式中：

年叉车使用台数＝一年内每工作日叉车使用数量之和。

6.12.2 人均日整件拣货量，可按吨、立方米、包装件数计算，按式(13)计算：

$$人均日整件拣货量=\frac{年整件拣货总量}{年作业人员总人数} \qquad \cdots\cdots(13)$$

式中：

年作业人员总人数是指一年内从事整件拣货作业人员总数，年作业人员总人数＝一年内每日整件拣货人员数量总和。

6.12.3 人均日拆零拣货量，可按吨、立方米、单品件数计算，按式(14)计算：

$$人均日拆零拣货量=\frac{年拆零拣货总量}{年作业人员总人数} \qquad \cdots\cdots(14)$$

式中：

年作业人员总人数是指一年内从事拆零拣货作业人员总数，年作业人员总人数＝一年内每日拆零拣货人员数量总和。

6.13 人均日加工量

人均日加工量可以吨、立方米、包装件数为单位，一般按年度计算，按式(15)计算：

$$人均日加工量=\frac{年加工总量}{年作业人员总人数} \qquad \cdots\cdots(15)$$

式中：

年作业人员总人数是指一年内从事加工的作业人员总数，年作业人员总人数＝一年内每日加工人员数量总和。

6.14 人均日订单处理量

人均日订单处理量，一般按年度计算，按式(16)计算：

$$人均日订单处理量=\frac{年订单处理总量}{年作业人员总人数} \qquad \cdots\cdots(16)$$

式中：

年订单处理总量是指一年内接收并完成货物出库的订单总量，按单计算；

年作业人员总人数是指一年内扣除加工包装等专项服务人员与装卸人员之外，所有与订单处理相关的一线操作人员总数，年作业人员总人数＝一年内每日工作人员数量总和。

7 仓储绩效的评价

7.1 企业内部评价。企业根据本标准与本企业的业务情况及岗位设置进行自我评价，与本企业的历史比较，与行业标杆比较，有针对性地采取改进措施，不断提高企业各个方面与各个层次的绩效水平。

7.2 社会外部评价。由相关行业组织或相关中介机构根据本标准对仓储企业的财务、管理与作业绩效进行外部评价，并由行业组织树立行业绩效标杆，促进全行业绩效的提高。

ICS 03.100.10;55.220
A 87

GB

中华人民共和国国家标准

GB/T 30332—2013

仓单要素与格式规范

Warehouse receipt fundamental element and form

2013-12-31 发布　　　　2014-07-01 实施

中华人民共和国国家质量监督检验检疫总局
中国国家标准化管理委员会　发布

前　言

本标准按照 GB/T 1.1—2009 给出的规则起草。

本标准由全国物流标准化技术委员会(SAC/TC 269)提出并归口。

本标准起草单位:浙江涌金仓储股份有限公司、中国仓储协会、金融仓储研究所、上海期货交易所结算部、中国建设银行公司业务部、工商总行信贷管理部、中国外运长航集团有限公司、南京农业大学、北京全国棉花交易市场有限责任公司、南储仓储管理有限公司、平安银行对公产品与现金管理部。

本标准主要起草人:童天水、孙杰、李燕、李忠良、王富博、刘涛、李文杰、范文韬、巫笛、李夺、罗勇、李太平、郭建丰、黄湘民、关键、陶永诚、吴金旺、马立群。

引 言

仓单是仓储保管人对存货人所交付的仓储物品进行验收之后出具的权利凭证。我国1995年修订的《中华人民共和国担保法》首次出现“仓单”概念，实际仓储服务业务中至今沿用“入库单”与“出库单”。随着我国国民经济与物流产业的快速发展，产生期货交易与动产质押融资后，“仓单”才在这两个领域普遍使用，但至今没有专门的仓单标准。由于法律概念与实际单据脱节、且没有仓单标准，直接影响到仓储服务与质押监管业务的规范发展。本标准的制定对于促进我国现代仓储业及其与商品交易、金融和资本交易等市场的健康发展，保障相关各方的合法权益，维护社会经济秩序，具有重要意义。

仓单要素与格式规范

1 范围

本标准规定了仓单类型、要素、印制与填写要求。

本标准适用于仓储活动中使用的普通仓单,质押融资业务、期货交易中的可流转仓单等。

2 规范性引用文件

下列文件对于本文件的应用是必不可少的。凡是注日期的引用文件,仅注日期的版本适用于本文件。凡是不注日期的引用文件,其最新版本(包括所有的修改单)适用于本文件。

GB/T 18354 物流术语

3 术语和定义

GB/T 18354 界定的以及下列术语和定义适用于本文件。

3.1

仓单 warehouse receipt

仓储保管人在与存货人签订仓储保管合同的基础上,按照行业惯例,以表面审查、外观查验为一般原则,对存货人所交付的仓储物品进行验收之后出具的权利凭证。

[GB/T 18354—2006,定义 3.22]

3.2

仓单要素 warehouse receipt fundamental element

仓单在形式和内容上所包含的反映仓储物品和活动的单元信息。

3.3

保管人 depository

依据仓储合同,验收、储存、保管与交付存货人仓储物,并收取仓储费的一方。

3.4

存货人 customer

依据仓储合同,将仓储物委托保管人储存保管,并支付仓储费的一方。

3.5

仓单持有人 warehouse receipt holder

合法持有仓单的当事人。

注:仓单持有人最初为存货人,在仓单经背书转让后,仓单持有人即为受让人。

3.6

保兑 confirmation

保管人出具的仓单经存货人同意,由其他仓储保管方承诺向仓单持有人兑现仓单货物的保证。

3.7

背书 endorsement

在仓单背面或者粘单上记载有关仓单转让等事项并签章的行为。

4 仓单类型

4.1 普通仓单

依据仓储合同,由保管人向存货人出具的不可转让的存储仓储物的凭证。普通仓单示例参见附录A。

4.2 可流转仓单

因仓储物物权发生变化,经仓单持有人背书和货物保管人确认后可依法转让的仓单。可流转仓单示例参见附录B。

5 仓单要素

5.1 必备要素

普通仓单的必备要素14项,可流转仓单的必备要素28项。必备要素的内容及用语见表1。

表1 仓单必备要素的内容及用语

仓单类型	序号	要素内容	可选择用语	填写要求
普通仓单、可流转仓单	1	“仓单”字样	仓单、入库单	可流转仓单使用“仓单”字样,普通仓单使用“入库单”字样
	2	仓单编号	编号、No.	
	3	仓单填发日期	填发日期	汉字大写,如贰零壹贰年拾壹月壹日
	4	存货人名称	存货人、存货单位	存货人(单位)实名全称
	5	存货人住所	存货人地址	
	6	保管人名称	保管人、保管单位并盖章	保管单位实名全称并盖章
	7	仓储物名称	名称、品种	
	8	仓储物规格	规格、型号、等级	
	9	仓储物包装	包装	
	10	仓储物计量单位	单位	件、千克、立方米等
	11	仓储物数量	数量	
	12	仓储场所	保管仓库地址	
	13	交货人	交货人签字、送货人签字	填写“自然人”姓名
	14	收货人	仓库收货人、验收人、填发人	填写“自然人”姓名

表 1（续）

仓单类型	序号	要素内容	可选择用语	填写要求
可流转仓单	15	仓储物标记	标记、商标、生产厂家、生产日期、产地、含量	
	16	仓储物损耗标准	损耗标准	
	17	仓储费率	仓储费率	
	18	仓储物价格	货物合计金额、货值	货物价值大写、小写同时填写
	19	凭证权利提示	凭单提货	
	20	仓库发货日期	发货日期、提货日期	
	21	被背书人签章	被背书人签章	采用电子化仓单的企业，应在系统内保留连续背书的记录，并可供查询确认
	22	背书人签章	背书人签章	
	23	保管人背书签章	保管人签章	
	24	背书日期	年、月、日	
	25	仓单持有人提取货物盖章	仓单持有人提取货物盖章	公章、人名章、手印
	26	发货人	仓库发货人	填写“自然人”姓名
	27	提货人	提货人签字	填写“自然人”姓名
	28	提货人有效证件	提货人有效证件名称及号码	

5.2 可选要素

仓单可选要素 12 项，内容及用语见表 2。

表 2 仓单可选要素的内容及用语

仓单类型	序号	要素内容	可选择用语	填写说明
普通仓单、可流转仓单	1	仓储物保险金额	保险金额	
	2	仓储物保险期间	保险期间	
	3	仓储物保险人名称	保险人	
	4	货品编码	货品编码、商品编码	
	5	复核、记账	复核、记账	
	6	“保兑”字样	保兑	应在正本提货联正面显著位置
	7	仓单保兑人签章	保兑人	实名全称
	8	关联仓储合同	关联合同号	
	9	附件	附件	粘贴在指定处，加盖骑缝章
	10	存货库位	货物存放库位	
	11	格式条款（说明、注意事项）	根据业务需要选用，由存货人与保管人事前约定事项	明确存货人与保管人之间的基本权利义务
	(12)	电子签名栏	电子签名	电子仓单使用

6 仓单的印制与填写

6.1 印制要求

6.1.1 文字颜色

文字颜色宜为黑色。

6.1.2 底纹

仓单正本提货联应印制底纹。

6.1.3 联数

仓单联数应不少于三联，包括正本提货联、会计记账联、仓库留存联等，并标明每联用途。

6.2 填写要求

6.2.1 仓单上必备要素应记载齐全，填写工整。

6.2.2 仓单中仓储物金额合计应以汉字大写和阿拉伯数字同时记载，二者应一致。

6.2.3 仓单上的记载事项应真实，不得伪造、变造，可流转仓单所记载的要素不得有修改痕迹(包括不得修改后盖章)。

6.2.4 仓单应具有唯一性。

附 录 A
（资料性附录）
普通仓单示例

以下为普通仓单正面示例。此仓单背面无内容。

×××××公司入库单

填发日期（大写）　　　年　　月　　日　　　　　　No.__________

存货人（单位）：______________________　存货人地址：______________________

仓储物名称	规格	包装	单　位 （件、千克、立方米）	数量	备　注

保管人（单位全称）盖章：______________________　保管仓库地址：______________________

收货人签字：　　　　　　　　　　　　交货人签字：

附 录 B
（资料性附录）
可流转仓单示例

B.1 可流转仓单正面

凭单提货

×××××公司仓单

填发日期(大写)　　　　年　　月　　日　　　　No.________

存货人(单位)：________________　　存货人地址：________________

保管仓库地址：________________

仓储物名称	规格	包装	单　位 (件、吨、立方米)	数量	标记	仓储物 损耗标准	仓储费率
仓储货物合计金额(大写)				¥(小写)			

正本提货联

保管人(单位全称)盖章：________________

收货人签字：　　　　　　　　　　　　交货人签字：

骑缝章加盖处

(附件粘贴处)

B.2 可流转仓单背面

×××××公司仓单

填发日期(大写)　　　年　　月　　日　**No.** ________

被背书人签章 年　月　日	被背书人签章 年　月　日	被背书人签章 年　月　日	被背书人签章 年　月　日
背书人签章 年　月　日	背书人签章 年　月　日	背书人签章 年　月　日	背书人签章 年　月　日
保管人签章 年　月　日	保管人签章 年　月　日	保管人签章 年　月　日	保管人签章 年　月　日

(贴粘单处)

仓单持有人提取货物盖章　　　　　保管人(单位)盖章

提货人：　　　　　　　　　　　　发货人：

提货人有效证件名称及号码：　　　提货日期：

ICS 03.100.10
A 10

中华人民共和国国家标准

GB/T 30333—2013

物流服务合同准则

Specification for the logistics service contract

2013-12-31 发布 2014-07-01 实施

中华人民共和国国家质量监督检验检疫总局
中国国家标准化管理委员会 发布

前 言

本标准按照 GB/T 1.1—2009 的规则起草。

本标准由全国物流标准化技术委员会(SAC/TC 269)提出并归口。

本标准起草单位:上海市标准化研究院、浙江省标准化研究院、上海第二工业大学。

本标准主要起草人:马娜、晏绍庆、关键、路欢欢、刘璇、郝浩、王胡应、毛远庆、潘洋、邬星根、颜家平。

引　言

为规范物流服务合同行为，减少物流服务过程中的法律纠纷和由此产生的损失，保护物流服务合同相关方合法权利和明确各相关方义务，特制定本标准。

物流服务合同准则

1 范围

本标准规定了物流服务合同的主要术语、基本要求及构成等。

本标准适用于主要物流服务活动的合同文件的编写。

2 规范性引用文件

下列文件对于本文件的应用是必不可少的。凡是注日期的引用文件，仅注日期的版本适用于本文件。凡是不注日期的引用文件，其最新版本(包括所有的修改单)适用于本文件。

GB/T 18354—2006 物流术语

3 术语和定义

GB/T 18354—2006 界定的以及下列术语和定义适用于本文件。

3.1

物流服务合同 logistics service contract

平等主体的自然人、法人、其他组织之间，针对约定的物流服务行为设立、变更、终止民事权利义务关系的协议。

3.2

物流服务合同标的 logistical service contract object

物流服务合同各签订方基于合同权利和义务共同指向的对象。

注：本标准所称标的是指合同指向的服务提供方向服务需求方提供的物流服务。

4 基本要求

4.1 物流服务合同的订立、生效、履行、变更和转让、权利义务终止和违约责任等，应严格遵守《中华人民共和国合同法》的规定，并应遵守合同内容所涉的我国其他有关法律、法规、规章等规范性法律文件。

4.2 物流服务合同的订立和履行应遵循平等、自愿、公平、诚实信用、协商一致的原则，尊重社会公德，维护经济秩序，保护社会公共利益。

4.3 物流服务合同应优先采用书面形式，以合同书、信件和数据电文(包括电报、电传、传真、电子数据交换和电子邮件)等可以有形地并可被证明地表现所载内容的形式订立，有法律特殊规定的从其规定。

4.4 物流服务合同各签订方应树立依法委托、守法经营、风险控制等法律意识，宜建立合同风险评估、合同谈判、合同和单证保管、合同履行过程监控等合同管理制度。

5 合同的构成

5.1 基本构成

物流服务合同包括约首部分、主文部分、约尾部分。

5.2 约首部分

约首部分应明确、完整地列出以下信息：

a) 合同名称及合同编号；

b) 合同所有签订方名称，需要时可增加所有签订方的联系信息等其他信息；

c) 合同中需要统一和明确的关键术语的定义、中文或外文缩写的指称等；

d) 需要时，可增加序言，说明合同的缔约依据、原则、过程以及批准机关和程序等信息。

5.3 主文部分

5.3.1 基本内容

物流服务合同的主文部分应体现合同订立的目的和内容，并涵盖合同从订立到终止全过程中合同所有签订方的权利义务。

物流服务合同主文至少应包括以下内容：

a) 合同标的，即物流服务内容；

b) 合同各签订方应为本合同履行所提供的条件（如设施、设备、场地和人员、安全保障体系、信息系统等）；

c) 服务期限；

d) 服务履行方式；

e) 服务费用及结算方式；

f) 不可抗力的处理约定；

g) 保险；

h) 违约责任。

此外，物流服务合同主文还可根据需要增加例外条款、保密条款、补充条款、合同附件等内容，物流服务合同要素可参见附录A。

5.3.2 物流服务内容

合同签订方应根据合同所涉物品和所包括的物流环节，设置物流服务内容条款，并致力于保证条款内容明确无歧义：

a) 约定物流服务形式、范围、场所、程序等，以及服务提供过程中各签订方应享有的权利和应承担的义务等；

b) 约定标的物流服务的全部内容，包括物流服务提供过程中附带或可能附带发生的额外服务内容，如逆向物流服务等；

c) 约定物流服务所涉物品的名称、规格和型号、数量或流量、计量单位及方法、包装要求、交接条件及要求、信息跟踪及反馈要求、验收原则和方法等；

d) 物流服务实施过程中，委托方同意受托方之外的第三方参与或配合的，宜在合同中明示；

e) 当合同包括两个以上签订方时，应对每一签订方在物流服务过程中应承担的义务和对应的权利进行明确约定；

f) 涉及危险物品、食品、药品等特殊物品的物流服务，应依据国家有关法律、法规、规章或其他规范性文件明确相关物流服务直接提供方的资质、设备、技术、管理和过程控制要求等；

g) 涉及质押融资等金融物流服务的，应符合国家金融、投资、信贷相关管理规定。如附带或未来可能附带物流服务外的其他附加服务时，约定附带服务种类及内容；

h) 约定签订方认为有必要约定的其他内容。

5.3.3 物品验收

物品交付时应进行验收。对物品的验收应有明确的标准和操作规则，检验规则应由合同各签订方共同确定，宜明确检验内容、检验方法、检验标准、认可检验机构或人员、检验结果表现形式等。

5.3.4 费用与结算

物流服务合同中应明确给出计价方式、结算方式和费用变更约定，应包括各签订方在合同中明确约定的所有物流服务的对价，宜详细、明确，如需变更应由合同各签订方形成一致的意思表示，并以书面等证据形式予以确定。

5.3.5 不可抗力的处理

物流服务合同签订方宜对不可抗力发生时责任的免除条件及处理措施进行约定，并纳入物流服务合同条款。

物流服务合同中不可抗力条款宜明示以下内容：

——合同签订方共同商定的、属于不可抗力的情况；

——不可抗力发生时，责任的免除约定及条件；

——不可抗力发生时，合同签订方应履行的义务；

——不可抗力发生后，合同继续履行或终止的约定及条件。

5.3.6 违约条款

物流服务合同应设置违约条款，列示对合同各签订方违约的认定、索赔及补救措施等内容。

违约认定可包括：违约行为定义、违约认定方法、责任划分原则、赔偿及支付约定等。

索赔可包括：索赔程序、索赔费用划分等。

补救措施可约定：合同各签订方应采取的补救措施、解决办法等。

5.3.7 变更与转让

物流服务合同宜设置变更与转让条款，列示合同可变更或转让的条件、形式和内容等。

物流服务合同的变更与转让不得违反国家有关法律规定。

5.3.8 保险

物流服务合同应约定保险条款，明确保险投保人、保险受益人、保险种类和保险标的。还应约定合同各签订方在理赔过程中应尽的义务和保险金额的分配等。

5.3.9 特殊条款

约定紧急情况或其他特殊情况下标的服务与预期发生变化时，合同各签订方的权利、义务、责任的重新确定。

约定其他需要的、合同签订方之间的特殊约定。

5.4 约尾部分

合同约尾部分应：

——明确约定合同起始和终止时间；

——约定合同附件的效力；

——需要时，约定合同不可转让或转让的条件；

——包含合同各签订方授权代表签字及组织公章；

——明示合同份数、签订日期和地点。

5.5 补充部分

物流服务合同可根据需要设置补充部分，补充部分可约定合同附件的序号、名称及内容，也包括主合同的补充协议。

附 录 A
（资料性附录）
物流服务合同要素

本附录给出了通用物流服务合同的要素，供物流企业编制合同时参考，实际合同签订中的具体结构和内容仍应以合同各签订方协商约定为准。

示例：

1 合同签订各方名称及基本信息

2 物流服务内容

2.1 服务指向物品说明

2.2 服务所涉物流环节要求

2.3 服务履行方式要求

2.4 物品交接及验收要求

2.5 其他特殊说明

3 服务期限

4 物流服务委托方权利

5 物流服务委托方义务

6 物流服务受托方权利

7 物流服务受托方义务

8 费用和结算

8.1 费用标准

8.2 支付方式

8.3 其他有关说明

9 不可抗力的处理

9.1 不可抗力内容的约定

9.2 不可抗力发生后的处理

10 保险

10.1 对投保事项的约定

10.2 其他有关说明

11 保密

11.1 保密内容约定

11.2 保密期限约定

11.3 特殊情况处理

12 违约责任

12.1 违约及应承担的违约责任的约定

12.2 违约金的约定、违约损失赔偿额或其计算方法的约定等

12.3 违约赔偿的支付

13 争议的解决

13.1 争议解决原则

13.2 争议解决途径

13.3 其他有关说明

14 变更和转让

14.1 许可变更的条件

14.2 变更程序及要求

14.3 许可转让的条件

14.4 转让程序及要求

15 合同的生效

15.1 合同及其附件说明

15.2 合同有效期

15.3 合同生效条件

15.4 合同持有情况说明

16 合同各方签章及签订日期、地点

17 补充协议

ICS 03.080.01
A 20

中华人民共和国国家标准

GB/T 30334—2013

物流园区服务规范及评估指标

Service specifications and evaluation indicators for logistics park

2013-12-31 发布　　2014-07-01 实施

中华人民共和国国家质量监督检验检疫总局
中国国家标准化管理委员会　发布

前　言

本标准按照 GB/T 1.1—2009 给出的规则起草。

本标准由全国物流标准化技术委员会(SAC/TC 269)提出并归口。

本标准起草单位:上海市标准化研究院、中国物流与采购联合会、上海商业发展研究院。

本标准主要起草人:晏绍庆、马娜、李红梅、路欢欢、康俊生、辛允、周志成、黄萍、刘斌、李燕、齐为。

引　言

当前,我国物流园区的发展正处于初级阶段,物流园区的规划、建设和运作尚未形成理想的成熟模式,物流园区的服务水平不高、社会功能发挥不充分等问题较为突出。物流园区的规范运营需要政府部门的引导、行业组织的自律和物流园区自身的科学管理,标准作为一种技术手段,在物流园区规范运营和服务水平提升方面能发挥其独特的基础作用。

本标准制定的目的在于为政府部门、行业组织和园区自身提供一种科学导向、规范运营和提升服务的可测量工具,通过本标准的实施来推进我国物流园区的规划、建设和运作的规范化进程,促进物流园区发挥"集中基础设施、集聚物流资源、集约物流业务"的社会功能。政府部门、行业组织可以直接引用本标准开展物流园区的评估工作,也可以依据本标准制定更加细化的评估细则来开展评估工作。物流园区评估的重点在于明确政府部门和行业组织所要鼓励的物流园区的营运模式,并给行业提供可供学习的标杆物流园区。

物流园区服务规范及评估指标

1 范围

本标准规定了物流园区的基本要求、服务保障要求和服务提供要求，给出了物流园区的评估指标。

本标准适用于对物流园区的服务管理。

2 规范性引用文件

下列文件对于本文件的应用是必不可少的。凡是注日期的引用文件，仅注日期的版本适用于本文件。凡是不注日期的引用文件，其最新版本(包括所有的修改单)适用于本文件。

GB/T 18354—2006 物流术语

GB/T 21334 物流园区分类与基本要求

JT/T 402 汽车货运站(场)级别划分和建设要求

3 术语和定义

GB/T 18354—2006 界定的以及下列术语和定义适用于本文件。

3.1

物流园区 logistics park

为了实现物流设施集约化和物流运作共同化，或者出于城市物流设施空间布局合理化的目的而在城市周边等区域，集中建设的物流设施群与众多物流业者在地域上的物理集结地。

[GB/T 18354—2006，定义 2.15]。

3.2

物流公共信息平台 logistics information platforms

基于计算机通信网络技术，提供物流信息、技术、设备等资源共享服务的信息平台。

[GB/T 18354—2006，定义 5.37]。

3.3

物流运营面积 logistics operation area

物流园区内除了生活配套和商务配套用地外的物流设施和物流作业用地的面积，包括码头、铁路装卸线、道路、仓库、堆场、雨棚、流通加工场所、货车停车场、装卸搬运场地、信息服务用地等。

4 基本要求

4.1 规划建设应符合 GB/T 21334 的要求，符合集约和节约使用土地的原则，满足物流运营和管理的需要。

4.2 应在区域范围内提供社会化物流服务，承担与其定位相匹配的社会公共服务职能，并具备良好的交通条件，宜具备多式联运的条件。

4.3 应倡导绿色物流理念，符合节能、环保等相关要求。

5 服务保障

5.1 组织机构

应有统一的园区运营管理机构，负责园区配套基础设施的规划、建设、运营和维护，并为入驻企业提供运营配套服务。

5.2 管理要求

5.2.1 运营管理机构应确保管理体系的有效运行和持续改进，并定期对园区管理体系的适宜性和有效性进行评审。

5.2.2 运营管理机构应根据工作内容建立相应的管理制度，包括园区运营管理制度、入驻企业管理制度、安全与应急管理制度、统计管理制度、信息管理制度和节能环保制度，确保每项工作都有章可循。

5.2.3 运营管理机构应公开园区管理组织架构和部门职责，建立办事指南、服务规范、投诉处理及内部作业手册等文本，明确各服务环节的岗位职责并确保服务公开。

5.2.4 运营管理机构应保存园区运行管理的记录和档案，包括工作人员培训、投诉处理、服务测评等记录，保持档案资料完整、准确和可供追溯。

5.2.5 运营管理机构应负责向入驻企业宣贯相关法律法规及政策，并引导入驻企业规范管理、诚信经营。

5.2.6 运营管理机构应负责统计园区入驻企业的经营状况数据和物流业务数据。

5.2.7 运营管理机构应及时处理入驻企业和社会客户对运营管理机构的投诉，并协助处理社会客户对入驻企业的投诉。

5.3 服务人员

5.3.1 运营管理机构服务人员的配置应满足入驻企业对园区服务提供能力的需求。

5.3.2 服务人员上岗前应经过业务培训并具备相应的岗位技能，特种设备操控使用、专职维护等特殊岗位应按国家有关规定持证上岗。

5.3.3 服务人员应具备良好的职业素养，70%以上的中高层管理人员应具备大专以上学历或者经过物流专业培训。

5.4 设施设备

5.4.1 基础设施建设应符合 GB/T 21334 对物流园区建设的基本要求。

5.4.2 应根据规划要求和入驻企业需求建设特殊物品仓库，并配备相应的设备以满足入驻企业的租赁服务需求。

5.4.3 运营管理机构应保障园区内基础设施和公共设备的正常运行。

6 服务提供

6.1 综合服务

6.1.1 应为入驻企业提供仓库、堆场等基础设施租赁服务；可提供场地供入驻企业自建物流设施。

6.1.2 宜设置工商、税务、海关、检验检疫等政府部门的办事窗口，满足入驻企业在园区内完成工商注册、税务申报、缴税退税、报关报检等业务需求。

6.1.3 应提供满足入驻企业需求的商务服务。

6.1.4 应为入驻企业提供安保、保洁等物业服务。

6.2 信息服务

6.2.1 应建设物流公共信息平台或接入社会物流公共信息平台。信息平台应具备公共信息服务、行政办公管理等功能，及时提供园区的管理信息和入驻企业的服务信息。

6.2.2 公共信息平台宜具备与政府主管部门信息平台互连互通的条件。

6.2.3 公共信息平台可提供应用托管服务，包括仓储管理、运输管理、配送管理、订单管理、供应商管理、货代管理、客户管理、财务分析、统计结算等。

6.2.4 运营管理机构应保障物流公共信息平台安全运行，保障信息服务安全，并对平台数据进行定期备份。

7 评估指标

物流园区评估指标见表1。

表1 物流园区评估指标

评估指标		指标取值	指标说明
基本要求	占地面积 km^2	≥0.5	指经过政府审批、已投入物流园区开发的用地面积，不包括物流园区规划用地面积
	物流运营面积比例	≥50%	指物流运营面积占物流园区占地面积的比例，物流运营面积包括码头、铁路装卸线、道路、仓库、堆场、雨棚、流通加工场所、货车停车场、装卸搬运场地、信息服务用地等，不包括生活配套和商务配套用地
	交通连接方式	具备两种以上（含两种）运输方式或毗邻两条以上（含两条）高速公路、国道	1) 物流园区内有铁路装卸线或物流园区与铁路货运场站的距离在5 km以内，认定物流园区具备铁路运输条件。 2) 物流园区内有码头或物流园区与码头的距离在5 km以内，认定物流园区具备水路运输条件。 3) 物流园区与机场距离在5 km以内，认定物流园区具备航空运输条件。 4) 物流园区出入口与高速公路出入口的距离在5 km以内，认定物流园区具备毗邻高速公路的条件
	货物吞吐量 万吨/年	≥200	按照JT/T 402给出的方法计算

表 1（续）

评估指标		指标取值	指标说明
服务要求	管理制度覆盖率	100%	管理制度包括园区运营管理制度、入驻企业管理制度、安全与应急管理制度、统计管理制度、信息管理制度和节能环保制度
	商务服务	至少包括 8 项	商务服务项目包括金融、保险、餐饮、住宿、设施设备租赁、培训、中介、产品及设备检测、汽修汽配、加油加汽、咨询等
	信息服务	至少包括 2 项	信息服务项目指的是物流公共信息平台可为园区入驻企业提供的服务项目，包括信息发布、在线交易、在线结算、信息平台应用托管等
	信息平台每日发布有效信息数量(条)	≥200	有效信息指的是物流园区信息平台发布的关于政务服务、商务服务及交易等方面的信息
	投诉响应时间	48 h 以内	从物流园区运营管理机构受理投诉开始到回复投诉人并告知投诉处理结果或处理办法的时间
	有效投诉办结率	100%	有效投诉包括： 1) 入驻企业对园区运营管理机构的投诉。 2) 社会客户对园区运营管理机构的投诉。 3) 社会客户对入驻企业的投诉
	入驻企业满意率	≥90%	1) 入驻企业满意率是对园区管理机构服务满意的入驻企业数量与园所有入驻企业数量的百分比。 2) 入驻企业满意率由第三方机构进行测评

ICS 11
C 08

中华人民共和国国家标准

GB/T 30335—2013

药品物流服务规范

Service specification of drug logistic

2013-12-31 发布　　2014-07-01 实施

中华人民共和国国家质量监督检验检疫总局
中国国家标准化管理委员会　发布

前　言

本标准按照 GB/T 1.1—2009 给出的规则起草。

本标准由全国物流标准化技术委员会(SAC/TC 269)提出并归口。

本标准起草单位:中国物流与采购联合会冷链物流专业委员会、中国医药商业协会、国药控股股份有限公司、福建新大陆集团。

本标准主要起草人:赵桂芝、秦玉鸣、沈世英、侯立业、汤开律。

药品物流服务规范

1 范围

本标准规定了药品物流服务的基本要求，仓储、运输、配送、装卸搬运、货物交接、信息服务等作业要求，以及风险控制、投诉处理、物流服务质量的主要评价指标。

本标准适用于药品流通过程中的药品物流服务。药品生产过程中涉及的药品物流服务可参照执行。

2 规范性引用文件

下列文件对于本文件的应用是必不可少的。凡是注日期的引用文件，仅注日期的版本适用于本文件。凡是不注日期的引用文件，其最新版本(包括所有的修改单)适用于本文件。

GB 2894 安全标志及其使用导则

GB 13495 消防安全标志

GB 16179 安全标志使用导则

GB/T 18354 物流术语

GB/T 28842 药品冷链物流运作规范

药品经营质量管理规范(卫生部令第90号)

中华人民共和国药典

3 术语和定义

GB/T 18354、GB/T 28842中界定的以及下列术语和定义适用于本文件。

3.1

药品物流 drug logistics

依托相应的物流设施设备、技术和物流管理信息系统，完成对药品运输、收货、验收、储存、分拣、装卸、搬运、包装、配送和信息管理等基本功能的组织与管理。

4 基本要求

4.1 应具有与所从事的药品物流服务相适应的组织机构和岗位人员。

4.2 应具有与物流服务相适应的运输、仓储、设施设备，需要温控的药品物流应具备相应的温控设施设备；应具有相应的物流管理信息系统。

4.3 特殊管理的药品和国家有专门管理要求的药品，物流服务应符合国家相关规定。

5 仓储作业

5.1 信息、单据审核及作业准备

5.1.1 应对委托方提供的出、入库信息或单据，审核其合法合规性、有效性及内容的准确、完整性，确认

无误后执行。

5.1.2 根据委托方的出、入库预报或单据，应提前做好药品出库或入库的准备，包括库区、货位、作业时间、人员及设备安排。

5.2 药品收货验收

5.2.1 在符合药品储存要求的场所和规定时限内，应依据订货信息和随货清单，对药品进行逐批验收，做好记录。

5.2.2 冷藏、冷冻药品到货时，应当对其运输方式及运输过程的温度记录、运输时间等质量控制状况进行重点检查并记录；不符合温度要求的应当拒收。

5.2.3 药品收货验收项目应符合《药品经营质量管理规范》的要求。

5.3 药品在库储存、养护

5.3.1 搬运、装卸药品应轻拿轻放，严格按照药品外包装图示标志的要求码放和采取防护措施。

5.3.2 药品堆码应实行分区、分类、按批号和货位管理。不同批号的药品不得混垛，药品与非药品、外用药与其他药品应分开存放，中药材和中药饮片与其他药品应分库存放。特殊管理的药品应按国家有关规定存放。

5.3.3 药品应按规定的温湿度条件存储。应按药品外包装标示的温度要求储存药品，外包装上没有标示具体温度的，应按照《中华人民共和国药典》或药品说明书规定的贮藏要求进行储存。储存药品相对湿度为35%～75%。

5.3.4 在人工作业的库房储存药品，按质量状态实行色标管理：合格药品为绿色，不合格药品为红色，待确定药品为黄色。

5.3.5 储存药品应当按照要求采取避光、遮光、通风、防潮、防虫、防鼠等措施。

5.3.6 应根据库房条件、外部环境、药品质量特性等对药品进行养护并记录；建立重点品种的养护制度；对药品采取近效期预警及超过有效期自动锁定等措施，防止过期药品出库。

5.3.7 对库存药品应进行定期或不定期盘点，做到账、物相符。

5.3.8 药品丢失或损坏时，应及时查找原因、分清责任，制定预防措施并及时处理赔偿等事项。

5.4 药品出库与包装

5.4.1 药品出库时应对实物进行复核，发现异常情况不得出库，做好记录、查明原因，并及时调整满足委托方及相关客户需求。

5.4.2 药品出库时，应当附加盖企业药品出库专用章原印章的随货同行单(票)，以及加盖质量管理专用章原印章的药品质量检验报告或复印件。

5.4.3 药品拆零拼箱发货时，物流包装箱应有醒目的拼箱标志。

5.4.4 需温控的药品出库应按照 GB/T 28842 执行。

5.5 销后退回药品处理

5.5.1 销后退回药品应凭退货凭证核对实物，货单相符方可收货并放置于退货区。

5.5.2 验收人员应对销后退回药品进行逐批逐项验收，并建立销后退回药品收货验收记录。

5.5.3 需温控的药品退货处理应按照 GB/T 28842 执行。

5.6 不合格药品处理

5.6.1 对有问题药品应立即采取物理隔离措施，同时报告委托方确认。

5.6.2 对确认的不合格药品，应移至不合格品库，建立不合格品记录。

5.7 单据信息传输与管理

5.7.1 根据委托方要求，应准确、完整地向委托方提供药品入库、出库及在库数据，并及时通报各种意外事件的相关信息。

5.7.2 单据应填写规范、完整、准确、清晰，按时汇总、装订，在保管期内妥善保管，保证相关客户单据、信息、资料的保密与安全。

5.7.3 药品单据应保存至超过药品有效期一年，但不得少于五年。

5.8 药品仓库环境温湿度的控制

5.8.1 药品应按规定的温湿度条件储存。储存药品的仓库应配备有效调控温湿度及进行室内外空气交换的设备；通过采用温湿度自动监测方式和温湿度调控设备的操作，对仓储温湿度条件进行有效调控。

5.8.2 对计量器具、温湿度监测设备等定期进行校准或者检定，并有记录。

5.8.3 温湿度监测记录、调控使用记录及设备校准记录保存应不少于五年。

5.9 作业场所、标识

5.9.1 仓库内外环境整洁，无污染源，仓储作业区与办公生活区应分开或隔离，室外装卸、搬运、发运药品时应有预防天气影响的措施。

5.9.2 仓库及货位标识应规范、清晰、准确、易辨，符合 GB 2894、GB 13495、GB 16179 的规定。

6 运输与配送

6.1 运输药品的车辆应使用封闭的厢式货车，并针对运输药品的包装条件及道路、天气状况采取相应措施，防止对药品质量造成影响。

6.2 有温控要求的药品运输与配送，应符合 GB/T 28842 的相关规定。药品运输与配送有其他特殊要求的，应符合相关规定。

6.3 药品启运前应认真核对药品的品名、规格、数量与运单是否相符，包装是否良好；发现不符合规定或存在危及安全运输隐患的，不应启运。

6.4 药品应安全、准确、及时送达，货损、货差应控制在合同约定的允许范围之内。

6.5 制定因突发情况导致车辆无法正常运行的应急预案，应及时、准确地向委托方及相关客户提供运输与配送的相关信息。

7 装卸与搬运

7.1 装卸与搬运应采用适宜的设备及工具，并保证使用安全。

7.2 应按药品包装标志要求进行装卸与搬运作业，不得倒置药品、损坏药品外包装。

7.3 应选择合理的装载、卸载的流程及加固措施，防止药品破碎与污染。

7.4 药品丢失或损坏时应及时报告，并处理有关赔偿事项。

8 货物交接

8.1 药品物流服务的各环节，均应按交接手续进行交接。

8.2 药品运输到达收货方时，应在收货方指定地点卸货，双方当场清点确认，由收货方签证回单。如发生药品破损、货差等纠纷，应当场与收货方分清责任，并在回单上批注清楚。

8.3 有温控要求的药品交接，应符合 GB/T 28842 的相关规定。

8.4 对收货方签字的凭证应逐项检查，核对完毕后分类归档，以便备查。

9 信息服务

9.1 应采用信息管理技术完成物流服务过程中信息采集、处理、存储、传输、交换和药品质量可追溯，药品质量追溯应能满足药品电子监管要求。

9.2 对有温控要求的物流信息服务应符合 GB/T 28842 的相关规定。

10 风险控制

10.1 应具有消防、防盗、交通和预防灾害性天气等安全管理制度，并应对相关人员进行培训。

10.2 应具有药品储存、运输各环节温控保障的应急预案。

10.3 应采取存货保险、财产保险、运输保险等措施，有效控制风险。

10.4 物流服务的委托方与被委托方应签订协议或合同，主要包括：责任、义务、权利、服务内容、服务要求、服务质量、服务价格、赔偿等内容。

10.5 信息管理系统运行中，所涉及物流服务的管理数据，应采用安全可靠方式储存并按日进行备份，备份数据应存放在安全场所。

11 投诉处理

11.1 应给委托方及相关客户提供物流服务的投诉渠道和方式。

11.2 投诉应在合理或承诺的期限内进行处理。处理的结果应及时反馈给投诉者，并采取预防措施防止此类事件再次发生。

11.3 对投诉内容、处理措施、反馈和事后跟踪等应进行记录，并归档保存。

12 服务质量的主要评价指标

12.1 验收准确率

考核期内准确验收批次数占验收总批次数的比率。按式(1)计算：

$$\text{验收准确率}=\frac{\text{准确验收批次数}}{\text{验收总批次数}}\times 100\% \qquad \cdots\cdots(1)$$

12.2 出库差错率

考核期内发货累计差错笔数占发货总笔数的比率。按式(2)计算：

$$\text{出库差错率}=\frac{\text{发货累计差错笔数}}{\text{发货总笔数}}\times 100\% \qquad \cdots\cdots(2)$$

式中：

笔数指订单的行数。

12.3 账货相符率

考核期内经盘点，库存物品账货相符的品规批次数与储存物品总品规批次数的比率。按式(3)计算：

$$\text{账货相符率}=\frac{\text{账货相符品规批次数}}{\text{储存物品总品规批次数}}\times 100\% \qquad \cdots\cdots(3)$$

12.4 货物准时送达率

考核期内将货物准时送达目的地的订单数量占订单总数量的比率。按式(4)计算：

$$货物准时送达率=\frac{准时送达订单数}{订单总数}\times 100\% \qquad \cdots\cdots(4)$$

12.5 货物质损率

考核期内货物残损的金额(或件数)占期内货物总金额(或件数)的比率。按式(5)计算：

$$货物质损率=\frac{期内货物残损金额(或件数)}{期内货物总金额(或件数)}\times 100\% \qquad \cdots\cdots(5)$$

式中：

货物残损指由于物流作业不善造成物品霉变、破损、丢失、短少、过效期等。

12.6 运输订单完成率

考核期内完成运输订单数占订单总数的比率。按式(6)计算：

$$运输订单完成率=\frac{完成订单数}{订单总数}\times 100\% \qquad \cdots\cdots(6)$$

参 考 文 献

[1] 麻醉药品和精神药品管理条例(中华人民共和国国务院令第442号)

ICS 03.120.30
A 20

GB

中华人民共和国国家标准

GB/T 30336—2013

物流景气指数统计指标体系

Statistical indicator system of logistics prosperity index

2013-12-31 发布　　2014-07-01 实施

中华人民共和国国家质量监督检验检疫总局
中国国家标准化管理委员会　发布

前　言

本标准按照 GB/T 1.1—2009 给出的规则起草。

本标准由全国物流标准化技术委员会(SAC/TC 269)提出并归口。

本标准起草单位：中国物流信息中心、中国商业统计学会、西安交通大学管理学院。

本标准主要起草人：冯耕中、翟志宏、何辉、闫淑君、孟圆、李婧。

引　言

本标准在广泛调查研究，吸收并借鉴国内外相关经验的基础上，结合我国国情，通过对物流景气指数统计指标体系及方法进行规定，为我国物流景气指数调查和编制提供技术支撑和工作规范，以科学地反映物流业整体运行状况、发展趋势、周期性特征，实现对物流行业发展及对经济运行状况的定量判断、动态监测和预测预警，从而推动我国物流统计工作更好地适应我国现代物流业发展和与国际接轨的需要。

物流景气指数统计指标体系

1 范围

本标准规定了物流景气指数统计指标体系的概念、基本原则及体系框架，给出了物流景气指数统计指标的内涵及指数计算方法。

本标准适用于全国、区域、行业的物流运行统计监测和预警。

2 术语和定义

下列术语和定义适用于本文件。

2.1

物流景气指数 logistics prosperity index;LPI

综合反映物流业运行状况与趋势的一种综合指数。

3 物流景气指数统计指标体系基本原则及体系框架

3.1 基本原则

3.1.1 合理性

3.1.1.1 数据结果能够客观地反映物流发展的现状和与国民经济的关系。

3.1.1.2 各项数据结果要有统计依据，各项权数和系数建立在已有的统计数据基础上。

3.1.2 协调性

3.1.2.1 在基本概念、定义和分类标准等方面保持与国民经济核算体系相协调。

3.1.2.2 物流景气指数统计指标与重要国家统计调查指标相衔接。

3.1.3 可操作性

物流景气指数统计指标体系及统计调查的组织实施在实际运作中切实可行、可操作。

3.2 体系框架

由若干个相互联系、相互制约的反映物流行业运行状况的定量指标或定性指标组成的统计指标系统。

3.3 物流景气指数统计指标体系主要内容

见表1。

表 1　物流景气指数统计指标体系

物流景气指数（LPI）	物流业务指数	1. 订单指数
		2. 业务量指数
		3. 库存指数（平均库存量指数、库存周转次数指数）
	物流效率指数	4. 资金周转率指数
		5. 设备利用率指数
	物流效益指数	6. 物流服务价格指数
		7. 主营业务利润指数
		8. 主营业务成本指数
	物流投入指数	9. 从业人员指数
		10. 固定资产投资指数
	物流发展预期指数	11. 业务活动预期指数

附 录 A
（规范性附录）
指标内涵及计算方法

A.1 指标体系

A.1.1 订单指数

物流企业承接客户业务的订单数量变化情况。

A.1.2 业务量指数

物流企业完成物流业务活动的数量变化情况。

A.1.3 平均库存量指数

物流企业储存保管的客户货物数量变化情况。

A.1.4 库存周转次数指数

物流企业储存保管的客户货物周转次数变化情况。

A.1.5 资金周转率指数

物流企业在一定时间内流动资金周转次数变化情况。

A.1.6 设备利用率指数

物流企业在经营活动中相关设备、设施的利用程度变化情况。

A.1.7 物流服务价格指数

物流企业从事物流活动所收取的费用变化情况。

A.1.8 主营业务利润指数

物流企业主营业务利润增减变化情况。

A.1.9 主营业务成本指数

物流企业完成物流服务活动所花费的成本增减变化情况。

A.1.10 固定资产投资指数

物流企业为满足经营活动需要而新增的固定资产投入变化情况。

A.1.11 从业人员指数

物流企业对从业人员需求的增减变化情况。

A.1.12 业务活动预期指数

物流企业在未来三个月内业务活动整体水平变化情况。

A.2 计算方法

A.2.1 指数计算

选项的界限:对“基本持平”“变化不大”“差别不大”选项的界限由物流企业填表人根据经验进行选择判断。一般情况下,价格变化幅度在±2%以内可视为“变化不大”;其他指标变化幅度在±5%以内视为“基本持平”或“差别不大”。

对比期的确定:对流量问题(时期指标,如需求等)对比期为上个月;对于存量问题(时点指标,如存货、从业人员等),对比期为一个月前。

A.2.2 汇总方法

汇总方法如下:

a) 采用加权计算百分比

以国家统计局《企业基本情况调查表》(N131 表)上年营业收入作为权重的计算依据,计算“增加”“基本持平”“减少”选项所占百分比。

b) 采用不加权计算百分比

直接通过企业个数计数,计算“增加”“基本持平”“减少”选项所占百分比。

计算各选项(“增加”“基本持平”“减少”)百分比时,要剔除无关项(如“不好估计”“没有”等),即“增加”“基本持平”“减少”三项的百分比之和为100%。

A.2.3 合成指数

物流景气指数(LPI)是一个综合指数,是由若干个扩散指数加权平均而成。如果在50%以上,反映物流业扩张;反之,如果低于50%,通常反映其在衰退。

参 考 文 献

[1] 徐国详.统计指数理论及应用.北京：中国统计出版社，2009.

[2] 孙慧钧.指数理论研究.大连：东北财经大学出版社，1998.

[3] 陈刚，乔均.南京市物流指数研究报告.北京：中国物资出版社，2009.

[4] 张永军.经济景气计量分析方法与应用研究.北京：中国经济出版社，2007.

[5] 刘志学.现代物流手册.北京：中国物资出版社.2002.

[6] [美]詹姆斯·C·约翰逊等，廖理等译，现代物流学.北京：社会科学文献出版社，2003.

[7] [中]郭成，[英]约翰·布朗.现代物流管理.郑州：郑州大学出版社，2004.

ICS 03.120.30
A 20

中华人民共和国国家标准

GB/T 30337—2013

物流园区统计指标体系

Logistics park statistical indicator system

2013-12-31 发布　　2014-07-01 实施

中华人民共和国国家质量监督检验检疫总局
中国国家标准化管理委员会　发布

前　言

本标准按照GB/T 1.1—2009给出的规则起草。

本标准由全国物流标准化技术委员会(SAC/TC 269)提出并归口。

本标准起草单位:中国物流信息中心、中国商业统计学会、西安交通大学、西安市商用信息系统分析与应用工程实验室。

本标准主要起草人:冯耕中、翟志宏、何辉、闫淑君、刘缨缨、权威、王能民、殷超瑜、徐金鹏、胡焓、孟圆。

引　言

本标准在广泛调查研究，吸收并借鉴国内外相关经验的基础上，建立了物流园区统计指标体系，明确了物流园区统计指标的基本概念及计算方法。

本标准通过对物流园区统计指标体系进行规定，为我国物流园区的统计提供技术支撑，使统计数据能全面、客观地反映我国物流园区的运行特点和经营效益，使各地区、各部门的物流园区统计工作进一步规范，从而更好地支持物流园区的管理和促进我国现代物流业的发展。

物流园区统计指标体系

1 范围

本标准规定了物流园区统计的指标体系。

本标准适用于各类物流园区经济活动的统计和管理。

2 规范性引用文件

下列文件对于本文件的应用是必不可少的。凡是注日期的引用文件，仅注日期的版本适用于本文件。凡是不注日期的引用文件，其最新版本(包括所有的修改单)适用于本文件。

GB/T 18354—2006 物流术语

GB/T 19680—2013 物流企业分类与评估指标

3 术语和定义

GB/T 18354—2006 界定的以及下列术语和定义适用于本文件。

3.1

物流园区 logistics park

为了实现物流设施的集约化和物流运作的共同化，或者出于城市物流设施空间布局合理化的目的而在城市周边等各区域，集中建设的物流设施群与众多物流业者在地域上的物理集结地。

[GB/T 18354—2006，定义 2.15]

3.2

园区经营实体 legal entity of logistics park

负责物流园区建设、管理和运营的法人单位或政府设立的机构，如物流园区管理委员会。

4 指标体系设计基本原则与体系框架

4.1 基本原则

4.1.1 合理性

4.1.1.1 指标设计应采取定性和定量相结合的原则，各指标具有明确的内涵和外延。

4.1.1.2 指标选取应具有较强的代表性，数据结果能够全面、客观地反映物流园区的运营状况。

4.1.2 协调性

4.1.2.1 在基本概念、定义和分类标准等方面应与国民经济核算体系相协调。

4.1.2.2 指标体系设计应与社会物流统计制度相衔接。

4.1.3 系统性

4.1.3.1 指标体系应根据物流园区系统构成来设计，反映园区经营实体和入驻企业两个方面的内容。

4.1.3.2 指标体系设计应体现各指标的内在逻辑性和相互关联性。

4.1.4 可操作性

4.1.4.1 企业物流统计数据应以企业核算资料为基础。

4.1.4.2 各指标的数据结果应具有统计依据,建立在已有的统计数据基础上。

4.2 体系框架

4.2.1 物流园区统计指标体系

物流园区统计指标体系应由若干个相互联系、相互制约的物流园区统计指标所组成。

4.2.2 物流园区统计指标体系的主要内容

物流园区统计指标体系由运营基础类指标体系和运营状况类指标体系所构成。

5 物流园区运营基础类指标体系

5.1 物流园区运营基础类指标体系的组成

物流园区运营基础类指标体系应由若干个相互联系、反映物流园区运营基础的统计指标所组成。

5.2 物流园区运营基础类指标体系的主要内容

物流园区运营基础类指标体系的主要内容见表1。

表1 物流园区运营基础类指标体系

一级指标	二级指标	三级指标
园区基本情况	园区基本类型	
	园区建设状态	
	园区地理分布	行政地域
		物流节点城市
	园区开发方式	
	园区投资方式	投资建设主体
		建设资金来源
园区等级与定位	建设等级	
	服务定位与特色	产业物流
		公路物流
		铁路物流
		空港物流
		港口物流
		保税物流
	辐射区域	

表 1（续）

一级指标	二级指标	三级指标
开发建设规模	规划建设规模	规划占地面积
		规划建筑面积
	实际开发规模	开发占地面积
		物流作业面积
		开发建筑面积
	开发投资规模	固定资产投资总额
		基础设施投资额
物流服务设施	仓库设施	库房面积
		仓储容积
		立体仓库货位
		冷库容量
	货场设施	散货堆场面积
		集装箱堆场面积
	运输相关设施	停车区域面积(含停车位)
		铁路装卸线(含铁路专用线)
物流服务设备	运输设备	货运车辆数
		货运车辆载重吨数
		其他运输工具
	装卸设备	
	其他设备	
园区信息化水平	物流服务信息化水平	物流公共信息平台
		入驻企业信息化投入
	园区管理信息化水平	园区管理信息系统

6 物流园区运营状况类指标体系

6.1 物流园区运营状况类指标体系的组成

物流园区运营状况类指标体系应由若干个相互联系、反映物流园区运营状况的统计指标所组成。

6.2 物流园区运营状况类指标体系的主要内容

物流园区运营状况类指标体系的主要内容见表 2。

表 2　物流园区运营状况类指标体系

一级指标	二级指标	三级指标
物流作业量	货运服务	货物吞吐量
	仓储服务	平均库存量
	流通加工服务	流通加工量
物流服务能力	物流企业数量	
	规模以上物流企业数量	
	A 级物流企业数量	
经济与社会效益	营业收入	园区经营实体营业收入
		入驻企业营业收入总额
	税收总额	园区经营实体税收总额
		入驻企业税收总额
	人员就业	从业人员数量
		物流师数量
辐射带动效应	国际物流规模	进口货物总额
		出口货物总额

附 录 A
（规范性附录）
指标内涵与计算方法

A.1 物流园区运营基础类指标

A.1.1 园区基本情况

A.1.1.1 园区基本类型

物流园区按照功能分为四种主要类型：

a) 货运服务型物流园区；
b) 生产服务型物流园区；
c) 商贸服务型物流园区；
d) 综合服务型物流园区。

[GB/T 21334—2008,定义 4.2]

A.1.1.2 园区建设状态

物流园区按建设状态主要分为三种类型：

a) 规划物流园区：是指尚未完成政府报批手续、尚未开始建设，仍处在规划设计阶段的物流园区；
b) 在建物流园区：是处于规划状态和运营状态二者之间，已经完成项目规划和政府审批但尚未投入运营的物流园区；
c) 运营物流园区：是全部投入运营或者部分投入运营而部分仍处于规划或建设状态的物流园区。

A.1.1.3 园区地理分布

园区地理分布主要包括物流园区所在的省级行政地域和所属的物流节点城市两项内容。其中，物流节点城市是指国务院《物流调整与振兴规划》（国发[2009]8 号）列出的 21 个全国性节点城市和 17 个区域性节点城市。

A.1.1.3.1 行政地域

物流园区所在的省级行政地域包括：

a) 省（22 个）：黑龙江，吉林，辽宁，河北，河南，山东，江苏，山西，陕西，甘肃，四川，青海，湖南，湖北，江西，安徽，浙江，福建，广东，贵州，云南，海南；
b) 自治区（5 个）：内蒙古自治区，新疆维吾尔自治区，宁夏回族自治区，西藏自治区，广西壮族自治区；
c) 直辖市（4 个）：北京，上海，天津，重庆。

A.1.1.3.2 物流节点城市

物流园区所在的物流节点城市包括：

a) 全国性节点城市（21 个）：北京、天津、沈阳、大连、青岛、济南、上海、南京、宁波、杭州、厦门、广州、深圳、郑州、武汉、重庆、成都、南宁、西安、兰州、乌鲁木齐；
b) 区域性节点城市（17 个）：哈尔滨、长春、包头、呼和浩特、石家庄、唐山、太原、合肥、福州、南昌、长沙、昆明、贵阳、海口、西宁、银川、拉萨。

A.1.1.4 园区开发方式

根据我国经济发展和物流园区建设特点，园区开发方式主要有以下四种形式：

a) 政府规划，工业地产商主导：政府对物流园区进行统一规划，然后由工业地产商进行统一开发建设。建成后，物流企业通过租赁或出让的方式进入到物流园区，工业地产商负责园区的物业管理；

b) 政府规划，企业主导：政府统筹安排物流园区用地，通过招商引资把企业吸引进来，企业征得土地后自行开发建设；

c) 企业自主开发：企业根据市场需求，自行征用土地、自行开发建设物流园区；

d) 其他方式。

A.1.1.5 园区投资方式

主要包括投资建设主体和建设资金来源两项内容。

A.1.1.5.1 投资建设主体指投资建设物流园区的法人主体，主要包括：国有企业及国有控股企业，民营企业，外商投资企业，合资企业，其他。

A.1.1.5.2 建设资金来源指物流园区建设资金的来源方式，主要包括：国家预算内投资，银行贷款，利用外资，自筹资金，其他。

A.1.2 园区等级与定位

A.1.2.1 建设等级

指政府有关部门认定的物流园区建设项目的级别，主要包括：国家重点项目，省级重点项目，市级重点项目，其他。

A.1.2.2 服务定位与特色

指物流园区依托产业集聚区、交通枢纽或者政策条件开展运营和提供服务的特色。

A.1.2.2.1 产业物流

指物流园区面向产业集聚区提供服务的特色，统计报告期内物流园区所依托或毗邻的国家有关部门批准设立的工业园区、经济技术开发区、高科技园区等。

A.1.2.2.2 公路物流

指物流园区开展公路物流服务的特色，统计报告期内物流园区所依托或毗邻的国家有关部门规划建设的综合交通枢纽和公路运输枢纽及其货运场站。

A.1.2.2.3 铁路物流

指物流园区开展铁路物流服务的特色，统计报告期内物流园区所依托或毗邻的国家有关部门规划建设的铁路集装箱办理站以及货运场站。

A.1.2.2.4 空港物流

指物流园区开展空港物流服务的特色，统计报告期内物流园区所依托或毗邻的国家有关部门规划建设的机场及其货运场站。

A.1.2.2.5 港口物流

指物流园区开展港口物流服务的特色，统计报告期内物流园区所依托或毗邻的国家有关部门规划建设的沿海港口或内河港口及其货运场站。

A.1.2.2.6 保税物流

指物流园区开展保税物流服务的特色，统计报告期内在物流园区里由国家批准设立的海关特殊监管区域，如保税物流园区、保税物流中心、保税仓库、出口监管仓库等，以及物流园区毗邻的综合保税区或保税港区。

A.1.2.3 辐射区域

指物流园区业务辐射的区域范围，具体包括：本省、跨省份的区域市场、全国市场、国际市场。

A.1.3 开发建设规模

A.1.3.1 规划建设规模

主要包括反映物流园区建设规模的规划占地面积、规划建筑面积及规划投资总额三项内容。

A.1.3.1.1 规划占地面积

指报告期末总体规划设计中物流园区建设所占用的土地面积。计量单位：平方公里。

A.1.3.1.2 规划建筑面积

指报告期末总体规划设计中物流园区建设所完成的建筑面积。计量单位：平方米。

A.1.3.1.3 规划投资总额

指报告期末物流园区总体规划设计中所体现的项目建设投资总额。计量单位：万元。

A.1.3.2 实际开发规模

指物流园区建设完成并投入运营的土地面积和建筑面积。

A.1.3.2.1 开发占地面积

指报告期末物流园区已开发并投入运营使用的土地面积。计量单位：平方公里。

A.1.3.2.2 物流作业面积

指报告期末物流园区已开发并投入使用的、且用于物流作业的土地面积。计量单位：平方米。

A.1.3.2.3 开发建筑面积

指报告期末物流园区已开发并投入运营使用的建筑面积。计量单位：平方米。

A.1.3.3 开发投资规模

指物流园区用于开发建设和运营的、已完成的项目投资额。

A.1.3.3.1 固定资产投资总额

指物流园区在报告期末以货币形式表现的建造和购置固定资产活动的工作量，按工作内容和实现方式分为建筑安装工程,设备工具、器具购置,其他费用三部分。计量单位:万元。

A.1.3.3.2 基础设施投资额

指报告期末在物流园区所在区域开展的市政基础设施投资,即在区域交通、园林绿化、环境卫生、市政工程、公共服务业等方面的投资。计量单位:万元。

A.1.4 物流服务设施

A.1.4.1 仓库设施

指物流园区拥有并用于保管、储存货物的建筑物及其场所。

A.1.4.1.1 库房面积

指报告期末物流园区拥有并用于保管、储存货物的建筑物及其场所(包括各类库房)的占地面积。计量单位:平方米。

A.1.4.1.2 仓储容积

指报告期末物流园区拥有并用于保管、储存货物的建筑物及其场所的体积,包括各类罐、库等的容积。计量单位:立方米。

A.1.4.1.3 立体仓库货位

指报告期末物流园区自动化立体仓库货位存储单元数。计量单位:个。

A.1.4.1.4 冷库容量

指报告期末物流园区各类冷库的存储能力。计量单位:吨或立方米。

A.1.4.2 货场设施

指物流园区拥有并用于储存货物的各类货场。

A.1.4.2.1 散货堆场面积

指报告期末物流园区拥有的散货堆场占地面积。计量单位:平方米。

A.1.4.2.2 集装箱堆场面积

指报告期末物流园区拥有的集装箱堆场占地面积。计量单位:平方米。

A.1.4.3 运输相关设施

指物流园区拥有的运输相关设施。

A.1.4.3.1 停车区域面积(含停车位)

指报告期末在物流园区内规划整齐的用来专门从事物流业务停车的区域面积,不包括商务用途停车位。计量单位:平方米。

A.1.4.3.2 铁路装卸线(含铁路专用线)

指报告期末由物流园区经营实体、园区入驻企业或者其他相关单位管理的,与国家铁路或者其他铁路线路接轨的岔线及其总有效长度。其中总有效长度为各条装卸线有效长度的累积和。计量单位:条和米。

A.1.5 物流服务设备

A.1.5.1 运输设备

指物流园区经营实体与入驻企业所拥有的各类运输设备,如汽车、飞机、轮船等。

A.1.5.1.1 货运车辆数

指报告期末物流园区经营实体与入驻企业自有或租用的普通货车和专用货车数量。计量单位:辆。

A.1.5.1.2 货运车辆载重吨数

指报告期末物流园区经营实体与入驻企业自有或租用的普通货车和专用货车的载重量。计量单位:吨。

A.1.5.1.3 其他运输工具

指报告期末物流园区经营实体与入驻企业自有或租用的、除货车之外的其他运输工具,如飞机、轮船等。计量单位:个或载重量(吨)。

A.1.5.2 装卸设备

指报告期末物流园区经营实体与入驻企业所拥有的用来搬移、升降、装卸和短距离输送物料的机械设备,主要包括起重设备、连续运输设备、装卸搬运车辆、专用装卸搬运设备等,分别统计各类装卸设备的类型、数量和投资规模。计量单位:台或元。

A.1.5.3 其他设备

指报告期末物流园区经营实体与入驻企业所拥有的、与物流服务相关的其他设备,如质量检测设备、各种流通加工设备等,分别统计各类设备的类型、数量和投资规模。计量单位:台(件)或元。

A.1.6 园区信息化水平

A.1.6.1 物流服务信息化水平

指物流园区经营实体与入驻企业采用计算机技术手段面向物流需求客户提供各类服务的能力。

A.1.6.1.1 物流公共信息平台

指报告期末物流园区面向区域或行业客户服务而建设的物流公共信息平台的投资规模。计量单位:元。

A.1.6.1.2 入驻企业信息化投入

指报告期末园区入驻企业为实现客户服务和内部管理而完成的物流信息化投资规模。计量单位:元。

A.1.6.2 园区管理信息化水平

指物流园区经营实体采用计算机技术手段进行内部管理和面向入驻企业提供服务的能力。

园区管理信息系统:指报告期末物流园区经营实体为实现内部管理和客户服务而完成的计算机管理系统投资规模。计量单位:元。

A.2 物流园区运营状况类指标

A.2.1 物流作业量

A.2.1.1 货运服务

指物流园区到发货物的作业量。

货物吞吐量:指报告期内经停所在物流园区的所有到发货物的总量,包含流入货物总量和流出货物总量。其类别可划分为:铁路吞吐量、公路吞吐量、水运吞吐量、航空吞吐量。计量单位:吨或立方米。

A.2.1.2 仓储服务

指在物流园区仓库和货场完成的储存和保管货物的作业量。

平均库存量:指报告期内物流园区仓库和货场所完成的库存量的平均值。计量单位:吨或立方米。

A.2.1.3 流通加工服务

指在物流园区内完成的货物流通加工的作业量。

流通加工量:指报告期内物流园区完成的所有流通加工货物的总量。计量单位:吨或立方米。

A.2.2 物流服务能力

A.2.2.1 物流企业数量

指报告期内入驻物流园区的物流企业的数量。计量单位:个。

A.2.2.2 规模以上物流企业数量

指报告期内入驻物流园区的、营业收入达到规模以上的物流企业数量,按其类别可划分为:百亿元以上企业、十亿元以上企业、亿元以上企业、千万元以上企业。计量单位:个。

A.2.2.3 A级物流企业数量

指依据GB/T 19680—2013认定的A级物流企业的数量,计量单位:个。

A.2.3 经济与社会效益

A.2.3.1 营业收入

指物流园区经营实体及园区入驻企业在一定时期内从事生产、经营活动和提供劳务技术服务所取得的营业收入。

A.2.3.1.1 园区经营实体营业收入

指报告期内物流园区经营实体从事生产、经营活动和提供劳务技术服务所取得的营业收入总额。计量单位:万元。

A.2.3.1.2 入驻企业营业收入总额

指报告期内入驻物流园区的企业从事生产、经营活动和提供劳务技术服务所取得的营业收入总额。计量单位:万元。

A.2.3.2 税收总额

指物流园区经营实体及园区入驻企业在一定时期内从事生产、经营活动和提供劳务技术服务所缴纳的税收总额。

A.2.3.2.1 园区经营实体税收总额

指报告期内物流园区经营实体从事生产、经营活动和提供劳务技术服务所缴纳的税收总额。计量单位:万元。

A.2.3.2.2 入驻企业税收总额

指报告期内入驻物流园区的企业从事生产、经营活动和提供劳务技术服务所缴纳的税收总额。计量单位:万元。

A.2.3.3 人员就业

指物流园区经营实体及园区入驻企业所拥有的从业人员规模。

A.2.3.3.1 从业人员数量

指报告期内物流园区经营实体及园区入驻企业所拥有的从业人员的总数量。计量单位:人。可按以下类别进行统计:

a) 学历程度:初中及以下,高中,大专,大学本科,研究生及以上;
b) 技术职称:初级技术职称人员,中级技术职称人员,高级技术职称人员;
c) 技术等级:中级工,高级工,技师,高级技师。

A.2.3.3.2 物流师数量

指报告期内物流园区经营实体及园区入驻企业所拥有的物流师的数量。其中,物流师是指按照《物流师国家职业标准》培养并获得中华人民共和国人力资源和社会保障部统一颁发《中华人民共和国职业资格证书》的人员,包括物流员、助理物流师、物流师和高级物流师四个等级。计量单位:人。

A.2.4 辐射带动效应

A.2.4.1 国际物流规模

指经物流园区运作实际进出我国国境的货物总金额,即经海关批准实际销往国外和由国外实际销售且由物流园区经营实体或入驻企业完成运作的货物总额。

A.2.4.1.1 进口货物总额

指报告期内经海关批准进口、由国外实际销售且由物流园区经营实体或入驻企业完成运作的货物总额。进口货物按到岸价格计算,计量单位:万元。

A.2.4.1.2 出口货物总额

指报告期内经海关批准、实际销往国外且由物流园区经营实体或入驻企业完成运作的货物总额。出口货物按离岸价格计算,计量单位:万元。

参 考 文 献

［1］ 何黎明.中国物流园区.北京:中国物资出版社,2009.

ICS 03.060
A 11

中华人民共和国国家标准

GB/T 30338.1—2013

证券期货业电子化信息披露规范体系 第1部分：基础框架

Specification system for electronic information disclosure of securities and futures industry—Part 1: Framework

2013-12-31 发布 2014-07-01 实施

中华人民共和国国家质量监督检验检疫总局
中国国家标准化管理委员会 发布

前　言

GB/T 30338《证券期货业电子化信息披露规范体系》分为5个部分：

——第1部分：基础框架；

——第2部分：编码规则；

——第3部分：标引模板；

——第4部分：实例文档封装格式；

——第5部分：注册管理规范。

本部分为GB/T 30338的第1部分。

本部分按照GB/T 1.1—2009给出的规则起草。

本部分由中国证券监督管理委员会提出。

本部分由全国金融标准化技术委员会(SAC/TC 180)归口。

本部分起草单位：中国证券监督管理委员会信息中心、上海证券交易所、深圳证券交易所、中国证券投资者保护基金有限责任公司、上证所信息网络有限公司、深圳证券信息有限公司、深圳证券通信有限公司、吉贝克信息技术(北京)有限公司、立信会计师事务所(特殊普通合伙)、上海新利多数字技术有限公司、深圳市致远速联信息技术有限公司。

本部分主要起草人：张野、姚峰、于文强、白硕、邹胜、刘慧清、张小威、葛伟平、初壮、邓寰乐、程立、邓学智、刘世平、罗黎明、董凤江、陈帆峰、蒋建人、赵志刚、郑斌祥、陈功、苏梅、张兴东、寻晓青、丁韬、冯晋雯、刘庆辉、沈桢、高阳、赵伟、付德伟、赵国强、李海、周晓明、贾霄鹏、安文辉、李云峰、陈贵忠。

引　言

随着近年来XBRL在国内上市公司、基金等公募信息披露领域的持续应用，国内XBRL应用从2002年引进到深入实践的十年间已初见成效。最近几年，我国基于企业会计准则的通用分类标准业已推出，随着推广效应加大，XBRL的实施范围将面临扩展，实施规模也预计迅速加大。在此背景下，产生了统一行业应用进行体系化规范管理的需求，因此需要统一制定证券期货业电子化信息披露规范。

电子化信息披露是指用计算机和网络技术实现所需披露报告的编制、报送、验证、披露、存储交换和分析阅读等。我国现阶段采用可扩展商业报告语言(Extensible Business Reporting Language，简称XBRL)作为证券期货市场电子化信息披露的核心技术。由于采用XBRL的电子化信息披露在披露标准的组织架构和披露标准的技术路线，以及标准的管理形式，在具体实现时都有不同的途径，因此，为统一行业规范体系的基础框架，约束相关内容，特制定本标准。

基础框架自上而下提出了一个扩展性良好的、组织层次清晰的、市场和组织者边界以及具体内容制定要求都较为明确的框架，是整个规范体系的总纲。

证券期货业电子化信息披露规范体系 第1部分:基础框架

1 范围

GB/T 30338 的本部分规定了证券期货业 XBRL 电子化信息披露应用的基本范围、技术框架、原则和管理要求。

本部分适用于使用 XBRL 技术向公众披露信息或向监管部门报送信息的电子化过程。

2 规范性引用文件

下列文件对于本文件的应用是必不可少的。凡是注日期的引用文件,仅注日期的版本适用于本文件。凡是不注日期的引用文件,其最新版本(包括所有的修改单)适用于本文件。

GB/T 4880.1—2005 语种名称代码 第1部分:2字母代码

GB/T 18793—2002 信息技术 可扩展置标语言(XML)1.0

GB/T 25500.1—2010 可扩展商业报告语言(XBRL)技术规范 第1部分:基础

GB/T 25500.2—2010 可扩展商业报告语言(XBRL)技术规范 第2部分:维度

GB/T 25500.3—2010 可扩展商业报告语言(XBRL)技术规范 第3部分:公式

GB/T 25500.4—2010 可扩展商业报告语言(XBRL)技术规范 第4部分:版本

GB/T 30338.2 证券期货业电子化信息披露规范体系 第2部分:编码规则

GB/T 30338.4 证券期货业电子化信息披露规范体系 第4部分:实例文档封装格式

GB/T 30338.5 证券期货业电子化信息披露规范体系 第5部分:注册管理规范

JR/T 0021—2004 上市公司信息披露电子化规范

财务报告实例文档准则(第1版)(Financial Reporting Instance Standards,Version1.0)

3 术语和定义、缩略语

3.1 术语和定义

GB/T 25500.1—2010、GB/T 25500.2—2010、GB/T 25500.3—2010 和 GB/T 25500.4—2010 中界定的以及下列术语和定义适用于本文件。

3.1.1

元素 element

XML 模式文件中定义的 XML 元素,是 XBRL 电子化信息披露的基本信息元。

注:改写 GB/T 25500.1—2010,定义 3.6。

3.1.2

元素编码 element code

在定义和注册元素时,为其分配的全局唯一标识码,用于元素的统一管理、业务模板的标引、以及 XBRL 实例文档的扩展应用等。

3.1.3

标准标签　standard label

表示元素基本含义的名称，存在于标签链接库中，对应的角色为“http://www.xbrl.org/2003/role/label”。

3.1.4

命名空间　namespace

资源在网上分配的空间地址，通常被声明为一个URI。

3.1.5

角色　role

描述资源的分组信息，一个角色容纳一组资源，在网络上角色通常被声明为一个URI，以表示唯一性。

3.1.6

XML模式文件　XML schema definition

定义XML元素的文件，包含元素名、ID、元素类型等属性或描述文件之间的引用、导入关系等。

注：简称模式文件。物理文件以“xsd”为后缀。

3.1.7

链接库　linkbase

描述分类标准中元素与元素之间、元素与资源之间的关联关系。物理文件以“xml”为后缀。

注：改写GB/T 25500.1—2010，定义3.3。

3.1.8

分类标准　taxonomy

XML模式文件和XBRL链接库的组合。

注：改写GB/T 25500.1—2010，定义3.1。

3.1.9

组件　component

为描述元素之间的关系和方便这些关系进行复用而制定的分类标准。

注：根据应用目的不同可分为公共组件、专用组件和入口组件。

3.1.9.1

公共组件　common component

可被整个证券期货市场应用的XBRL分类标准。

3.1.9.2

专用组件　special component

专为某一应用领域的应用所建立的XBRL分类标准。

3.1.9.3

入口组件　entry component

可被实例文档直接引用的XBRL分类标准，如果存在报告义务人自定义的分类标准，则由自定义分类标准引用入口组件。

3.1.10

分类套件　taxonomy set

满足某种具体应用所需的一个或多个分类标准的集合。

3.1.11

分类体系集合　taxonomy architecture set

在电子化信息披露应用体系中所有XBRL核心层、应用层及自定义层的集合。

3.1.12

标引模板 tagged form template

信息披露内容和格式的模板,模板的相应位置标注了元素编码,精确指向分类标准中的元素。

3.1.13

行项目 line items

为维度表格建模时所应用的用于组织列报项字段的抽象元素。

3.1.14

维度轴 dimension axis

用以描述事实的其中某个维度的分类轴。

3.1.15

报告义务人 reports obligor

有责任和义务根据相关法律法规的要求,以 XBRL 报告形式向监管机构报送各种要求信息的有关单位。

3.2 缩略语

下列缩略语适用于本标准。

COR	核心(信息披露分类标准)(Core)	
CSRC	中国证监会	(China Securities Regulatory Commission)
EID	电子化信息披露	(Electronic Information Disclosure)
EXT	扩展(分类标准)	(Extention)
GCD	通用公司和文档信息	(Genaral Company and Documents Information)
ID	身份标识号码	(Identity)
RPT	报告	(Report)
STD	标准(层)	(Standard)
STS	专用的分类标准组件	(Special Taxonomy Set)
URI	通用资源标识符	(Uniform Resource Identifier)
XBRL	可扩展商业报告语言	(eXtensible Business Reporting Language)

4 分类体系集合

4.1 概述

分类体系集合包括核心层分类标准、不同应用领域的分类套件以及自定义扩展分类标准。各组成部分均采用 XBRL 技术制定模式文件和链接库文件,形成 XBRL 分类标准。

分类体系集合中的元素和分类标准,包括:

a) 引用我国企业会计准则通用分类标准(以下简称"CAS 分类标准")、国际财务报告准则分类标准(以下简称"IFRS 分类标准")以及国家其他权威机构定义要求各行业遵循的元素和分类标准;

b) 行业统一制定的元素和分类标准;

c) 行业内各应用领域扩展定义并注册发布的元素和分类标准;

d) 行业内报告义务人自定义的元素和分类标准。

4.2 分类体系集合框架

分类体系集合包括核心层分类标准、公共组件、由入口组件和专用组件组成的分类套件、自定义分类标准等组成，分为三个层次：核心层、应用层和自定义层，见图1。其中，核心层包括引用的CAS分类标准(含CAS引用的适用证券期货业信息披露的IFRS分类标准)以及证券期货业信息披露分类标准。应用层包括公共组件、专用组件和入口组件。图中实线框内容是必需的，虚线框内容可选。

核心层引用外部分类标准，并统一制定证券期货业元素、扩展角色和扩展类型。证券期货业元素、角色和类型分别属于以下四个分类标准："全局通用分类标准""核心概念分类标准""扩展角色分类标准""扩展类型分类标准"。

应用层定义元素间的关系，由公共组件和分类套件组成。组件没有数量的限制，按需编制。若元素关系被多个分类套件所共用，可提取为公共组件；若元素关系被同一分类套件的不同入口组件所共用，可提取为专用组件。

自定义层为报告义务人为满足报告的个性化需求而制定的仅适用于其自身报告的分类标准。

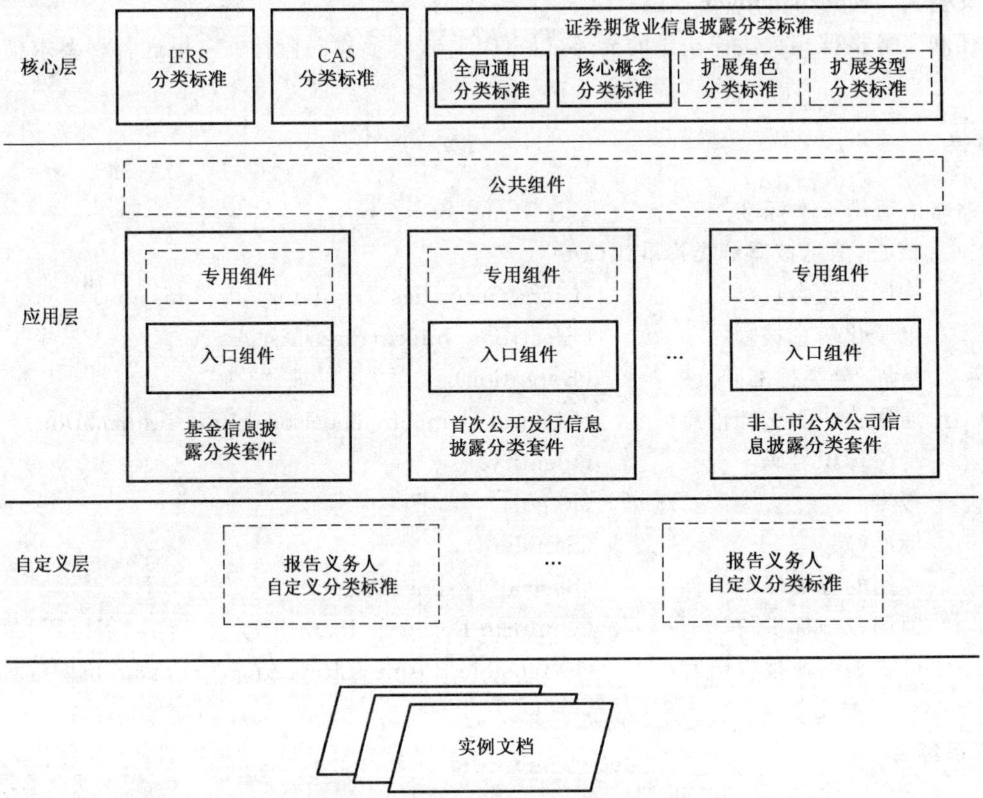

图1　分类体系集合框架

信息披露报告的XBRL实例文档，首先应引用一个入口组件(或由自定义分类标准模式文件引入入口组件)，通过入口组件的引用，计算机可集中遍历报告所需分类标准文件，提升处理效率。原则上，每种信息披露报告对应一个入口组件。

4.3　引用外部标准

核心层根据行业监管要求需要应用相关外部财务信息类分类标准时，应直接引用CAS分类标准，并通过CAS分类标准间接引用适用的IFRS分类标准。对于CAS分类标准未引用的IFRS分类标准(含元素和关系)，证券期货业分类标准不应直接引用。

直接引用CAS分类标准在具体实现方式上，允许通过绝对路径直接引用目标名称空间下存放的稳定版本标准的相关内容资源，也允许通过相对路径引用或文件映射直接引用本地物理位置上存放的相关原标准文件里的内容资源。

核心层不应与CAS分类标准或CAS分类标准引用的IFRS分类标准已经定义的元素重名，对CAS分类标准或CAS引用的IFRS分类标准依据会计准则制定的财务信息披露类元素不得重复定义。

除了CAS和IFRS外部财务信息类标准引用外，如有其他国家权威机构制定相关分类标准要求各行业遵照执行的，证券期货行业在核心层也应进行引用。

4.4 核心层分类标准

4.4.1 概述

核心层分类标准依照证券期货行业的业务特点，统一定义元素。元素在核心层信息披露分类标准中的分类要求如下。

4.4.2 全局通用分类标准

包含适用于证券期货行业所有报告义务人、所有披露场合、所有报告类型的元素，其中包括但不限于：

a） 通用文档信息，用于文档标识、存储和信息检索等的信息，主要包括：
  1） 文档索引编号：根据本标准生成的每一份实例文档都有一个唯一的文档编号，文档唯一编号根据实例文档名称中的标识号生成；
  2） 报告义务人代码：缺省为报告义务人的组织机构代码；
  3） 交易代码：为交易产品分配的代码，如存在多个交易代码，此处应为能够辨识产品唯一性的交易主代码；
  4） 披露日期：格式为“yyyy-mm-dd”；
  5） 版本号：约定为两位数字，省略时表示是第一个版本；
  6） 报告生成日期：如果事前可以确定报告的公开日期，可以使用报告的公开日期；
  7） 报告受理和核准机构：如中国证监会或交易所等；
  8） 根据需要定义的其他信息。

b） 通用公司信息，指描述公司基本情况的一些信息，如公司名称、注册地址等。

4.4.3 核心概念分类标准

依据监管部门颁布的信息披露法规和其他规范性文件，定义的除全局通用信息和财务类信息外的其他为进行信息披露而制定的元素。

4.4.4 扩展角色和扩展类型分类标准

依据证券期货业需要，统一制定的扩展角色和扩展类型分类标准。

4.5 核心层分类标准的层级结构

核心层分类标准可以根据行业需要定义不同层次的分类标准供应用层和自定义层引用。主要分为三个层次：基础层（basic）、标准层（btandard）和完整层（all）。基础层为基础模式文件，只定义元素，不引用任何链接库；标准层增加定义元素标准标签和元素编码；完整层增加定义元素的参考信息。

组件引用时，可以根据需要引用相应层次的模式文件，分为基础引用（引用元素的定义）、标准引用（引用元素定义、标准标签和元素编码标签）和完整引用（引用元素定义、标准标签、编码标签和参考信息）。各层次引用关系见图2。

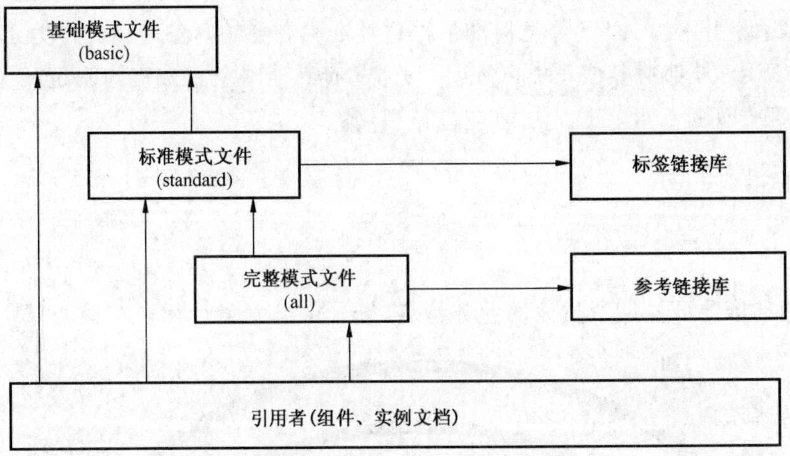

图2 模式文件的引用关系

4.6 核心层分类标准的命名空间与文件存储规则

核心层分类标准的命名空间、命名空间前缀、文件名和存储目录的规则见表1。

表1 元素命名空间和文件存储规则

项目	命名规则
命名空间	http://eid.csrc.gov.cn/csrc/gcd/{yyyymmdd}(行业全局通用分类标准) http://eid.csrc.gov.cn/csrc/cor/{yyyymmdd}(行业核心概念分类标准) http://eid.csrc.gov.cn/csrc/role/{yyyymmdd}(行业扩展角色分类标准) http://eid.csrc.gov.cn/csrc/type/{yyyymmdd}(行业扩展类型分类标准)
命名空间前缀	csrc-gcd csrc-cor csrc-role csrc-type
模式文件名	csrc-gcd-{level}-{yyyymmdd}.xsd csrc-cor-{level}-{yyyymmdd}.xsd csrc-role-{level}-{yyyymmdd}.xsd csrc-type-{level}-{yyyymmdd}.xsd
链接库文件名	csrc-gcd-{level}-{yyyymmdd}-{linkbase}-{lang}.xml csrc-cor-{level}-{yyyymmdd}-{linkbase}-{lang}.xml csrc-role-{level}-{yyyymmdd}-{linkbase}-{lang}.xml csrc-type-{level}-{yyyymmdd}-{linkbase}-{lang}.xml
存储目录	csrc\gcd\{yyyymmdd}\ csrc\cor\{yyyymmdd}\ csrc\role\{yyyymmdd}\ csrc\type\{yyyymmdd}\

表 1（续）

项目	命 名 规 则
链接库的 Lang 属性应遵循 GB/T 4880.1—2005 的规定进行赋值	
注 1：role 是“角色”。 注 2：type 是“类型”，指证券期货业统一定义的扩展类型分类标准。 注 3：{level}是可选值，表示引用层次（基础引用“basic”、标准引用“std”和完整引用“all”，见 4.5），缺省为基础引用。 注 4：{inkbase}表示链接库类别，依照 XBRL 的惯例，分别以 definition、label、presentation、calculation、formula、reference 表示定义链接库、标签链接库、列报链接库、计算链接库、公式链接库和参考链接库（以下均同）。 注 5：{lang}是可选项，表示语言种类，“zh”表示中文，“en”表示英语，缺省为“zh”（以下均同）。 注 6：{yyyymmdd}：在文件名称和文件目录中，表示分类标准的版本日期（以下均同）。	

4.7 核心层分类标准的元素

4.7.1 元素定义

元素是 XBRL 分类标准的基本构成单位，元素定义以遵照行业信息披露法规为主，参考实务为辅。从信息披露的相关法规和规范性文件（表现为业务模板）中抽取得出每个应披露事项所含的要素形成元素。

元素定义前应当充分考虑分类标准全局建模的方案，统一策略。比如对于表格类建模，可根据证券期货业的业务特点选用维度建模或 Tuple 建模，原则上遵照凡是重要的、有利于直接进行数据分析的，尽量选用明确维度建模。如果明确维度建模存在难度的，如选不出一列行记录具备唯一性的可作为维度背景分类的，则选用 TUPLE 建模或类型化维度建模。

分类标准的每个元素应有元素名称（以英文命名）、元素编码（code）、标准标签（中英文），如元素有明确的法规出处，应有相关参考信息。

元素定义应遵守 GB/T 25500.1 2010、GB/T 25500.2—2010，同时应遵循 FRTA1.5 规范中相关元素属性的规则，对其中 MUST 和 MUST NOT 规则不得违反，对 SHOULD 规则应尽量遵守。定义元素时应描述的属性见表 2。

表 2 元素属性及其含义

元素属性	含 义	必要性
name	元素名称	MUST
substitutionGroup	替代组	MUST
type	元素类型	MUST
abstract	是否抽象	MAY
nillable	是否为空	MAY
id	标识符	SHOULD
periodType	周期类型（时点 instant，时期 duration）	MAY
balance	借贷方向，适用财务科目	MAY

以上属性直接在模式文件中定义，元素的其他信息（如元素编码、标签等）在对应链接库文件中定义。

4.7.2 元素的基本要求

对元素进行定义和注册时，应遵循以下要求：

a) 每个元素有且仅有一个“元素编码”，是该元素在中国证券期货业电子化信息披露应用范围内的唯一标识；
b) 每个元素有且仅有一个“元素名”，元素名应当遵循相关的命名规则（含后缀规则）；
c) 元素 ID(Element ID)应符合“命名空间前缀_元素名”的格式；
d) 每个元素有且仅有一个元素的标准中文名称，标准英文名称，均以“标准标签”的形式表达，元素标准标签应能准确表达元素的业务含义，并遵循相关的命名规则（含后缀规则）；
e) 同一命名空间下，元素标准标签、元素名和元素编码应一一对应；
f) 在具体的业务报告中，有些地方需要显示优先标签的，如期初、期末、合计、净值、反向、长标签、短标签等，应为该类元素设置相应的优先标签；
g) 元素名和元素标准标签由元素制定者向统一的管理机构申报登记，元素编码由管理机构赋予。

4.7.3 元素编码

元素编码是元素的唯一标识符号，对于中国证券期货业电子化信息披露规范体系中每个被定义的元素，都要在统一的注册管理平台上进行注册，生成一个元素的元素编码。元素编码规则、扩展规则和技术实现见 GB/T 30338.2。

4.7.4 元素名命名规则

元素名用来建立模式文件和相关链接库之间的联系，用来生成实例文档。元素名用英文进行命名，应遵循以下命名规则：

a) 元素名由英语单词组成；
b) 元素名用“驼峰命名法”进行命名：每个单词的首字母大写，只允许出现大小写字母、数字和“_”（英文下划线）。根据 XML 技术规则，元素名称对英文字母大小写敏感；
c) 元素名中不用冠词“the”“an”“a”；
d) 通过对元素的中文标准标签进行翻译获得元素名。对采用层阶方式命名的元素，按其中文标准标签中“_”（英文下划线）分隔的内容进行逐段翻译，翻译后按中文标准标签的顺序用“_”连接。以“存货跌价准备情况_原材料_本期转回金额占该项存货跌价准备期末余额的比例”为例，其英文名如下：ExplanationOfProvisionForImpairmentOfInventory_RawMaterial_RatioOfProvisionForImpairmentOfInventoryOfRawMaterialCurrentReverseOverRawMaterial；
e) 元素正式发布后，元素名不可修改，元素的中英文标准标签可以修改。

4.7.5 元素标准标签命名规则

元素标准标签为元素的法定名称，表达了元素的业务含义，元素标准标签命名应遵循如下规则：

a) 标准标签在同一种语言下具有唯一性；
b) 中文标准标签一般情况下只可使用汉字、阿拉伯数字、“，”（中文逗号）、“、”（中文顿号）、“_”（英文下划线）、“[ ]”（英文方括号）、单空格。但对一些特殊情况可个别处理，如给海外机构命名而该机构无中文名称时，可直接用英文填写中文标准标签；
c) 英文标准标签只可使用英语、阿拉伯数字、“,”（英文逗号）、“_”（英文下划线）、“[ ]”（英文方括号）、单空格；

d) 中文标签中的字符在信息系统中缺省使用 UTF-8 字符编码；

e) 标准标签的构词来源于元素的业务含义，应与操作习惯和法规保持一致：

1) 法规和其他规范性文件中有相应业务词汇的，直接作为元素的标准标签名；

2) 法规和其他规范性文件中无相应业务词汇的，例如报表行列交叉点的元素，采用层阶命名方式对元素的标准标签进行构词：〈主项〉+"_"+〈子项〉+"_"+〈子项〉。子项以业务概念范围大的在前、重要的在前为原则，如"存货跌价准备情况_原材料_本期转回金额占该项存货跌价准备期末余额的比例"。

4.7.6 元素名和元素中文标准标签的后缀规则

元素名和元素中文标准标签中，仅与 XBRL 技术标准有关而与业务含义无关的部分用"[ ]"(英文方括号)隔开，元素名和中文标准标签应遵循的后缀规则见表 3。

表 3 元素名和中文标准标签的后缀规则

元素类型	元素名后缀	元素标准标签后缀
立方体元素	Table	[table]
维度轴	Axis	[axis]
维度成员	Member	[member]
LineItem(行项目)类型	LineItems	[line items]
抽象元素	Abstract	[abstract]
文本域元素	Explanatory	[text block]
元组元素	Tuple	[tuple]

4.8 核心层分类标准中的扩展角色和类型应用

在证券期货业 XBRL 应用中，有可能需要一些常用的角色和元素类型，而这些角色与类型在 GB/T 25500.1—2010～GB/T 25500.4—2010 中尚未定义。根据 GB/T 25500.1—2010，角色与类型的扩展，相对自定义元素的扩展，受到更加严格地约束，定义时应进行登记注册。因此，在本部分中规定了两个统一定义的分类标准，分别集中定义扩展角色与扩展类型。这两个分类标准，称为扩展角色分类标准和扩展类型分类标准。结合证券期货业信息披露的要求，本部分预定义的扩展角色见表 4。

表 4 扩展角色列表

扩展角色名称	扩展角色 ID	扩展角色 URI
证券期货业缺省角色	default	http://eid.csrc.gov.cn/csrc/role/default
证券期货业通用维度	commonDimension	http://eid.csrc.gov.cn/csrc/role/commonDimension
元素编码标签	codeLabel	http://eid.csrc.gov.cn/csrc/role/codeLabel
根据实际需要可定义表 4 之外的角色，但需要事先进行申请和注册。		

4.9 应用层组件

4.9.1 概述

组件是可复用的关系型分类标准。通过组件，可以在核心层和应用层分类标准基础上，有效的组织元素与元素、元素与资源的关系,用于模块化组织分类套件。

4.9.2 组件的定义

组件应根据实际应用需要,在相对独立的业务范围基础上,完整地覆盖目标业务。同时,组件的定义应层次化、模块化。组件的设立应以可复用为基本目标,并能够扩展以适应业务需求的变化。

4.9.3 组件的内部结构

组件是一组分类标准模式文件及其对应的链接库文件,定义了元素之间的关联关系。其中,各链接库文件分别定义标签、展示关系、维度定义、计算关系等。组件可以被其他组件引用。

4.9.4 组件中的角色

为方便组件的复用和扩展,在列报链接库中使用角色时应采用标准或统一的角色。

4.9.5 命名空间与文件存储规则

组件分为公共组件、专用组件和入口组件。

公共组件的命名空间、命名空间前缀、文件名和存储目录的规则见表5。

表5 公共组件的命名空间与文件存储规则

项目	规　则
命名空间	http://eid.csrc.gov.cn/csrc/com/{component}/{yyyymmdd}
命名空间前缀	{component}
模式文件名	csrc-com-{component}-{level}-{yyyymmdd}.xsd
链接库文件名	csrc-com-{component}-{level}-{yyyymmdd}-{linkbase}-{lang}.xml
存储目录	csrc\com\{component}\{yyyymmdd}\

{component}表示公共组件名称,一般采用表示业务含义的英语单词的简写,不能和概念分类标准名称、报告类型编码重名;

{level}指组件分类标准定义的层次类型,如若本部分预定义的几个引用层次不能满足更多应用需求时,可对其中的链接库自行组合创建更多的引用层次,命名方式可遵照"链接库_链接库",如"pre_cal"的方式,以此类推。

注1:{level}表示层次类型,包括基础(basic 缺省)、标签(lab)、展示(pre)、计算(cal)、定义(def)、公式(for)、标准(std,指标签+展示+定义)、完整(all)。

注2:{linkbase}表示链接库类别,按XBRL的惯例,分别以definition、label、presentation、formula、calculation和reference表示定义链接库、标签链接库、列报链接库、公式链接库、计算链接库和参考链接库(以下均同)。

注3:{lang}是可选项,表示语言种类,"zh"表示中文,"en"表示英语,默认为中文。

专用组件的命名空间、命名空间前缀、文件名和存储目录的规则见表6。

表6 专用组件的命名空间与文件存储规则

项目	规　则
命名空间	http://eid.csrc.gov.cn/csrc/{appcode}/sts/{yyyymmdd}
命名空间前缀	{appcode}
模式文件名	csrc-{appcode}-{level}-{yyyymmdd}.xsd

表 6（续）

项目	规　则
链接库文件名	csrc-{appcode}-{level}-{yyyymmdd}-{linkbase}-{lang}.xml
存储目录	csrc\\{appcode}\\sts\\{yyyymmdd}\\

{appcode}为用于标识分类套件的唯一代号，如 ipo 表示首次公开发行股票，ls 表示上市公司，mf 表示公募基金等，可根据应用的业务领域进一步扩充。

入口组件的命名空间、命名空间前缀、文件名和存储目录的规则见表 7。

表 7　入口组件的命名空间与文件存储规则

项目	规　则
命名空间	http://eid.csrc.gov.cn/csrc/{appcode}/rpt/{yyyymmdd}
命名空间前缀	{entrycode}
模式文件名	csrc-{appcode}-{entrycode}-{level}-{yyyymmdd}.xsd
链接库文件名	csrc-{appcode}-{entrycode}-{level}-{yyyymmdd}-{linkbase}-{lang}.xml
存储目录	csrc\\{appcode}\\rpt\\{yyyymmdd}\\

{entrycode}指入口组件名称。原则上，每一种业务报告类型，对有一个对应的入口组件，入口组件名称要求采用报告类型编码，例如，当组件是依据上市公司报告类型制定的时候，名称可参照 JR/T 0021—2004 报告类型编码规则，例如"GB 0501"表示上市公司第一季度报告。没有报告类型编码的，由注册管理机构指定，每种报告的类型编码不得重复。

注：rpt 代表某一类应用中的所有的报告类型。

4.10　自定义分类标准

自定义分类标准由报告义务人自行编制，但命名空间及前缀、文件命名、存储目录应执行本标准的规定。

自定义分类标准命名空间、命名空间前缀、文件名和存储目录的规则见表 8。

表 8　自定义分类标准的命名空间与文件存储规则

项目	规　则
命名空间	http://eid.csrc.gov.cn/ext/{appcode}/{entitycode}/{yyyymmdd}
命名空间前缀	{ entitycode }
模式文件名	{appcode}-{ entitycode }-{yyyymmdd}.xsd
链接库文件名	{appcode}-{appcode}-{yyyymmdd}-{linkbase}-{lang}.xml
存储目录	ext\\{appcode}\\{ entitycode }\\{yyyymmdd}\\

Ext 表示扩展，报告义务人对证券期货业分类体系集合的自定义扩展要求放在此目录下；

{entitycode}表示报送实体标识。上市公司报告实体标识要求采用"市场＋交易代码"(无间隔符)的编码方式，其中市场以两位字母表示，上海证券交易所为"SH"，深圳证券交易所为"SZ"。基金公司基金产品，以"JJ"＋基金交易主代码作为实体标识，没有交易的，如报送实体为报告义务人本身的，其标识为"NT"(非交易)＋报告义务人组织机构代码(去掉连接符，9 位)＋X(扩展标识)。其他未能确认的报送实体标识由管理机构统一赋码，管理机构应当保证不重码。

4.11 通用维度的定义和使用

根据业务需求,可以定义的通用维度包括但不限于:实际与预测值、调整前后值、转型前后、分级、报告实体、报告时间等不同的分部或场景信息。

原则上,通用维度可以与任何已经定义的元素进行关联,但在实际业务中,只有部分元素与维度组合才有含义。本部分适用范围内,不使用定义链接库描述通用维度的绑定关系,而是由报告义务人根据报告模板通过报送软件在实例文档中对需要描述维度的事实项进行关联,但不得因此违反GB/T 25500.2—2010 中相关定义库 has-hypercube 弧“xbrldt:closed”属性的约束。

4.12 文件及目录的版本更新

本标准中的日期标识是用来实现分类标准版本更新的。

在分类标准版本变化时,例如根据需要增加了新的元素,需要对原有分类标准进行版本更新。原则上,分类标准的版本更新,将通过更新的目录日期、命名空间的日期、以及相关的文件名中的日期予以实现。

为避免频繁更新分类标准,分类标准在开发测试过程中,以修订和测试模式对分类标准的更新,期间可更新分类标准的内容,但不更换日期和文件。测试和验证过程中,可适当保持版本命名空间、存放目录以及文件名的稳定,待分类标准相对稳定后一并更新。

分类标准版本更新后,原有已发布版本的分类标准按原有目录和命名空间永久保存。

分类标准相关版本管理工作,可遵循 GB/T 25500.4—2010 中的约定进行科学管理。

5 实例文档

5.1 实例文档的结构

实例文档中除 Text Block 类元素值部分可以包含表述样式内容的相关信息外,其他元素一般只包含事实值信息,不包含诸如字体、字号、颜色等任何格式或显示信息。不同用户可根据自己的需要或根据某种通用展示方法将实例文档展现成所需的样式,或对实例文档中的数据进行抽取转换、比对分析等。

实例文档主要由引用标准、上下文约定、单位约定、数据主体、脚注等部分组成。

引用标准中应包含以下命名空间:

a) http://www.xbrl.org/2003/instance;

b) http://www.xbrl.org/2003/linkbase;

c) http://www.w3.org/1999/xlink;

引用标准中可包含以下命名空间:

a) http://www.w3.org/2001/XMLSchema-instance;

b) http://www.xbrl.org/2003/iso4217;

c) http://xbrl.org/2006/xbrldi;

引用标准中可包含以下模式文件:

a) 证券期货业分类体系集合中的入口组件;

b) 报告义务人自定义的分类标准。

上下文约定中,应定义报告所需的报告实体、报告期间,另外可根据需要定义分部或场景信息,分部和场景信息可定义成维度元素,也可通过在 TYPE 文件中进行类型元素以及枚举值的定义。

除了 TUPLE 元素之外的其他元素,都不能脱离上下文。规定了上下文信息后,各个元素及其数值构成了数据主体部分。

根据报告的需要,可对实例文档中的列报元素添加脚注,脚注的生成应遵循 GB/T 25500.1—2010。

5.2 实例文档生成

按本部分生成 XBRL 实例文档时,可将元素的标准标签以注释文字的方式写入实例文档的每一个元素数据行之后,以方便直接阅读实例文档。

根据 GB/T 18793—2002 XML 相关的规定,注释的语法为:以"〈! --"开始,以"--〉"结尾,中间的所有字符都是注释内容,可以换行。

5.3 实例文档的校验

实例文档应符合 GB/T 25500.1—2010、GB/T 25500.2—2010,建议同时符合财务报告实例文档准则(第 1 版)相关适用规则,满足定义的公式链接库等设置的校验规则。公式链接库本身的定义,也应当符合 GB/T 25500.3—2010。

实例文档在带有自定义分类标准的情况下建议符合 FRTA1.5 相关适用规则。

5.4 实例文档的命名规则

文档的命名应具有统一性,易于辨识、存储与检索,其规则如下:

CSRC-{entitycode}-{entrycode} - {yyyymmdd}-{reportnumber}-{version}.xml

其中:

a) CSRC 即中国证监会;

b) {entitycode}即管理机构为报送实体对象分配的唯一标识。上市公司报告实体标识采用"市场+交易代码"(无间隔符)的编码方式,其中市场以两位字母表示,上海证券交易所为"SH",深圳证券交易所为"SZ"。基金公司基金产品,以"JJ"+基金交易主代码作为实体标识,没有交易或者在多个场所交易并有多个交易代码的,其标识为"NT"(非交易)+报告义务人组织机构代码(去掉连接符,9 位)+X(扩展标识符)。如其他仍未能确认的报送实体标识由管理机构统一赋码,管理机构应当保证不重码;如果有自定义扩展分类标准,报告的{entitycode}与自定义分类标准(参见 4.10)的{ entitycode }一致;

c) {entrycode},即报告类型编码;

d) {yyyymmdd},即报告的期末截止日期;

e) {report number}即公告编号,各报告义务人应按"年度+5 位流水号"的方式对信息披露公告文档编码,以唯一识别本年度对外发布的所有公告。例如:编号为"201100003"的公告,表明该公告是 2009 年度对外披露的第 3 份公告,编码为九位;

f) {version}即版本号,是可选项。在 XBRL 实例文档修订之后重新提交发布时作为文档区分标识。约定为两位数字,省略时表示是第一个版本。

5.5 上下文和单位元素

实例文档中的许多元素实例具有时间、所属报告义务人等背景信息,这些信息通过实例文档中的上下文元素(context)予以描述。

时点型和期间型数据的标识符分别为 instant 和 duration,所属报告义务人在上下文元素中的 entity 元素中定义,具体依照 5.4 b)约定的规则赋值。

通用维度通过上下义元素可同时与多个元素的实例相关联,一个元素实例仅关联一个上下义元素。context id 值的命名规则不作统一约定。

货币类型、份额类型、整数类型、小数类型元素、百分比类型、每股类型等数值类型通过 unitRef 属性关联到特定 unit 元素,unit 元素定义了数值类型的单位信息。一个 unit 元素可同时与多个元素实例相关联。

5.6 实例文件的封装格式

为了方便传送和使用实例文档及分类标准，将实例文档、分类标准封装在一种基于指定格式的电子文件中，文件扩展名使用“eid”来标识。XBRL 实例文档应按以下规定封装在 eid 文件中：

a） XBRL\taxonomy：存放自定义分类标准，也可存放包含实例文件所引用的证券期货业分类标准；

b） XBRL\instance 存放实例文档；

c） XBRL 实例文件名和自定义分类标准文件名在 eid 文件封装时，文件名称不变。

关于证券期货业电子化信息披露文件的封装格式，见 GB/T 30338.4。

6 注册管理

6.1 概述

证券期货业 XBRL 分类体系集合、元素、标引模板、分类套件以及相关编码的赋码等实行集中注册、统一赋码，统一管理。注册管理由中国证监会授权的机构进行。

6.2 注册管理基本原则

注册管理应遵循如下基本原则：

a） 注册管理机构维护整个分类体系集合的结构，解释元素的分类原则，指导并批准对元素的扩展，保障元素在证券期货业电子化信息披露中不会出现重复定义、相似概念混淆等现象，并及时向证券期货业发布核心层分类标准；

b） 证券期货业参与机构需要增加新的分类体系集合、元素、标引模板、分类套件等时，应向注册管理机构提出注册申请，注册管理机构审批后按规定进行发布；

c） 注册管理机构可根据市场需要，自行注册、审批并发布新的分类体系集、元素、标引模板、分类套件等；

d） 报告义务人自定义元素，按照“自主定义、符合规范、事先登记和事后注册相结合”的原则进行管理，自定义元素格式应该符合注册管理机构制定的相关规范；

e） 以元素编码作为元素的唯一标识，同一分类标准中不应出现业务含义重叠的元素，对其他分类标准进行引用时，需列示引用元素清单，同一类别的元素命名方式、标签、后缀内容及格式必须一致；

f） 注册管理机构应对集中管理的分类体系集合、元素、标引模板、分类套件等进行版本管理与维护；

g） 注册管理应建设电子化管理平台对分类体系集、元素、标引模板、分类套件等进行统一管理。

关于注册管理，见 GB/T 30338.5。

附 录 A
（规范性附录）
命名空间与前缀样例

命名空间与前缀样例见表 A.1。

表 A.1 证券期货业信息披露分类标准的命名空间与前缀样例

分类标准		命名空间前缀	命名空间
核心层:全局通用分类标准		csrc-gcd	http://eid.csrc.gov.cn/csrc/gcd/{yyyymmdd}
核心层:核心概念分类标准		csrc-cor	http://eid.csrc.gov.cn/csrc/cor/{yyyymmdd}
核心层:扩展角色分类标准		csrc-role	http://eid.csrc.gov.cn/csrc/role/{yyyymmdd}
核心层:扩展类型分类标准		csrc-type	http://eid.csrc.gov.cn/csrc/type/{yyyymmdd}
应用层:应用型分类标准		{appcode}	http://eid.csrc.gov.cn/csrc/{appcode}/{yyyymmdd}
样例	公共组件	com	http://eid.csrc.gov.cn/csrc/com/20111231
	基金信息披露分类套件	mf	http://eid.csrc.gov.cn/csrc/mf/20111231
	首次公开发行信息披露分类套件	ipo	http://eid.csrc.gov.cn/csrc/ipo/20111231
	上市公司信息披露分类套件	lc	http://eid.csrc.gov.cn/csrc/lc/20111231
	非上市公众公司信息披露分类套件	nlc	http://eid.csrc.gov.cn/csrc/nlc/20111231
自定义层:扩展型分类标准		ext	http://eid.csrc.gov.cn/csrc/ext/{appcode}/{entitycode}/{yyyymmdd}
样例	×××上市公司扩展	szxxxxxx	http://eid.csrc.gov.cn/csrc/ext/lc/SZxxxxxx/20111231

附　录　B
（规范性附录）
文件名和存储目录样例

证券期货业电子化信息披露规范体系的分类标准技术文档，分为 ifrs、cas、csrc 和 ext 4 个目录，分别存放引用财政部通用会计准则、引用国际会计准则、证监会统一管理的、自定义的等 4 类分类标准，见样例表 B.1。

表 B.1　文件名和存储目录样例

ifrs	ifrs-cor_yyyy-mm-dd.xsd net-yyyy-mm-dd.xsd nonNumeric-yyyy-mm-dd.xsd numeric-yyyy-mm-dd.xsd reference-yyyy-mm-dd.xsd			
cas	企业会计准则通用分类标目录及文件			
csrc	gcd		yyyymmdd	csrc-gcd-yyyymmdd.xsd csrc-gcd-yyyymmdd-label-zh.xml csrc-gcd-yyyymmdd-label-en.xml csrc-gcd-yyyymmdd-codelabel.xml csrc-gcd-yyyymmdd-reference.xml
	cor		yyyymmdd	csrc-cor-yyyymmdd.xsd csrc-cor-yyyymmdd-label-zh.xml csrc-cor-yyyymmdd-label-en.xml csrc-cor-yyyymmdd-codelabel.xml csrc-cor-yyyymmdd-reference.xml
	role		yyyymmdd	csrc-role-yyyymmdd.xsd csrc-cor-yyyymmdd-codelabel.xml
	type		yyyymmdd	csrc-type-yyyymmdd.xsd csrc-cor-yyyymmdd-codelabel.xml
	com	balanceSheet	yyyymmdd	csrc-com-bs-yyyymmdd.xsd csrc-com-bs-yyyymmdd-label-zh.xml csrc-com-bs-yyyymmdd-label-en.xml csrc-com-bs-yyyymmdd-presentation.xml csrc-com-bs-yyyymmdd-calculation.xml csrc-com-bs-yyyymmdd-definition.xml csrc-com-bs-yyyymmdd-formula.xml csrc-com-bs-yyyymmdd-reference.xml
		……	……	……

表 B.1（续）

csrc	ipo	sts	yyyymmdd	csrc-ipo-yyyymmdd.xsd csrc-ipo-yyyymmdd-label-zh.xml csrc-ipo-yyyymmdd-label-en.xml csrc-ipo-yyyymmdd-presentation.xml csrc-ipo-yyyymmdd-calculation.xml csrc-ipo-yyyymmdd-definition.xml csrc-ipo-yyyymmdd-formula.xml csrc-ipo-yyyymmdd-reference.xml
		rpt	yyyymmdd	csrc-IPO011-yyyymmdd.xsd csrc-IPO011-yyyymmdd-label-zh.xml csrc-IPO011-yyyymmdd-label-en.xml csrc-IPO011-yyyymmdd-presentation.xml csrc-IPO011-yyyymmdd-calculation.xml csrc-IPO011-yyyymmdd-definition.xml csrc-IPO0011-yyyymmdd-formula.xml csrc-IPO0011-yyyymmdd-reference.xml ……
	lc	sts	yyyymmdd	……
		rpt	yyyymmdd	……
	mf			
	nlc			
	……			
ext	lc	SZ000001	yyyymmdd	lc-SZ000001-yyyymmdd.xsd lc-SZ000001-yyyymmdd-label-zh.xml lc-SZ000001-yyyymmdd-label-en.xml lc-SZ000001-yyyymmdd-presentation.xml lc-SZ000001-yyyymmdd-calculation.xml lc-SZ000001-yyyymmdd-definition.xml lc-SZ000001-yyyymmdd-formula.xml lc-SZ000001-yyyymmdd-reference.xml ……
		SH600000	yyyymmdd	lc-SH600000-yyyymmdd.xsd lc-SH600000-yyyymmdd-label-zh.xml lc-SH600000-yyyymmdd-label-en.xml lc-SH600000-yyyymmdd-presentation.xml lc-SH600000-yyyymmdd-calculation.xml lc-SH600000-yyyymmdd-definition.xml lc-SH600000-yyyymmdd-formula.xml lc-SH600000-yyyymmdd-reference.xml ……
		……	……	……

ICS 03.060
A 11

中华人民共和国国家标准

GB/T 30338.2—2013

证券期货业电子化信息披露规范体系 第2部分:编码规则

Specification system for electronic information disclosure of securities and futures industry—Part 2:Element code

2013-12-31 发布　　2014-07-01 实施

中华人民共和国国家质量监督检验检疫总局
中国国家标准化管理委员会 发布

前　言

GB/T 30338《证券期货业电子化信息披露规范体系》分为5个部分：

——第1部分：基础框架；

——第2部分：编码规则；

——第3部分：标引模板；

——第4部分：实例文档封装格式；

——第5部分：注册管理规范。

本部分为GB/T 30338的第2部分。

本部分按照GB/T 1.1—2009给出的规则起草。

本部分由中国证券监督管理委员会提出。

本部分由全国金融标准化技术委员会(SAC/TC 180)归口。

本部分起草单位：中国证券监督管理委员会信息中心、上海证券交易所、深圳证券交易所、中国证券投资者保护基金有限责任公司、上证所信息网络有限公司、深圳证券信息有限公司、深圳证券通信有限公司、吉贝克信息技术(北京)有限公司、立信会计师事务所(特殊普通合伙)、上海新利多数字技术有限公司、深圳市致远速联信息技术有限公司。

本部分主要起草人：张野、姚峰、于文强、白硕、邹胜、刘慧清、张小威、葛伟平、初壮、邓寰乐、程立、邓学智、蒋建人、赵志刚、郑斌祥、陈功、赵伟、周晓明、苏梅、张兴东、寻晓青、丁韬、冯晋雯、刘庆辉、沈桢、高阳、付德伟、赵国强、刘世平、罗黎明、董凤江、陈帆峰、李海、贾霄鹏、安文辉、李云峰、陈贵忠。

引　　言

随着近年来XBRL在国内上市公司、基金等公募信息披露领域的持续应用，国内XBRL应用从2002年引进到深入实践的十年间已初见成效。最近几年，我国基于企业会计准则的通用分类标准业已推出，随着推广效应加大，XBRL的实施范围将面临扩展，实施规模也预计迅速加大。在此背景下，产生了统一行业应用进行体系化规范管理的需求，因此需要统一制定证券期货业电子化信息披露规范。

电子化信息披露是指用计算机和网络技术实现所需披露报告的编制、报送、验证、披露、存储交换和分析阅读等。我国现阶段采用可扩展商业报告语言(Extensible Business Reporting Language，简称XBRL)作为证券期货市场电子化信息披露的核心技术。XBRL技术体系本身没有对元素进行编码的要求和约定，为充分发挥XBRL的技术特点和优势，进一步提高计算机系统制作、交换、存储、分析相关信息的准确性和效率，以及方便元素的管理，特制定本标准。

在证券期货业电子化信息披露的应用中采用元素编码，是相比于传统及一般应用的一个重要的技术要素上的创新。

证券期货业电子化信息披露规范体系
第2部分：编码规则

1 范围

GB/T 30338的本部分规定了证券期货业XBRL电子化信息披露中进行元数据XBRL格式标引时，对元素进行编码的方法、技术处理方式和管理机制。

本部分适用于使用XBRL技术向公众披露信息或向监管部门报送信息的电子化过程。

2 规范性引用文件

下列文件对于本文件的应用是必不可少的。凡是注日期的引用文件，仅注日期的版本适用于本文件。凡是不注日期的引用文件，其最新版本（包括所有的修改单）适用于本文件。

GB/T 7027—2002 信息分类和编码的基本原则与方法

GB/T 10113 分类编码通用术语

GB/T 18793—2002 信息技术 可扩展置标语言(XML)1.0

GB/T 30338.1 证券期货业电子化信息披露规范体系 第1部分：基础框架

GB/T 30338.5 证券期货业电子化信息披露规范体系 第5部分：注册管理规范

3 术语和定义

GB/T 10113和GB/T 30338.1中界定的以及下列术语和定义适用于本文件。

编码标签 code label

表达元素的代码值的标签。

4 分类原则和方法

4.1 分类原则

本部分按照科学性、系统性、可扩延性、兼容性和综合实用性的原则，对证券期货业电子化信息披露中所涉及的元素进行简化分类。

4.2 分类方法

本部分对元素采用GB/T 7027—2002的面分类法。按照“是否通用元素”“元素编制机构”和“元素技术属性类别”3个“面”进行分类。

5 编码方法

5.1 编码的基本原则

每一个编码对象（元素）仅应有一个代码，一个代码唯一表示一个编码对象。在同一命名空间下，元素名、元素标准标签和代码一一对应。

5.2 代码类型

本部分对元素采用组合码进行编码。

5.3 代码结构与格式

代码表达式由4段组成,见表1、表2所示。

表1 统一赋码元素的代码结构表

位置	格式	含义
第1段	2位大写拉丁字母	分类信息
第2段	5位阿拉伯数字	基本流水号
第3段	2位阿拉伯数字	扩展流水号
第4段	1位大写拉丁字母	类型属性

表2 自定义元素的代码结构表

位置	格式	含义
第1段	2位大写拉丁字母	分类信息,固定为"ZZ"
第2段	不定长大写拉丁字母与阿拉伯数字的混合代码	报告义务人代码
第3段	5位阿拉伯数字	报告义务人自主确定的流水号
第4段	1位大写拉丁字母	类型属性

各段的定义和格式应遵循以下要求:

a) 第1段:按"是否通用元素"、"元素编制机构"对元素进行分类(见4.2)后所赋予的代码,表示元素的分类信息,是有含义的缩写码,使用2位大写拉丁字母。

b) 第2段:在管理机构统一赋码的情况下,本段为元素的基本流水号,是无含义的递增顺序码,使用5位阿拉伯数字。预定递增数字为10;在报告义务人自定义元素的情况下,本段为管理机构分配给特定报告义务人或报告主体的表示其唯一身份的固定代码(例如上市公司的交易代码或非上市公司的组织机构代码等)。

c) 第3段:在管理机构统一赋码的情况下,本段为元素的扩展流水号,在元素的基本流水号资源接近耗尽时采用,是无含义的递增顺序码,使用2位阿拉伯数字,缺省值为"00"。预定递增数为1;在报告义务人自定义元素的情况下,本段为报告义务人自主义元素的流水号,是无含义的递增顺序码,使用5位阿拉伯数字,预定递增数为10。

d) 第4段:按"元素技术类型"对元素进行分类(见4.2)后赋予的代码,表示元素的技术类型属性信息,是有含义的缩写码,使用1位大写拉丁字母。

e) 递增数代码段的前几位无数字时,应使用零填满字段的位数。

f) 各段之间无连接符号。

5.4 分类与代码

5.4.1 元素基本信息类别代码

元素代码的前2位字母是元素的基本信息分类代码,初始类别为4类,其指定代码见表3。可根据标准实施的具体情况进行扩展。

表 3 元素基本信息类别代码表

代码	名 称	说 明
GD	通用文档信息元素	
CM	资本市场通用元素	
MF	引用财政部企业会计准则通用分类标准元素	
ZZ	自定义元素	由报告义务人自主定义的元素

5.4.2 元素技术属性类别代码

元素编码的末位字母是元素的技术属性类别。初始类别设为 7 类，其指定代码见表 4。可根据标准实施的具体情况进行扩展。

表 4 元素技术属性类别代码表

代码	英语名称	中文名称	说 明
A	Abstract	抽象元素	"是否抽象"的属性值为"True"的元素，不能赋值，不出现在实例文档中，一般根据多个关联的实体元素抽象其共同的业务含义而命名，相关实体元素称为抽象元素的子元素
T	Tuple	元组元素	在相同语境下可被多次赋值的一组实体元素的集合(总称)
E	Item	实体元素	数据项
H	Hypercube	立方体元素	若干个维度的集合。可形象理解为多面体，每一个平面表示一个维度
D	Dimension	维度轴	描述一个事实的不同角度称为维度，典型的维度轴如："产品"或"地区"(用来描述营业收入的分类)
M	Member	维度成员	维度成员元素的 type 为 nonnum：domainItemType，维度成员元素也是 item 元素，但仅能用在实例文档的上下文中，如上述"地区"维度中的"华北"、"华东"
L	Line Item	行项目	在维度模型中用以记载实例数值的元素(而不是表达上下文的元素)的集合

5.5 元素编码的扩展

根据元素编码的唯一性和不重码的规则，当元素编码的可利用字符逐渐缺少时，以及根据电子化信息披露业务发展情况所必需时，对元素编码进行扩展，应遵循如下原则：

a) 代码结构中第 1 段的 2 位字母，根据业务需要，可以增加相应的分类及指定新的代码。

b) 代码结构中第 2 段的 5 位数字，以及扩展后的第 3 段的数字，可不受预定递增数间隔的限制，并可进一步扩展为数字和大写拉丁字母(I 与 O 除外)的混合格式代码。此时元素编码的前两位字母和末位字母的定义不受影响，仅扩展第 2 段和第 3 段。

c) 代码结构中第 3 段的 2 位数字，可改变缺省值为"00"的情况从而进行扩展。

d) 第 4 段的 1 位字母，根据需要，可以扩展元素属性类别及指定新的代码。

e) 对元素编码进行扩展,不应影响已有元素编码。

5.6 元素编码示例

元素编码示例见表5。

表5 元素编码示例

概　念	编码样式	说　明
资产负债表	MF0006000A	抽象元素
营业收入	MF0021000E	实体元素
前十名股东	CM0080000T	元组元素
职工分类统计	CM0103000H	立方体元素
学历分类	CM1031000D	维度轴元素
大学本科	CM1032000M	维度成员元素

6 元素编码的技术实现

6.1 元素编码标签

元素代码值的记录及其与元素之间的关联关系描述,在技术上采用元素标签的方式实现。

在中国证券期货业电子化信息披露规范体系内,创建特定的标签类型“元素编码标签”,为每个元素设置唯一的元素编码标签,标签值为该元素的编码。

6.2 编码标签角色

编码标签类型的扩展角色名为:codeLabel,编码标签的扩展角色的URL为:
“http://eid.csrc.gov.cn/cor/role/codeLabel”。

6.3 编码标签链接库

编码标签记录在编码标签链接库文件内。编码标签链接库和标准标签链接库一起,作为分类标准的标准层(Standard)模式文件所引用的链接库文件。

编码链接库是符合GB/T 18793—2002的XML文件,编码标签链接库文件的命名,应符合GB/T 30338.1中的文件命名规则。

7 元素编码管理规范

7.1 管理机构与赋码机制

元素编码的管理由国家证券期货管理部门授权的机构(以下称“管理机构”)进行。有关内容参见GB/T 30338.5。

每一个元素的代码应由管理机构统一赋码或向报告义务人分配特定的代码段,以有效保障代码的唯一性。

赋码的过程不对元素的业务含义进行唯一性甄别,符合同一命名空间下元素名不重复的基本原则,即可对元素赋予全局唯一的代码。

赋码的过程需要对元素的基本信息类别和技术属性类别进行判别，确定编码的前2位拉丁字母和末位拉丁字母的选择。

代码结构中的递增顺序码，由管理机构采用计算机系统辅助的方式自动赋码，以保障其唯一性。

任何情况下(例如元素的废弃)，已使用的编码不再分配给新的元素。

7.2 统一编制分类标准的编码管理

管理机构统一编制证券期货业电子化信息披露XBRL分类标准时，或者在国家证券期货管理部门授权所属机构自行编制扩展分类标准并上报管理机构之后，由管理机构对元素进行统一赋码，并编制元素编码标签链接库文件，作为相关分类标准的组成部分一并发布。

7.3 报告义务人自定义元素的编码管理

报告义务人可自行根据其业务特殊性创建扩展分类标准，由此所形成的自定义元素，其代码应在管理机构统一分配报告义务人代码段的前提下自主确定元素流水号。

报告义务人编制的扩展分类标准应预留编码标签链接库的接口。报告义务人在确定自定义元素的完整代码之后，应将编码标签链接库补充完整。

7.4 引用其他分类标准的编码管理

XBRL分类体系集合中可能会引用其他机构编制的分类标准，例如引用我国财政部编制的企业会计准则通用分类标准，或引用国际财务准则相关的分类标准等。

对外部分类标准中的元素，是否需要分配元素代码，由管理机构根据以下原则决定：

a) 外部分类标准中的元素将长期在证券期货业电子化信息披露中进行使用的，应予赋码；

b) 外部分类标准中的元素在证券期货业电子化信息披露中属于临时和偶然使用的，可不予赋码。

当管理机构为外部分类标准中的元素分配代码时，应编制相应的元素编码标签链接库，并结合入口组件等技术方法，使得外部分类标准与新增的元素编码标签链接库纳入同一个分类体系集合。

ICS 03.060
A 11

中华人民共和国国家标准

GB/T 30338.3—2013

证券期货业电子化信息披露规范体系 第3部分:标引模板

Specification system for electronic information disclosure of securities and futures industry—Part 3: Tagged document template

2013-12-31 发布　　2014-07-01 实施

中华人民共和国国家质量监督检验检疫总局
中国国家标准化管理委员会　发布

前　言

GB/T 30338《证券期货业电子化信息披露规范体系》分为5部分：

——第1部分：基础框架；

——第2部分：编码规则；

——第3部分：标引模板；

——第4部分：实例文档封装格式；

——第5部分：注册管理规范。

本部分为GB/T 30338的第3部分。

本部分按照GB/T 1.1—2009给出的规则起草。

本部分由中国证券监督管理委员会提出。

本部分由全国金融标准化技术委员会(SAC/TC 180)归口。

本部分起草单位：中国证券监督管理委员会信息中心、上海证券交易所、深圳证券交易所、中国证券投资者保护基金有限责任公司、上证所信息网络有限公司、深圳证券信息有限公司、深圳证券通信有限公司、吉贝克信息技术(北京)有限公司、立信会计师事务所(特殊普通合伙)、上海新利多数字技术有限公司、深圳市致远速联信息技术有限公司。

本部分主要起草人：张野、姚峰、于文强、白硕、邹胜、刘慧清、张小威、葛伟平、初壮、邓寰乐、程立、邓学智、苏梅、张兴东、寻晓青、付德伟、赵国强、贾霄鹏、安文辉、李云峰、陈贵忠、蒋建人、赵志刚、郑斌祥、陈功、丁韬、冯晋雯、刘庆辉、沈桢、高阳、赵伟、刘世平、罗黎明、董凤江、陈帆峰、李海、周晓明。

引　　言

随着近年来 XBRL 在国内上市公司、基金等公募信息披露领域的持续应用，国内 XBRL 应用从 2002 年引进到深入实践的十年间已初见成效。最近几年，我国基于企业会计准则的通用分类标准业已推出，随着推广效应加大，XBRL 的实施范围将面临扩展，实施规模也预计迅速加大。在此背景下，产生了统一行业应用进行体系化规范管理的需求，因此需要统一制定证券期货业电子化信息披露规范。

电子化信息披露是指用计算机和网络技术实现所需披露报告的编制、报送、验证、披露、存储交换和分析阅读等。我国现阶段采用可扩展商业报告语言（Extensible Business Reporting Language，简称 XBRL）作为证券期货市场电子化信息披露的核心技术。为了理解和遵循中国证券期货业电子化信息披露规范体系的相关规定，相关单位和人员必须首先理解 XBRL，并能够在业务中熟练应用，存在相当的难度。因此，本规范体系创新性地提出了标引模板的概念：以业务人员的工作视角定义可视化模板，确保业务被正确表达；以技术的视角定义 XML 模板，确保符合 XBRL 的规则；同时，通过本部分的规定确保两种模板的内容一致性和完整性。

证券期货业电子化信息披露规范体系 第3部分:标引模板

1 范围

GB/T 30338 的本部分规定了标引模板的结构和标记规则,以及标引模板的制作和管理。

本部分适用于使用 XBRL 技术向公众披露信息或向监管部门报送信息的电子化过程。

2 规范性引用文件

下列文件对于本文件的应用是必不可少的。凡是注日期的引用文件,仅注日期的版本适用于本文件。凡是不注日期的引用文件,其最新版本(包括所有的修改单)适用于本文件。

GB/T 30338.1—2013 证券期货业电子化信息披露规范体系 第1部分:基础框架

GB/T 30338.2—2013 证券期货业电子化信息披露规范体系 第2部分:编码规则

3 术语和定义

GB/T 30338.1 和 GB/T 30338.2 中界定的以及下列术语和定义适用于本文件。

3.1

标引模板文件 tagged template document

信息披露内容和格式的模板文件,模板文件的相应位置标注了元素编码,精确指向分类标准中的元素。本部分同时简称为模板文件。

3.2

复用单元 reusable unit

模板文件中相对独立的组成部分,具有唯一编码,可以在模板文件的不同部分复用。

4 标引模板定义

4.1 概述

标引模板依托于相关业务的法律法规,描述了信息披露业务的组织模式和结构,以及信息点之间的关系。标引模板采用两种表达、两份文件,以适用不同的使用对象和场景,一种是可视化表达,采用 RTF 文件格式,与法规的指引文件的电子文件格式保持一致,用于业务人员审阅和交换;一种是 XML 表达(见附录 A),采用 XML 文件格式,用于计算机自动化处理。上述两份文件被视为同一个模板文件,且内容一致,相关的计算机应用程序应当可以根据 XML 表达还原出一致的可视化表达。

本部分分别给出了标引模板的可视化表达示例文件(见附录 B)、XML 表达示例文件(见附录 C),两份示例文件相互对应。

4.2 模板文件结构

模板文件由多个章节组成,每个章节都包含有标题、段落、表格和注释,每个部分都有不同的功能和格式。

标引模板的逻辑关系采用 BNF[1] 可描述为以下形式：

模板::={章节}

章节::=〈标题〉{段落}{章节}

段落::={[文本]|[图片]|[表格]|[注释]}

标题::=[序号]〈文本〉

序号:表示章节在模板中的层次和顺序

文本:描述事实的文字

以下是模板文件的定义：

——可视化定义：

以 RTF 格式保存的业务指引文件，以常见格式行文，包含标题、段落和表格等。

——XML 定义：

```
〈element name="report"〉
〈annotation〉
〈documentation〉标引模板的根元素〈/documentation〉
〈/annotation〉
〈complexType〉
〈sequence〉
〈element ref="rp:reportRef"minOccurs="0"maxOccurs="unbounded"/〉
〈choice minOccurs="0"maxOccurs="unbounded"〉
〈element ref="rp:block"/〉
〈element ref="rp:control"/〉
〈/choice〉
〈/sequence〉
〈attribute name="id"type="ID"use="optional"/〉
〈anyAttribute namespace="http://www.w3.org/XML/1998/namespace"processContents="lax"/〉
〈/complexType〉
〈/element〉
```

4.3 复用单元

4.3.1 概述

本部分定义了 4 种不同粒度的复用单元：文件单元、章节单元、表格单元、以及数据点单元，以适用不同大小、不同类型的业务模块。

复用单元具有唯一编码，通过引用的方式，可以在同一个模板文件中多次出现，也可以在多个模板文件中出现。

4.3.2 文件单元

每个模板文件都有自己的唯一编码，一个模板文件可以引用其他的模板文件，在被引用的模板文件中被定义过的业务模块不需要在当前的模板文件中再次定义。

---

1) BNF 全称为 Backus-Naur Form，即“巴科斯范式”，是一种用于表示上下文无关文法的语言，上下文无关文法描述了一类形式语言。它是由约翰·巴科斯(John Backus)和彼得·诺尔(Peter Naur)首先引入的、用来描述计算机语言语法的符号集。

以下是引用文件单元时的两种表达：

——可视化表达：

在模板文件中使用“引用《××××》”字样来表示对其他模板文件的引用。

——XML 表达：

〈element name="reportRef"〉
〈annotation〉
〈documentation〉组成模板文件的各种模块的元素替代组〈/documentation〉
〈/annotation〉
〈complexType〉
〈complexContent〉
〈restriction base="anyType"〉
〈attribute name="href"type="xs:anyURI"/〉
〈/restriction〉
〈/complexContent〉
〈/complexType〉
〈/element〉

示例：

以在《××年度报告》中引用《××财务报告》为例，

可视化表达：引用《××××20××年财务报告》

XML 表达：〈reportRef href="…/****.*"/〉

4.3.3 章节单元

章节是模板文件的重要组成单元，为一个比较完整独立业务集合。

以下是章节单元的两种定义：

——可视化定义：

由标题和不定数量的段落组成。

——XML 定义：

〈element name="chapter"substitutionGroup="rp:block"〉
〈annotation〉
〈documentation〉组成模板文件的各种模块的容器〈/documentation〉
〈/annotation〉
〈complexType〉
〈sequence〉
〈element ref="rp:title"/〉
〈element ref="rp:ref"minOccurs="0"maxOccurs="unbounded"/〉
〈choice minOccurs="0"maxOccurs="unbounded"〉
〈element ref="rp:block"/〉
〈element ref="rp:control"/〉
〈/choice〉
〈/sequence〉
〈/complexType〉
〈/element〉

对于章节单元的引用，表达方式如下：

——可视化表达：

在模板文件中使用“引用章节××.××”字样来表示对模板中前面已经出现的章节进行引用。

——XML 表达：

详见 4.4.4 引用标记，其中 type 属性固定取值为“chapter”。

4.3.4 表格单元

是一组以表格形式出现的业务集合，也是模板文件中常见的组成单元。

以下是表格单元的定义：

——可视化定义：

采取 RTF 中定义的表格规范进行绘制，兼容跨行跨列的操作。

——XML 定义：

```
〈element name="table"substitutionGroup="rp:block"〉
〈annotation〉
〈documentation〉表格，同时也是行的集合〈/documentation〉
〈/annotation〉
〈complexType〉
〈sequence〉
〈element ref="rp:tr"maxOccurs="unbounded"/〉
〈/sequence〉
〈/complexType〉
〈/element〉

〈element name="tr"〉
〈annotation〉
〈documentation〉表格中的行〈/documentation〉
〈/annotation〉
〈complexType〉
〈sequence〉
〈element ref="rp:td"maxOccurs="unbounded"/〉
〈/sequence〉
〈/complexType〉
〈/element〉

〈element name="td"〉
〈annotation〉
〈documentation〉组成表格中的行的单元格〈/documentation〉
〈/annotation〉
〈complexType〉
〈choice minOccurs="0"maxOccurs="unbounded"〉
〈element ref="rp:control"/〉
〈element ref="rp:block"/〉
〈/choice〉
```

〈attribute name="rowSpan"type="xs:positiveInteger"/〉
〈attribute name="columnSpan"type="xs:positiveInteger"/〉
〈/complexType〉
〈/element〉

对于表格的引用,使用表格抽象元素的编码作为表格的定义标识,放置在表格左上角单元格中,在模板其他位置有引用的时候,使用编码代表表格。

表格单元在模板文件的其他地方的引用方式如下:

——可视化表达:

在模板文件中使用“引用表格××××”字样来表示对模板中前面已经出现的章节进行引用。

——XML 表达:

详见 4.4.4 引用标记,其中 type 属性固定取值为“table”

4.3.5 数据点单元

即最基本的数据点,是模板文件的基本要素。在模板文件中,数据点单元以元素标记的形式出现。

数据点单元的定义如下:

——可视化定义:

参见表 1。

——XML 定义:

参见 4.4.2。

4.4 模板文件标记

4.4.1 概述

模板文件由多个部分组成,结构规范。通过使用多种标记,将分类标准中的元素和关系、以及填报要求反应到模板中。

4.4.2 元素标记

用户在模板文件中采取标记的方式对元素进行标识,有关元素的定义参见 GB/T 30338.1,元素的编码规则参见 GB/T 30338.2。

根据不同阶段的应用,对模板文件中的元素采用不同的标识,在模板文件中还未处理的地方保持空白,标识还未处理。

——可视化定义:

表 1 元素标记可视化定义及示例

元素种类	BNF 表达	示例
已经确定而且在管理平台注册的元素	"【"〈元素编码〉"】"	【LC0080003E】
已经确定,但是还未在管理平台注册的元素	"【临:"〈临时编码〉"】"	【临:RC0080002E】
还未确定,等待标准编制人员作出定义的元素	"【待定】"	【待定】

——XML 定义:

〈element name="code"〉
〈annotation〉

〈documentation〉元素编码〈/documentation〉

〈/annotation〉

〈complexType mixed＝"true"〉

〈attribute name＝"id"type＝"xs:string"/〉

〈attribute name＝"state"type＝"xs:string"/〉

〈attribute name＝"dim"type＝"xs:string"/〉

〈/complexType〉

〈/element〉

示例：

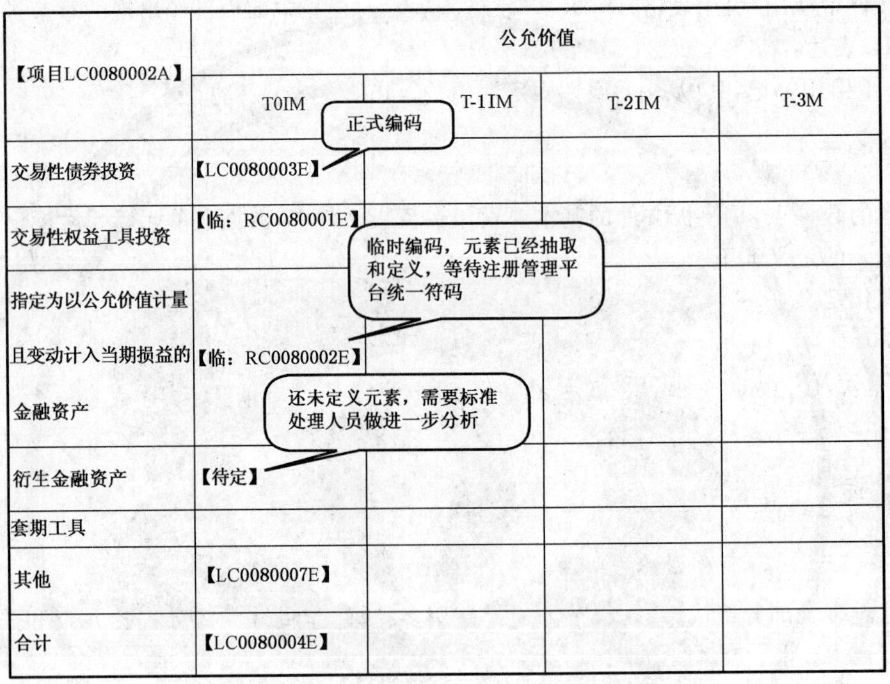

图 1　元素标记可视化示例

图 1 中给出的可视化元素标记与表 1 的表述相一致。

4.4.3　注释标记

对模板文件不同的地方进行注释，提示模板文件的使用者在使用此处元素或者表格的时候，应该如何处理，以及需要注意的地方。

a）放在标题上的批注，代表此注释的作用范围为标题所在的章节单元。

b）放在表格的左上单元格的批注，代表此填报说明的作用范围为单元格所在的表格单元。

c）放在表格其他单元格上的批注，代表此填报说明的作用范围为所在单元格代表的数据点单元。

d）放在任意文本上的批注，代表此填报说明的作用范围为选定的文本。

——可视化定义：

采用脚注的方式，在对应的地方提供注释。

——XML 定义：

〈element name＝"comment"type＝"xs:string"〉

〈annotation〉

〈documentation〉模板中的注释，填写说明〈/documentation〉

〈/annotation〉

〈/element〉

4.4.4 引用标记

章节、表格和数据点在同一份模板文件中第二次出现的时侯，应使用上标标注其在当前模板文件中第一次出现的位置。

——可视化定义：

章节单元、表格单元的引用定义参见4.3。如需对当前模板文件中前面已经出现的数据点进行引用，则在模板文件中使用“引用数据××××”字样来表示。

——XML定义：

〈element name="ref"〉

〈annotation〉

〈documentation〉引用单元的元素〈/documentation〉

〈/annotation〉

〈complexType〉

〈attribute name="code"use="required"/〉

〈attribute name="type"use="required"/〉

〈/complexType〉

〈/element〉

type指的是复用单元的类型。其取值定义见表2：

表2 引用标记type属性取值

引用的对象	type取值
章节	chapter
表格	table
数据点	data

4.4.5 条件标记

模板文件中某些章节所描述的业务状况不是在每种情况下都成立的，如果模板文件中的元素控制着其他元素的行为则需要使用条件标记，根据控制条件控制被控制元素的行为。

条件标记分为开始标记和结束标记，开始标记和结束标记涵盖的部分为条件控制的范围和区域。

——可视化定义：

定义单独的段落来存放条件标签，采用“条件开始：×××”字样作为条件控制区域的开始标记，采用“条件结束：×××”字样作为条件控制区域的结束标记。

——XML定义：

〈element name="condition"substitutionGroup="rp:control"〉

〈annotation〉

〈documentation〉用于指明所包含内容成立的条件〈/documentation〉

〈/annotation〉

〈complexType〉

〈choice minOccurs="0"maxOccurs="unbounded"〉

```
〈element ref="rp:control"/〉
〈element ref="rp:block"/〉
〈/choice〉
〈attribute name="test"type="xs:string"/〉
〈/complexType〉
〈/element〉
```

4.4.6 维度标记

维度标记用于标识模板文件中一组业务事实信息所具有的特征，即指明维度元素的作用范围。

——可视化定义：

在模板文件中，以“维度开始：××××”字样作为维度区域的开始，以“维度结束：××××”字样作为维度区域的结束。维度区域中的所有数据点除另行定义外都具有该维度的特征。

维度标记允许嵌套，即在A维度标记的“开始——结束”区域内可以出现B维度标记，在B维度标记限定的维度区域内，数据点将具有A纬度和B维度的特征。

——XML定义：

```
〈element name="dimension"substitutionGroup="rp:control"〉
〈annotation〉
〈documentation〉维度控制元素，用于指明所包含内容的维度〈/documentation〉
〈/annotation〉
〈complexType〉
〈choice minOccurs="0"maxOccurs="unbounded"〉
〈element ref="rp:control"/〉
〈element ref="rp:block"/〉
〈/choice〉
〈attribute name="code"type="xs:string"/〉
〈attribute name="hyper"type="xs:string"/〉
〈/complexType〉
〈/element〉
```

4.4.7 扩展标记

证券和期货市场上的信息披露应用链条上的下游使用者，可以根据自己的需要，对本部分规定的标记体系进行扩展，以满足应用的需要，标记的扩展分为两类：

a) 标记种类的扩展，在上述五种标记的基础上，出现新的标记种类；

b) 具体标记的扩展，即现有标记的含义不适应某些新场景，需要进行扩展。

需要注意的是，无论哪种扩展都应遵循规则：

a) 可以定义新的标记，但不得屏蔽、删除和改变原有标记的含义；

b) 属于条件标记、维度标记的扩展标记，其XML定义的substitutionGroup属性值应为“control”。

扩展控制标记的XML定义：

```
〈element name="extendControl"substitutionGroup="rp:control"〉
〈annotation〉
〈documentation〉扩展控制标记，用于用户扩展使用〈/documentation〉
〈/annotation〉
```

```
〈complexType〉
〈choice minOccurs="0"maxOccurs="unbounded"〉
〈element ref="rp:control"/〉
〈element ref="rp:block"/〉
〈/choice〉
〈attribute name="code"type="xs:string"use="required"/〉
〈attribute name="appInfo"type="xs:string"use="required"/〉
〈anyAttribute processContents="lax"/〉
〈/complexType〉
〈/element〉
```

5 标引模板管理

5.1 版本管理

标引模板文件的版本信息定义在标引模板文件中的版本页内,包括版本、创建时间、最后修订时间、最后修订者、修订次数等属性。每个标引模板文件在修改内容后,应同时修改版本信息。

5.2 状态管理

标引模板文件的状态信息定义在标引模板文件中的版本页内,包含状态等属性。标引模板文件在修改状态并重新发布后,应修改状态信息。

标引模板文件状态信息中的“状态”属性定义,见附录D。

5.3 勘误管理

对于已发布的标引模板文件中的因为笔误而产生的错误,又未达到影响业务使用的情况,可采取公开发布勘误表的方式,让标引模板文件的使用者可以及时获取,不再发布新的版本。

附 录 A
（规范性附录）
模板文件定义的模式文件

```
〈? xml version="1.0"encoding="UTF-8"?〉
〈schema targetNamespace="http://eid.csrc.gov.cn/2012/instance"
xmlns:xs="http://www.w3.org/2001/XMLSchema"
xmlns:rp="http://eid.csrc.gov.cn/2012/instance"xmlns="http://www.w3.org/2001/XMLSchema"
elementFormDefault="qualified"〉

〈element name="reportRef"〉
〈annotation〉
〈documentation〉组成模板文件的各种模块的元素替代组〈/documentation〉
〈/annotation〉
〈complexType〉
〈complexContent〉
〈restriction base="anyType"〉
〈attribute name="href"type="xs:anyURI"/〉
〈/restriction〉
〈/complexContent〉
〈/complexType〉
〈/element〉

〈element name="ref"〉
〈annotation〉
〈documentation〉引用单元的元素〈/documentation〉
〈/annotation〉
〈complexType〉
〈attribute name="code"use="required"/〉
〈attribute name="type"use="required"/〉
〈/complexType〉
〈/element〉

〈element name="report"〉
〈annotation〉
〈documentation〉标引模板的根元素〈/documentation〉
〈/annotation〉
〈complexType〉
〈sequence〉
〈element ref="rp:reportRef"minOccurs="0"maxOccurs="unbounded"/〉
〈choice minOccurs="0"maxOccurs="unbounded"〉
〈element ref="rp:block"/〉
```

```
〈element ref="rp:control"/〉
〈/choice〉
〈/sequence〉
〈attribute name="id"type="ID"use="optional"/〉
〈anyAttribute namespace = " http://www.w3.org/XML/1998/namespace" processContents = "
lax"/〉
〈/complexType〉
〈/element〉

〈element name="block"type="anyType"abstract="true"〉
〈annotation〉
〈documentation〉组成模板文件的各种模块的元素替代组〈/documentation〉
〈/annotation〉
〈/element〉

〈element name="chapter"substitutionGroup="rp:block"〉
〈annotation〉
〈documentation〉组成模板文件的各种模块的容器〈/documentation〉
〈/annotation〉
〈complexType〉
〈sequence〉
〈element ref="rp:title"/〉
〈element ref="rp:ref"minOccurs="0"maxOccurs="unbounded"/〉
〈choice minOccurs="0"maxOccurs="unbounded"〉
〈element ref="rp:block"/〉
〈element ref="rp:control"/〉
〈/choice〉
〈/sequence〉
〈/complexType〉
〈/element〉

〈element name="paragraph"substitutionGroup="rp:block"〉
〈annotation〉
〈documentation〉段落〈/documentation〉
〈/annotation〉
〈complexType〉
〈sequence minOccurs="0"maxOccurs="unbounded"〉
〈choice〉
〈element ref="rp:plainText"/〉
〈element ref="rp:picture"/〉
〈element ref="rp:code"/〉
〈element ref="rp:comment"/〉
〈/choice〉
```

```
〈/sequence〉
〈/complexType〉
〈/element〉

〈element name="plainText"type="xs:string"〉
〈annotation〉
〈documentation〉普通文本〈/documentation〉
〈/annotation〉
〈/element〉
〈element name="picture"type="xs:base64Binary"〉
〈annotation〉
〈documentation〉图片〈/documentation〉
〈/annotation〉
〈/element〉
〈element name="comment"type="xs:string"〉
〈annotation〉
〈documentation〉模板文件中的注释,填写说明〈/documentation〉
〈/annotation〉
〈/element〉

〈element name="code"〉
〈annotation〉
〈documentation〉数据点的编码〈/documentation〉
〈/annotation〉
〈complexType mixed="true"〉
〈attribute name="id"type="xs:string"/〉
〈attribute name="state"type="xs:string"/〉
〈attribute name="dim"type="xs:string"/〉
〈/complexType〉
〈/element〉

〈element name="title"〉
〈annotation〉
〈documentation〉标题〈/documentation〉
〈/annotation〉
〈complexType〉
〈sequence〉
〈element name="serialNumber"〉
〈simpleType〉
〈restriction base="xs:string"〉
〈pattern value="\d{1,3}(\.\d{1,3})*"/〉
〈/restriction〉
〈/simpleType〉
```

```
〈/element〉
〈element ref="rp:plainText"/〉
〈element ref="rp:code"minOccurs="0"maxOccurs="unbounded"/〉
〈element ref="rp:comment"minOccurs="0"maxOccurs="unbounded"/〉
〈/sequence〉
〈attribute name="id"type="ID"use="optional"/〉
〈attribute name="level"type="int"use="required"/〉
〈/complexType〉
〈/element〉

〈element name="table"substitutionGroup="rp:block"〉
〈annotation〉
〈documentation〉表格,同时也是行的集合〈/documentation〉
〈/annotation〉
〈complexType〉
〈sequence〉
〈element ref="rp:tr"maxOccurs="unbounded"/〉
〈/sequence〉
〈/complexType〉
〈/element〉
〈element name="tr"〉
〈annotation〉
〈documentation〉表格中的行〈/documentation〉
〈/annotation〉
〈complexType〉
〈sequence〉
〈element ref="rp:td"maxOccurs="unbounded"/〉
〈/sequence〉
〈/complexType〉
〈/element〉
〈element name="td"〉
〈annotation〉
〈documentation〉组成表格中的行的单元格〈/documentation〉
〈/annotation〉
〈complexType〉
〈choice minOccurs="0"maxOccurs="unbounded"〉
〈element ref="rp:control"/〉
〈element ref="rp:block"/〉
〈/choice〉
〈attribute name="rowSpan"type="xs:positiveInteger"/〉
〈attribute name="columnSpan"type="xs:positiveInteger"/〉
〈/complexType〉
〈/element〉
```

```
〈element name="control"type="anyType"abstract="true"〉
〈annotation〉
〈documentation〉模板文件中的各种控制符号的替代组〈/documentation〉
〈/annotation〉
〈/element〉

〈element name="condition"substitutionGroup="rp:control"〉
〈annotation〉
〈documentation〉用于指明所包含内容成立的条件〈/documentation〉
〈/annotation〉
〈complexType〉
〈choice minOccurs="0"maxOccurs="unbounded"〉
〈element ref="rp:control"/〉
〈element ref="rp:block"/〉
〈/choice〉
〈attribute name="test"type="xs:string"/〉
〈/complexType〉
〈/element〉

〈element name="dimension"substitutionGroup="rp:control"〉
〈annotation〉
〈documentation〉维度控制元素,用于指明所包含内容的维度〈/documentation〉
〈/annotation〉
〈complexType〉
〈choice minOccurs="0"maxOccurs="unbounded"〉
〈element ref="rp:control"/〉
〈element ref="rp:block"/〉
〈/choice〉
〈attribute name="code"type="xs:string"/〉
〈attribute name="hyper"type="xs:string"/〉
〈/complexType〉
〈/element〉

〈element name="extendControl"substitutionGroup="rp:control"〉
〈annotation〉
〈documentation〉扩展控制标记,用于用户扩展使用〈/documentation〉
〈/annotation〉
〈complexType〉
〈choice minOccurs="0"maxOccurs="unbounded"〉
〈element ref="rp:control"/〉
〈element ref="rp:block"/〉
〈/choice〉
```

```
⟨attribute name="code"type="xs:string"use="required"/⟩
⟨attribute name="appInfo"type="xs:string"use="required"/⟩
⟨anyAttribute processContents="lax"/⟩
⟨/complexType⟩
⟨/element⟩
⟨/schema⟩
```

附 录 B
(资料性附录)
模板文件可视化表达示例

首次公开发行股票招股说明书【MC3000001A】

声明:本公司的发行申请尚未得到中国证监会核准。本招股说明书不具有据以发行股票的法律效力,仅供预先披露之用。投资者应当以正式公告的招股说明书全文作为作出投资决定的依据。[2)]

……

第二节 概览【MC3020001A】

……

五、本次募集资金用途【MC3020030A】

募集资金数额扣除发行费用后,将按轻重缓急顺序用于下列项目的投资建设:

单位:【LC0600001E】

序号	项目名称	投资总额	募集资金投资额	项目审批、核准或备案情况
1	【LC4120010M】	【MC3130009E】	【MC3130010E】	【MC3130011E】
……				
偿还银行贷款		【MC3130017E】	【MC3130018E】	【MC3130019E】
补充流动资金		【MC3130013E】	【MC3130014E】	【MC3130015E】
合计		【MC3130021E】	【MC3130020E】	—

…………

第十节 财务会计信息【LC3100001A】

本节引用的财务会计数据,均引自本公司经审计的财务会计报表。投资者如需详细了解本公司的财务状况、经营成果和现金流量情况,请阅读本招股说明书所附财务会计报表和审计报告全文,以获取全部的财务资料。

一、财务报表

(一)合并财务报表

1. 合并资产负债表【LC0000001A】

单位:【LC0500001E】

项目	××××年××月××日(T)	××××年12月31日(T-1)	××××年12月31日(T-2)	××××年12月31日(T-3)
流动资产:【LC0000002A】	—	—	—	—
货币资金	【LC0000003E】			
结算备付金	【LC0000066E】			
拆出资金	【LC0000067E】			
交易性金融资产	【LC0000004E】			
应收票据	【LC0000005E】			
……	……			
流动资产合计	【LC0000014E】			
……	……			

2) 上述声明,仅适用于预披露稿。

法定代表人:【NC3050006E】主管会计工作负责人:【LC0000100E】会计机构负责人:【LC0000101E】

…………

二、审计意见【LC3100031A】

审计意见类型	【LC3100032E】
审计报告签署日期	【LC3100033E】
审计机构名称	【LC3100034E】
审计报告文号	【LC3100035E】

说明：

【LC3100036E】

财务报表被出具带强调事项段的无保留意见的说明[3]：

【LC3100350E】

…………

第十三节　募集资金运用【MC3130001A】

……

二、募集资金投资项目情况介绍【MC3130028A】[4,5]

【MC3130029E】

(1)项目 1:【LC4120010M】引用章节 概览.本次募集资金用途【MC3020030A】

【MC3130031E】

维度开始:募集资金项目类型(明确维度)【待定】

类型一:募集资金用于扩大现有产品产能【MC3130032A】

条件开始:是否适用类型一【待定】

报告期内涉及各产品的生产情况

维度开始:扩大产能的产品(类型化维度)【待定】

3) 发行人财务报表被出具带强调事项段的无保留审计意见的,应全文披露审计报告正文以及董事会、监事会及注册会计师对强调事项的详细说明。

4) 1.分项目披露。2.详细披露各募集资金投资项目的背景,包括项目是否符合国家产业政策、投资管理、环境保护、土地管理以及其他法律、法规和规章的规定,募集资金投资项目审批情况,募集资金投资项目的必要性、可行性的具体分析,募集资金投资项目用地的落实情况,以及募集资金投资项目实施后,不会产生同业竞争以及对发行人的独立性不会产生不利影响情况等。

5) 按项目,选择(一)至(八)的不同投向的类型,按对应类型的披露格式与内容进行详细披露。同一项目涉及多个不同类型的,可多选。

产品名称	项目	单位	××××年××月××月(T)	××××年度(T-1年)	××××年度(T-2年)	××××年度(T-3年)	达产后
【MC3130035E】	产能	【MC3130150E】	【MC3130036E】				
	产量	【MC3130151E】	【MC3130037E】				
	销量	【MC3130152E】	【MC3130038E】				
	产销率	—	【MC3130039E】				

维度结束:扩大产能的产品(类型化维度)

项目的市场前景分析

【MC3130042E】[6]

条件结束:是否适用类型一

类型二:募集资金用于新产品开发【MC3130043A】

条件开始:是否适用类型二【待定】

……

条件结束:是否适用类型二

……

维度结束:募集资金项目类型(明确维度)

6) 应结合现有各类产品在报告期内的产能、产量、销量、产销率、销售区域,项目达产后各类产品新增的产能、产量,以及本行业的发展趋势、有关产品的市场容量、主要竞争对手等情况对项目的市场前景进行详细的分析论证。

附 录 C
（资料性附录）
模板文件 XML 表达示例

〈? xml version＝"1.0"encoding＝"UTF-8"?〉

〈report xmlns＝"http://eid.csrc.gov.cn/2012/instance" xmlns:xsi＝"http://www.w3.org/2001/XMLSchema-instance"
xsi:schemaLocation＝"http://eid.csrc.gov.cn/2012/instance.\CSRCRE～1.XSD"〉

〈chapter〉

〈title level＝"0"〉

〈serialNumber〉1〈/serialNumber〉

〈plainText〉首次公开发行股票招股说明书〈/plainText〉

〈code state＝"normal"〉MC3000001A〈/code〉

〈/title〉

〈paragraph〉

〈plainText〉声明:本公司的发行申请尚未得到中国证监会核准。本招股说明书不具有据以发行股票的法律效力,仅供预先披露之用。投资者应当以正式公告的招股说明书全文作为作出投资决定的依据。〈/plainText〉

〈comment〉注:上述声明,仅适用于预披露稿。〈/comment〉

〈/paragraph〉

〈chapter〉

〈title level＝"1"〉

〈serialNumber〉2〈/serialNumber〉

〈plainText〉概览〈/plainText〉

〈code state＝"normal"〉MC3020001A〈/code〉

〈/title〉

〈chapter〉

〈title level＝"2"〉

〈serialNumber〉5〈/serialNumber〉

〈plainText〉本次募集资金用途〈/plainText〉

〈code state＝"normal"〉MC3020030A〈/code〉

〈/title〉

〈paragraph〉

〈plainText〉募集资金数额扣除发行费用后,将按轻重缓急顺序用于下列项目的投资建设:〈/plainText〉

〈/paragraph〉

〈paragraph〉

〈plainText〉单位:〈/plainText〉

〈code state＝"normal"〉LC0500001E〈/code〉

〈/paragraph〉

〈table〉

〈tr〉

```
〈td〉
〈paragraph〉
〈plainText〉序号〈/plainText〉
〈/paragraph〉
〈/td〉
〈td〉
〈paragraph〉
〈plainText〉项目名称〈/plainText〉
〈/paragraph〉
〈/td〉
〈td〉
〈paragraph〉
〈plainText〉投资总额〈/plainText〉
〈/paragraph〉
〈/td〉
〈td〉
〈paragraph〉
〈plainText〉募集资金投资额〈/plainText〉
〈/paragraph〉
〈/td〉
〈td〉
〈paragraph〉
〈plainText〉项目审批、核准或备案情况〈/plainText〉
〈/paragraph〉
〈/td〉
〈/tr〉
〈tr〉
〈td〉
〈paragraph〉
〈plainText〉1〈/plainText〉
〈/paragraph〉
〈/td〉
〈td〉
〈paragraph〉
〈code state="normal"〉LC4120010M〈/code〉
〈/paragraph〉
〈/td〉
〈td〉
〈paragraph〉
〈code state="normal"〉MC3130009E〈/code〉
〈/paragraph〉
〈/td〉
〈td〉
```

```
〈paragraph〉
〈code state="normal"〉MC3130010E〈/code〉
〈/paragraph〉
〈/td〉
〈td〉
〈paragraph〉
〈code state="normal"〉MC3130011E〈/code〉
〈/paragraph〉
〈/td〉
〈/tr〉
〈tr〉
〈td columnSpan="2"〉
〈paragraph〉
〈plainText〉偿还银行贷款〈/plainText〉
〈/paragraph〉
〈/td〉
〈td〉
〈paragraph〉
〈code state="normal"〉MC3130017E〈/code〉
〈/paragraph〉
〈/td〉
〈td〉
〈paragraph〉
〈code state="normal"〉MC3130018E〈/code〉
〈/paragraph〉
〈/td〉
〈td〉
〈paragraph〉
〈code state="normal"〉MC3130019E〈/code〉
〈/paragraph〉
〈/td〉
〈/tr〉
〈tr〉
〈td columnSpan="2"〉
〈paragraph〉
〈plainText〉补充流动资金〈/plainText〉
〈/paragraph〉
〈/td〉
〈td〉
〈paragraph〉
〈code state="normal"〉MC3130013E〈/code〉
〈/paragraph〉
〈/td〉
```

```
〈td〉
〈paragraph〉
〈code state="normal"〉MC3130014E〈/code〉
〈/paragraph〉
〈/td〉
〈td〉
〈paragraph〉
〈code state="normal"〉MC3130015E〈/code〉
〈/paragraph〉
〈/td〉
〈/tr〉
〈tr〉
〈td columnSpan="2"〉
〈paragraph〉
〈plainText〉合计〈/plainText〉
〈/paragraph〉
〈/td〉
〈td〉
〈paragraph〉
〈code state="normal"〉MC3130021E〈/code〉
〈/paragraph〉
〈/td〉
〈td〉
〈paragraph〉
〈code state="normal"〉MC3130020E〈/code〉
〈/paragraph〉
〈/td〉
〈td〉
〈paragraph〉
〈plainText〉--〈/plainText〉
〈/paragraph〉
〈/td〉
〈/tr〉
〈/table〉
〈/chapter〉
〈/chapter〉
〈chapter〉
〈title level="1"〉
〈serialNumber〉10〈/serialNumber〉
〈plainText〉财务会计信息〈/plainText〉
〈code state="normal"〉LC3100001A〈/code〉
〈/title〉
〈paragraph〉
```

〈plainText〉本节引用的财务会计数据，均引自本公司经审计的财务会计报表。投资者如需详细了解本公司的财务状况、经营成果和现金流量情况，请阅读本招股说明书所附财务会计报表和审计报告全文，以获取全部的财务资料。〈/plainText〉

〈/paragraph〉
〈chapter〉
〈title level="2"〉
〈serialNumber〉1〈/serialNumber〉
〈plainText〉财务报表〈/plainText〉
〈/title〉
〈chapter〉
〈title level="3"〉
〈serialNumber〉1〈/serialNumber〉
〈plainText〉合并财务报表〈/plainText〉
〈/title〉
〈chapter〉
〈title level="4"〉
〈serialNumber〉1〈/serialNumber〉
〈plainText〉合并资产负债表〈/plainText〉
〈code state="normal"〉LC0000001A〈/code〉
〈/title〉
〈paragraph〉
〈plainText〉单位：〈/plainText〉
〈code state="normal"〉LC0500001E〈/code〉
〈/paragraph〉
〈table〉
〈tr〉
〈td〉
〈paragraph〉
〈plainText〉项目〈/plainText〉
〈/paragraph〉
〈/td〉
〈td〉
〈paragraph〉
〈plainText〉××××年××月××日(T)〈/plainText〉
〈/paragraph〉
〈/td〉
〈td〉
〈paragraph〉
〈plainText〉××××年 12 月 31 日(T-1)〈/plainText〉
〈/paragraph〉
〈/td〉
〈td〉
〈paragraph〉

〈plainText〉××××年 12 月 31 日(T-2)〈/plainText〉
〈/paragraph〉
〈/td〉
〈td〉
〈paragraph〉
〈plainText〉××××年 12 月 31 日(T-3)〈/plainText〉
〈/paragraph〉
〈/td〉
〈/tr〉
〈tr〉
〈td〉
〈paragraph〉
〈plainText〉流动资产:〈/plainText〉
〈/paragraph〉
〈paragraph〉
〈code state="normal"〉LC0000002A〈/code〉
〈/paragraph〉
〈/td〉
〈td〉
〈paragraph〉
〈plainText〉--〈/plainText〉
〈/paragraph〉
〈/td〉
〈td〉
〈paragraph〉
〈plainText〉--〈/plainText〉
〈/paragraph〉
〈/td〉
〈td〉
〈paragraph〉
〈plainText〉--〈/plainText〉
〈/paragraph〉
〈/td〉
〈td〉
〈paragraph〉
〈plainText〉--〈/plainText〉
〈/paragraph〉
〈/td〉
〈/tr〉
〈tr〉
〈td〉
〈paragraph〉
〈plainText〉货币资金〈/plainText〉

〈/paragraph〉
〈/td〉
〈td〉
〈paragraph〉
〈code state="normal"〉LC0000003E〈/code〉
〈/paragraph〉
〈/td〉
〈td〉〈/td〉
〈td〉〈/td〉
〈td〉〈/td〉
〈/tr〉
〈tr〉
〈td〉
〈paragraph〉
〈plainText〉结算备付金〈/plainText〉
〈/paragraph〉
〈/td〉
〈td〉
〈paragraph〉
〈code state="normal"〉LC0000066E〈/code〉
〈/paragraph〉
〈/td〉
〈td〉〈/td〉
〈td〉〈/td〉
〈td〉〈/td〉
〈/tr〉
〈tr〉
〈td〉
〈paragraph〉
〈plainText〉拆出资金〈/plainText〉
〈/paragraph〉
〈/td〉
〈td〉
〈paragraph〉
〈code state="normal"〉LC0000067E〈/code〉
〈/paragraph〉
〈/td〉
〈td〉〈/td〉
〈td〉〈/td〉
〈td〉〈/td〉
〈/tr〉
〈tr〉
〈td〉

```
〈paragraph〉
〈plainText〉交易性金融资产〈/plainText〉
〈/paragraph〉
〈/td〉
〈td〉
〈paragraph〉
〈code state="normal"〉LC0000004E〈/code〉
〈/paragraph〉
〈/td〉
〈td〉〈/td〉
〈td〉〈/td〉
〈td〉〈/td〉
〈/tr〉
〈tr〉
〈td〉
〈paragraph〉
〈plainText〉应收票据〈/plainText〉
〈/paragraph〉
〈/td〉
〈td〉
〈paragraph〉
〈code state="normal"〉LC0000005E〈/code〉
〈/paragraph〉
〈/td〉
〈td〉〈/td〉
〈td〉〈/td〉
〈td〉〈/td〉
〈/tr〉
〈tr〉
〈td〉
〈paragraph〉
〈plainText〉流动资产合计〈/plainText〉
〈/paragraph〉
〈/td〉
〈td〉
〈paragraph〉
〈code state="normal"〉LC0000014E〈/code〉
〈/paragraph〉
〈/td〉
〈td〉〈/td〉
〈td〉〈/td〉
〈td〉〈/td〉
〈/tr〉
```

〈/table〉
〈paragraph〉
〈plainText〉法定代表人:〈/plainText〉
〈code state="normal"〉NC3050006E〈/code〉
〈plainText〉主管会计工作负责人:〈/plainText〉
〈code state="normal"〉LC0000100E〈/code〉
〈plainText〉会计机构负责人:〈/plainText〉
〈code state="normal"〉LC0000101E〈/code〉
〈/paragraph〉
〈/chapter〉
〈/chapter〉
〈/chapter〉
〈chapter〉
〈title level="2"〉
〈serialNumber〉2〈/serialNumber〉
〈plainText〉审计意见〈/plainText〉
〈code state="normal"〉LC3100031A〈/code〉
〈/title〉
〈table〉
〈tr〉
〈td〉
〈paragraph〉
〈plainText〉审计意见类型〈/plainText〉
〈/paragraph〉
〈/td〉
〈td〉
〈paragraph〉
〈code state="normal"〉LC3100032E〈/code〉
〈/paragraph〉
〈/td〉
〈/tr〉
〈tr〉
〈td〉
〈paragraph〉
〈plainText〉审计报告签署日期〈/plainText〉
〈/paragraph〉
〈/td〉
〈td〉
〈paragraph〉
〈code state="normal"〉LC3100033E〈/codc〉
〈/paragraph〉
〈/td〉
〈/tr〉

〈tr〉
〈td〉
〈paragraph〉
〈plainText〉审计机构名称〈/plainText〉
〈/paragraph〉
〈/td〉
〈td〉
〈paragraph〉
〈code state＝"normal"〉LC3100034E〈/code〉
〈/paragraph〉
〈/td〉
〈/tr〉
〈tr〉
〈td〉
〈paragraph〉
〈plainText〉审计报告文号〈/plainText〉
〈/paragraph〉
〈/td〉
〈td〉
〈paragraph〉
〈code state＝"normal"〉LC3100035E〈/code〉
〈/paragraph〉
〈/td〉
〈/tr〉
〈/table〉
〈paragraph〉
〈plainText〉说明:〈/plainText〉
〈/paragraph〉
〈paragraph〉
〈code state＝"normal"〉LC3100036E〈/code〉
〈/paragraph〉
〈paragraph〉
〈plainText〉财务报表被出具带强调事项段的无保留意见的说明〈/plainText〉
〈comment〉注:发行人财务报表被出具带强调事项段的无保留审计意见的,应全文披露审计报告正文以及董事会、监事会及注册会计师对强调事项的详细说明。〈/comment〉
〈/paragraph〉
〈paragraph〉
〈code state－"normal"〉LC3100350E〈/code〉
〈/paragraph〉
〈/chapter〉
〈/chapter〉
〈chapter〉
〈title level＝"1"〉

〈serialNumber〉13〈/serialNumber〉

〈plainText〉募集资金运用〈/plainText〉

〈code state="normal"〉MC3130001A〈/code〉

〈/title〉

〈chapter〉

〈title level="2"〉

〈serialNumber〉2〈/serialNumber〉

〈plainText〉募集资金投资项目情况介绍〈/plainText〉

〈code state="normal"〉MC3130028A〈/code〉

〈comment〉注:1.分项目披露。2.详细披露各募集资金投资项目的背景,包括项目是否符合国家产业政策、投资管理、环境保护、土地管理以及其他法律、法规和规章的规定,募集资金投资项目审批情况,募集资金投资项目的必要性、可行性的具体分析,募集资金投资项目用地的落实情况,以及募集资金投资项目实施后,不会产生同业竞争以及对发行人的独立性不会产生不利影响情况等。〈/comment〉

〈comment〉注:按项目,选择(一)至(八)的不同投向的类型,按对应类型的披露格式与内容进行详细披露。同一项目涉及多个不同类型的,可多选。〈/comment〉

〈/title〉

〈paragraph〉

〈code state=""〉MC3130029E〈/code〉

〈/paragraph〉

〈chapter〉

〈title level="3"〉

〈serialNumber〉1〈/serialNumber〉

〈plainText〉项目 1〈/plainText〉

〈code state="normal"〉LC4120010M〈/code〉

〈/title〉

〈ref code="MC3020030A"type="chapter"〉〈/ref〉

〈dimension hyper="待定"code="待定"〉

〈chapter〉

〈title level="4"〉

〈serialNumber〉1〈/serialNumber〉

〈plainText〉募集资金用于扩大现有产品产能〈/plainText〉

〈code state="normal"〉MC3130032A〈/code〉

〈/title〉

〈condition test="待定='是'"〉

〈chapter〉

〈title level="5"〉

〈serialNumber〉1〈/serialNumber〉

〈plainText〉报告期内涉及各产品的生产情况〈/plainText〉

〈/title〉

〈dimension hyper="待定"code="待定"〉

〈table〉

〈tr〉

〈td〉

〈paragraph〉
〈plainText〉产品名称〈/plainText〉
〈/paragraph〉
〈/td〉
〈td〉
〈paragraph〉
〈plainText〉项目〈/plainText〉
〈/paragraph〉
〈/td〉
〈td〉
〈paragraph〉
〈plainText〉单位〈/plainText〉
〈/paragraph〉
〈/td〉
〈td〉
〈paragraph〉
〈plainText〉××××年××月-××月(T)〈/plainText〉
〈/paragraph〉
〈/td〉
〈td〉
〈paragraph〉
〈plainText〉××××年度(T-1年)〈/plainText〉
〈/paragraph〉
〈/td〉
〈td〉
〈paragraph〉
〈plainText〉××××年度(T-2年)〈/plainText〉
〈/paragraph〉
〈/td〉
〈td〉
〈paragraph〉
〈plainText〉××××年度(T-3年)〈/plainText〉
〈/paragraph〉
〈/td〉
〈td〉
〈paragraph〉
〈plainText〉达产后〈/plainText〉
〈/paragraph〉
〈/td〉
〈/tr〉
〈tr〉
〈td rowSpan="4"〉
〈paragraph〉

```
〈code state="normal"〉MC3130035E〈/code〉
〈/paragraph〉
〈/td〉
〈td〉
〈paragraph〉
〈plainText〉产能〈/plainText〉
〈/paragraph〉
〈/td〉
〈td〉
〈paragraph〉
〈code state="normal"〉MC3130150E〈/code〉
〈/paragraph〉
〈/td〉
〈td〉
〈paragraph〉
〈code state="normal"〉MC3130036E〈/code〉
〈/paragraph〉
〈/td〉
〈td〉
〈paragraph〉
〈code state="normal"〉MC3130036E〈/code〉
〈/paragraph〉
〈/td〉
〈td〉
〈paragraph〉
〈code state="normal"〉MC3130036E〈/code〉
〈/paragraph〉
〈/td〉
〈td〉
〈paragraph〉
〈code state="normal"〉MC3130036E〈/code〉
〈/paragraph〉
〈/td〉
〈td〉
〈paragraph〉
〈code state="normal"〉MC3130036E〈/code〉
〈/paragraph〉
〈/td〉
〈/tr〉
〈tr〉
〈td〉
〈paragraph〉
〈plainText〉产量〈/plainText〉
```

```
〈/paragraph〉
〈/td〉
〈td〉
〈paragraph〉
〈code state="normal"〉MC3130151E〈/code〉
〈/paragraph〉
〈/td〉
〈td〉
〈paragraph〉
〈code state="normal"〉MC3130037E〈/code〉
〈/paragraph〉
〈/td〉
〈td〉
〈paragraph〉
〈code state="normal"〉MC3130037E〈/code〉
〈/paragraph〉
〈/td〉
〈td〉
〈paragraph〉
〈code state="normal"〉MC3130037E〈/code〉
〈/paragraph〉
〈/td〉
〈td〉
〈paragraph〉
〈code state="normal"〉MC3130037E〈/code〉
〈/paragraph〉
〈/td〉
〈td〉
〈paragraph〉
〈code state="normal"〉MC3130037E〈/code〉
〈/paragraph〉
〈/td〉
〈/tr〉
〈tr〉
〈td〉
〈paragraph〉
〈plainText〉销量〈/plainText〉
〈/paragraph〉
〈/td〉
〈td〉
〈paragraph〉
〈code state="normal"〉MC3130152E〈/code〉
〈/paragraph〉
```

〈/td〉
〈td〉
〈paragraph〉
〈code state="normal"〉MC3130038E〈/code〉
〈/paragraph〉
〈/td〉
〈td〉
〈paragraph〉
〈code state="normal"〉MC3130038E〈/code〉
〈/paragraph〉
〈/td〉
〈td〉
〈paragraph〉
〈code state="normal"〉MC3130038E〈/code〉
〈/paragraph〉
〈/td〉
〈td〉
〈paragraph〉
〈code state="normal"〉MC3130038E〈/code〉
〈/paragraph〉
〈/td〉
〈td〉
〈paragraph〉
〈code state="normal"〉MC3130038E〈/code〉
〈/paragraph〉
〈/td〉
〈/tr〉
〈tr〉
〈td〉
〈paragraph〉
〈plainText〉产销率〈/plainText〉
〈/paragraph〉
〈/td〉
〈td〉
〈paragraph〉
〈plainText〉--〈/plainText〉
〈/paragraph〉
〈/td〉
〈td〉
〈paragraph〉
〈code state="normal"〉MC3130039E〈/code〉
〈/paragraph〉
〈/td〉

〈td〉
〈paragraph〉
〈code state="normal"〉MC3130039E〈/code〉
〈/paragraph〉
〈/td〉
〈td〉
〈paragraph〉
〈code state="normal"〉MC3130039E〈/code〉
〈/paragraph〉
〈/td〉
〈td〉
〈paragraph〉
〈code state="normal"〉MC3130039E〈/code〉
〈/paragraph〉
〈/td〉
〈td〉
〈paragraph〉
〈code state="normal"〉MC3130039E〈/code〉
〈/paragraph〉
〈/td〉
〈/tr〉
〈/table〉
〈/dimension〉
〈/chapter〉
〈chapter〉
〈title level="5"〉
〈serialNumber〉2〈/serialNumber〉
〈plainText〉项目的市场前景分析〈/plainText〉
〈/title〉
〈paragraph〉
〈code state="normal"〉MC3130042E〈/code〉

〈comment〉注:应结合现有各类产品在报告期内的产能、产量、销量、产销率、销售区域,项目达产后各类产品新增的产能、产量,以及本行业的发展趋势、有关产品的市场容量、主要竞争对手等情况对项目的市场前景进行详细的分析论证。〈/comment〉

〈/paragraph〉
〈/chapter〉
〈/condition〉
〈/chapter〉
〈chapter〉
〈title level="4"〉
〈serialNumber〉2〈/serialNumber〉
〈plainText〉募集资金用于新产品开发〈/plainText〉
〈code state="normal"〉MC3130043A〈/code〉

〈/title〉
〈condition test＝"待定＝'是'"〉
〈/condition〉
〈/chapter〉
〈/dimension〉
〈/chapter〉
〈/chapter〉
〈/chapter〉
〈/chapter〉
〈/report〉

附 录 D
（规范性附录）
模板文件状态定义

标引模板文件的“状态”，具体定义见表D.1。

表D.1 模板文件状态定义

值	含义	说明
draft	草稿	初始生成状态，尚未正式发布
review	征求意见	向相关方征求意见的状态，尚未正式发布
trial	试用	提供给相关方试用的状态，尚未正式发布。试用通过后即可正式发布，试用未通过，需继续征求意见
released	正式发布	向相关方正式发布的状态
revised	修订	正式发布后，经过修订后的状态
abolished	废止	废止状态

ICS 03.060
A 11

中华人民共和国国家标准

GB/T 30338.4—2013

证券期货业电子化信息披露规范体系 第4部分：实例文档封装格式

Specification system for electronic information disclosure of securities and futures industry—Part 4: Instance document packaging format

2013-12-31 发布　　2014-07-01 实施

中华人民共和国国家质量监督检验检疫总局
中国国家标准化管理委员会　发布

前　言

GB/T 30338《证券期货业电子化信息披露规范体系》分为5部分：

——第1部分：基础框架；

——第2部分：编码规则；

——第3部分：标引模板；

——第4部分：实例文档封装格式；

——第5部分：注册管理规范。

本部分为GB/T 30338的第4部分。

本部分按照GB/T 1.1—2009给出的规则起草。

本部分由中国证券监督管理委员会提出。

本部分由全国金融标准化技术委员会(SAC/TC 180)归口。

本部分起草单位：中国证券监督管理委员会信息中心、上海证券交易所、深圳证券交易所、中国证券投资者保护基金有限责任公司、上证所信息网络有限公司、深圳证券信息有限公司、深圳证券通信有限公司、吉贝克信息技术(北京)有限公司、立信会计师事务所(特殊普通合伙)、上海新利多数字技术有限公司、深圳市致远速联信息技术有限公司。

本部分主要起草人：张野、姚峰、于文强、白硕、邹胜、刘慧清、张小威、葛伟平、初壮、邓寰乐、程立、邓学智、苏梅、张兴东、寻晓青、付德伟、赵国强、贾霄鹏、安文辉、李云峰、陈贵忠、蒋建人、赵志刚、郑斌祥、陈功、丁韬、冯晋雯、刘庆辉、沈桢、高阳、赵伟、刘世平、罗黎明、董凤江、陈帆峰、李海、周晓明。

引　言

随着近年来XBRL在国内上市公司、基金等公募信息披露领域的持续应用，国内XBRL应用从2002年引进到深入实践的十年间已初见成效。最近几年，我国基于企业会计准则的通用分类标准业已推出，随着推广效应加大，XBRL的实施范围将面临扩展，实施规模也预计迅速加大。在此背景下，产生了统一行业应用进行体系化规范管理的需求，因此需要统一制定证券期货业电子化信息披露规范。

电子化信息披露是指用计算机和网络技术实现所需披露报告的编制、报送、验证、披露、存储交换和分析阅读等。我国现阶段采用可扩展商业报告语言(Extensible Business Reporting Language，简称XBRL)作为证券期货市场电子化信息披露的核心技术。在中国证券期货业电子化信息披露过程中，需要将实例文档及其相关的分类信息、索引信息、版式信息等进行传输。封装格式统一了实例文档及相关信息的电子化组织结构与形式，提供了深入应用实例文档的相关信息，保证了实例文档及相关信息的完整性与一致性，实现了逻辑文件的封装，达到了一份物理传送实现多份逻辑传送的目的，拓宽了实例文档的应用领域，降低了实例文档应用的复杂性，提高了实例文档的应用效率和效果，从而进一步提高了中国证券期货业电子化信息披露的应用效率和效果。

证券期货业电子化信息披露规范体系 第4部分:实例文档封装格式

1 范围

GB/T 30338 的本部分规定了中国证券期货业电子化信息披露过程中,XBRL 实例文档(以下简称为"实例文档")的封装格式,规范了采用实例文档封装格式(以下简称为"封装格式")生成的实例文档封装文件(以下简称为"封装文件")的制作和管理。

本部分适用于使用 XBRL 技术向公众披露信息或向监管部门报送信息的电子化过程。

2 规范性引用文件

下列文件对于本文件的应用是必不可少的。凡是注日期的引用文件,仅注日期的版本适用于本文件。凡是不注日期的引用文件,其最新版本(包括所有的修改单)适用于本文件。

GB/T 30338.1 证券期货业电子化信息披露规范体系 第1部分:基础框架

ECMA-376 PART 2—2011 办公开放式 XML 文件格式 第2部分:开放式打包协议(Office Open XML File Formats—Part 2:Open Packaging Conventions)

3 术语和定义

GB/T 30338.1 界定的术语和定义适用于本文件。

4 封装格式

4.1 概述

封装格式按照 ECMA-376 PART 2—2011 的规定执行,结合证券期货业电子化信息披露的实际情况与特点进行了扩展,将实例文档、分类信息、标引模板、版式信息、发布信息、签名信息等相关信息进行组织和索引,采用 ZIP 格式进行封装。

封装格式内的目录及文件通常按文件类型或用途进行组织,不要求统一命名,但建议按附录 A 的规定进行组织。

封装格式根据实例文档的应用范围与方式,对文件类型进行了扩展,见附录 B。

封装格式中全部目录和文件的名称,均为大小写敏感。

4.2 文档标识

封装文件采用其属性中的"dc:identifier"元素进行标识。对于所有封装文件,该标识均应保证唯一性,在每个封装文件内部,都可以通过该标识直接引用其他封装文件,实现文件的逻辑封装,从而达到一次物理传送完成多份逻辑传送的目的,如在传送一份封装文件的同时,通过封装文件中引用的其他多个封装文件的标识,同时完成多份逻辑文件的传送。

建议文档标识采用全球唯一标识符(GUID:Globally Unique Identifier)。

4.3 目录及文件

4.3.1 概述

封装格式可根据实际应用场景，定义相关的目录，包含不同类型与内容的文件，包括类型索引、关系索引、属性信息、实例文档、分类信息、标引模板、版式信息、发布信息和签名信息。

4.3.2 类型索引

为整个封装文件的类型索引，符合 ECMA-376 PART 2—2011 中 10.1.2 的定义。

类型索引文件为单一 XML 文件，文件名称为“[Content_Types].xml”，固定存储在封装文件的根目录内，包括封装文件内部全部目录与文件的类型索引，为封装格式中必选的文件，用户在打开封装文件后，应首先读取该文件。

4.3.3 关系索引

为整个封装文件的关系索引，符合 ECMA-376 PART 2—2011 中 9.3 的定义。

关系索引文件为一个或多个 XML 文件，文件后缀为“._rels”，固定存储在封装文件的根目录以及相关子目录的“_rels”目录内，包括封装文件内部相关目录与文件的关系索引，为封装格式中必选的文件集合。

存储在封装文件根目录下“_rels”子目录内的“._rels”文件，描述了最初始的关系索引信息，应为必备文件，用户在打开封装文件读取关系信息时，应首先读取该文件。

4.3.4 属性信息

为整个封装文件的属性信息，符合 ECMA-376 PART 2—2011 中 11.1 的定义，分为通用信息、版本信息和状态信息 3 类，见附录 C。

属性信息文件为单一 XML 文件，文件名称通常为“core.xml”，通常存储在封装文件的“docProps”目录内，为封装格式中必选的文件。

4.3.5 实例文档

为一个或多个实例文档，实例文档的文件名称后缀为“.xbrl”，通常存储在封装文件“XBRL\”目录内，为封装格式中应包括的文件。

4.3.6 分类信息

为实例文档对应的一个或多个分类信息文件集合，通常存储在封装文件“XBRL\taxonomy”目录内，每个分类信息组织为单独的第 3 层目录，为封装格式中可选的文件集合。

4.3.7 标引模板

为实例文档对应的标引模板信息，通常存储在封装文件“template”目录内，每个标引模板信息组织为单独的第 2 层目录，为封装格式中可选的文件集合。

4.3.8 版式信息

为实例文档对应的版式信息，通常存储在封装文件“format”目录内，为封装格式中可选的文件集合。

4.3.9 发布信息

为实例文档对应的发布信息，通常存储在封装文件“publish”目录内，为封装格式中可选的文件集合。

4.3.10 签名信息

为实例文档或其他文件对应的签名信息，符合 ECMA-376 PART 2—2011 中 13 的定义。

签名信息文件为一个或多个 XML 文件，文件后缀为“.xml”，通常存储在封装文件的“_xmlsignatures”目录内，为封装格式中可选的文件集合。

为保证实例文档及相关信息的一致性和不可抵赖性，可通过数字签名、累积签名等方式实现内容防篡改。

4.3.11 资源信息

定义为实例文档对应的资源信息，通常存储在封装文件“resource”目录内，每类资源信息组织为单独的第 2 层目录，为封装格式中可选的文件集合。

5 封装文件

5.1 概述

封装文件应根据封装格式定义进行制作，并需满足文件准备、文件生成、文件封装和数据校验 4 个要求。

下列要求分为必选条件和可选条件，必选条件是指封装文件应符合此要求，可选条件是指封装文件可根据实际情况选择是否符合此要求。

5.2 文件准备

5.2.1 准备实例文档

准备需要封装到封装文件内的实例文档文件，集中存储到封装文件“XBRL\”目录内，为必选条件。

5.2.2 准备 XBRL 分类标准

准备需要封装到封装文件内的 XBRL 分类标准文件，集中存储到封装文件“XBRL \taxonomy”目录内，为可选条件。

5.2.3 准备标引模板文件

准备需要封装到封装文件内的标引模板文件，集中存储到封装文件“template”目录内，为可选条件。

5.2.4 准备资源文件

准备需要封装到封装文件内的资源，集中存储到封装文件“resource”目录内，每类资源文件可进一步根据文件类型组织为单独的第 2 层目录，为可选条件。

5.3 文件生成

5.3.1 生成版式文件

即结合资源文件，生成每个实例文档对应的版式文件，集中存储到封装文件“format”目录内，为可选条件。

建议的版式文件名称为:"〈实例文档文件名全称,包括文件后缀〉.〈版式文件格式对应的文件名后缀〉"。

5.3.2 生成发布文件

即根据版式文件,生成每个实例文档对应的发布文件,集中存储到封装文件"publish"目录内,为可选条件。

建议的发布文件名称为:"〈实例文档文件名全称,包括文件后缀〉.〈发布文件格式对应的文件名后缀〉"。

5.3.3 生成属性信息文件

即依据 ECMA-376 PART 2—2011,对全部准备好的实例文档文件以及生成的发布文件进行信息提取,生成属性信息文件,并集中存储到封装文件"docProps"目录内,为必选条件。

5.3.4 生成数字签名

即依据 ECMA-376 PART 2—2011,对全部准备好的实例文档文件、XBRL 分类标准、标引模板文件、资源文件,以及生成的版式文件、发布文件和属性信息文件进行数字签名,生成数字签名文件,并集中存储到封装文件目录"_xmlsignatures"内,为可选条件。

5.3.5 生成关系索引信息

即依据 ECMA-376 PART 2—2011,对全部准备和生成文件的关系进行索引,生成关系索引文件,并集中存储到封装文件根目录以及相关子目录的"_rels"目录内,为必选条件。

5.3.6 生成类型索引文件

即依据 ECMA-376 PART 2—2011,对全部准备和生成文件的类型进行索引,生成类型索引文件,并集中存储到封装文件根目录,文件命名为"[Content_Types].xml",为必选条件。

5.4 文件封装

即依据 ECMA-376 PART 2—2011,将全部准备和生成文件,采用 ZIP 格式统一压缩存储在封装文件内,生成单一的封装文件,文件名称后缀为".eid"。如封装文件内部只包括一个实例文档,则建议该封装文件的文件名称为"〈实例文档名称,不包括".xbrl"〉.eid"。

注:"eid"是"Electronic Information Disclosure"的缩写。

5.5 数据校验

5.5.1 CRC(Cyclic Redundancy Check)校验(必选条件)

即依据 ZIP 格式规范,对封装文件进行 CRC 校验,验证封装文件数据的正确性与完整性,为必选条件。

5.5.2 关系索引校验

即依据 ECMA-376 PART 2—2011,对封装文件的关系索引进行校验,验证封装文件的全部关系索引信息的正确性与完整性,为必选条件。

5.5.3 类型索引校验

依据 ECMA-376 PART 2—2011，对封装文件的类型索引进行校验，验证封装文件的全部类型索引信息的正确性与完整性，为必选条件。

5.5.4 数字签名校验

当封装文件中存在数字签名信息时，应依据 ECMA-376 PART 2—2011，对全部数字签名信息进行校验，验证封装文件的全部数字签名信息的正确性与完整性，为可选条件。

6 封装文件管理

6.1 概述

封装文件在制作完成后，需要对封装文件进行内容管理、版本管理、状态管理等管理工作，以维护数据的一致性，持续提高数据的质量和价值。

6.2 内容管理

已经发布的封装文件，如需对其内容进行管理，则可根据实际需求增加、修改或删除相应的内容，更新数字签名信息、属性信息和版本信息，然后重新生成关系索引和类型索引，在完成文件封装与数据校验后，即可重新发布。

6.3 版本管理

封装文件的版本信息定义在整个封装文件的属性信息文件内，包括版本、创建时间、最后修订时间、最后修订者、修订次数、内容描述等属性，见附录 C。

每个封装文件在修改内容后，应同时修改版本信息。

6.4 状态管理

封装文件的状态信息定义在整个封装文件的属性信息文件内，包括状态等属性，见附录 C。

每个封装文件在修改状态并重新发布后，应修改状态信息。封装文件状态信息中的"状态"属性定义，见附录 D。

附 录 A
（规范性附录）
封装格式目录及文件约定

封装格式目录及文件约定见表 A.1。

表 A.1 封装格式目录及文件约定

根目录	第1层目录	第2层目录	目录约定	文件约定
根目录			封装文件的根目录，存储整个封装文件的类型索引	类型索引文件遵循 ECMA-376 PART 2—2011，为单一 XML 文件，文件名称为“[Content_Types].xml”，固定存储在封装文件的根目录内
	_rels		封装文件的第1层目录，必选，存储整个封装文件最初始的关系索引	关系索引文件遵循 ECMA-376 PART 2—2011，文件后缀为“._rels”。本目录中的“._rels”文件描述了最初始的关系索引信息，应为必备文件
	docProps		封装文件的第1层目录，必选，存储整个封装文件的属性信息	属性信息文件遵循 ECMA-376 PART 2—2011，通常将属性信息存储在“core.xml”文件内
	XBRL		封装文件的第1层目录，必选，存储一个或多个实例文档	实例文档的名称后缀为“.xbrl”
		taxonomy	封装文件的第2层目录，可选，存储实例文档对应的一个或多个分类信息文件集合，每个分类信息组织为单独的第3层目录	分类信息文件的名称后缀为“.xsd”或“.xml”
	template		封装文件的第1层目录，可选，存储实例文档对应的标引模板信息，每个标引模板信息组织为单独的第2层目录	
	format		封装文件的第1层目录，可选，存储实例文档对应的版式信息	通常包括 XSLT 格式转换、CSS 样式表等版式文件
	publish		封装文件的第1层目录，可选，存储实例文档对应的发布信息	通常包括 PDF、HTML、RTF、Office Open XML 等发布格式文件
	_ xmlsignatures		封装文件的第1层目录，可选，存储实例文档或其他文件对应的签名信息	
	resource		封装文件的第1层目录，可选，存储实例文档对应的资源信息，每类资源信息组织为单独的第2层目录	

表 A.1（续）

根目录	第1层目录	第2层目录	目录约定	文件约定
		image	封装文件的第2层目录，可选，存储图片类资源信息	
		audio	封装文件的第2层目录，可选，存储音频类资源信息	
		video	封装文件的第2层目录，可选，存储视频类资源信息	
		script	封装文件的第2层目录，可选，存储脚本类资源信息	
		txt	封装文件的第2层目录，可选，存储文本类资源信息	
		bin	封装文件的第2层目录，可选，存储二进制类资源信息	
		eid	封装文件的第2层目录，可选，存储封装文件类资源信息	
		other	封装文件的第2层目录，可选，存储其他类资源信息	

附　录　B
（规范性附录）
封装格式扩展类型定义

封装格式扩展类型定义见表 B.1。

表 B.1　封装格式扩展类型定义表

类型名称	类型参数	类型说明	应用范围
eid/package	type＝ZIP	电子化信息披露/封装格式类型	封装格式
eid/instance	type＝XBRL	电子化信息披露/实例文档类型	封装格式中的实例文档
eid/taxonomy	type＝XBRL	电子化信息披露/分类信息类型	封装格式中的分类信息
eid/template	type＝XML	电子化信息披露/标引模板类型	封装格式中的标引模板

附　录　C
（规范性附录）
封装格式属性信息说明

封装格式属性信息说明见表C.1。

表C.1　封装格式属性信息说明

属性名称	属性元素	属性类型
标识	dc:identifier	通用信息
主题	dc:subject	通用信息
标题	dc:title	通用信息
类别	category	通用信息
创建者	dc:creator	通用信息
关键字	keywords	通用信息
语言	dc:language	通用信息
最后打印时间	lastPrinted	通用信息
版本	version	版本信息
创建时间	dcterms:created	版本信息
最后修订时间	dcterms:modified	版本信息
最后修订者	lastModifiedBy	版本信息
修订次数	revision	版本信息
内容描述	dc:description	版本信息
状态	contentStatus	状态信息

注1："dc"为"http://dublincore.org/schemas/xmls/qdc/2003/04/02/dc.xsd"的命名空间。

注2："dcterms"为"http://dublincore.org/schemas/xmls/qdc/2003/04/02/dcterms.xsd"的命名空间。

附　录　D
（规范性附录）
封装文件状态定义

封装格式属性信息中的“状态”属性，参见 ECMA-376 PART 2—2011 中 11.1 定义的“contentStatus”属性元素，具体定义见表 D.1。

表 D.1　封装文件状态定义

值	含义	说明
draft	草稿	初始生成状态，尚未正式发布
review	征求意见	向相关方征求意见的状态，尚未正式发布
trial	试用	提供给相关方试用的状态，尚未正式发布。试用通过后即可正式发布，试用未通过，需继续征求意见
released	正式发布	向相关方正式发布的状态
revised	修订	正式发布后，经过修订后的状态
abolished	废止	废止状态

ICS 03.060
A 11

中华人民共和国国家标准

GB/T 30338.5—2013

证券期货业电子化信息披露规范体系 第5部分:注册管理规范

Specification system for electronic information disclosure of securities and futures industry—Part 5: Registration management specification

2013-12-31 发布　　2014-07-01 实施

中华人民共和国国家质量监督检验检疫总局
中国国家标准化管理委员会　发布

前言

GB/T 30338《证券期货业电子化信息披露规范体系》分为5部分：

——第1部分：基础框架；

——第2部分：编码规则；

——第3部分：标引模板；

——第4部分：实例文档封装格式；

——第5部分：注册管理规范。

本部分为GB/T 30338的第5部分。

本部分按照GB/T 1.1—2009给出的规则起草。

本部分由中国证券监督管理委员会提出。

本部分由全国金融标准化技术委员会(SAC/TC 180)归口。

本部分起草单位：中国证券监督管理委员会信息中心、上海证券交易所、深圳证券交易所、中国证券投资者保护基金有限责任公司、上证所信息网络有限公司、深圳证券信息有限公司、深圳证券通信有限公司、吉贝克信息技术(北京)有限公司、立信会计师事务所(特殊普通合伙)、上海新利多数字技术有限公司、深圳市致远速联信息技术有限公司。

本部分主要起草人：张野、姚峰、于文强、白硕、邹胜、刘慧清、张小威、葛伟平、初壮、邓寰乐、程立、邓学智、丁韬、冯晋雯、刘庆辉、沈桢、高阳、李海、蒋建人、赵志刚、郑斌祥、陈功、苏梅、张兴东、寻晓青、赵伟、付德伟、赵国强、刘世平、罗黎明、董凤江、陈帆峰、周晓明、贾霄鹏、安文辉、李云峰、陈贵忠。

引　言

随着近年来XBRL在国内上市公司、基金等公募信息披露领域的持续应用，国内XBRL应用从2002年引进到深入实践的十年间已初见成效。最近几年，我国基于企业会计准则的通用分类标准业已推出，随着推广效应加大，XBRL的实施范围将面临扩展，实施规模也预计迅速加大。在此背景下，产生了统一行业应用进行体系化规范管理的需求，因此需要统一制定证券期货业电子化信息披露规范。

电子化信息披露是指用计算机和网络技术实现所需披露报告的编制、报送、验证、披露、存储交换和分析阅读等。我国现阶段采用可扩展商业报告语言(Extensible Business Reporting Language，简称XBRL)作为证券期货市场电子化信息披露的核心技术。制定注册管理规范是为了规范证券市场信息披露元素、扩展角色、扩展类型等的定义，以保证这些内容最大程度符合技术规范和得到集中管理的同时，自定义规则不会被滥用。通过注册管理规范也明确约定注册管理主体机构、电子化信息披露管理过程中的元素注册、分类标准制定、自定义元素申请、审核管理、统一发布等各环节的工作流程内容，明确相关参与人的工作职责。通过注册管理规范的发布和实施，最终推动证券市场电子化信息可持续规范发展。

证券期货业电子化信息披露规范体系
第5部分:注册管理规范

1 范围

GB/T 30338的本部分规定了证券期货业电子化信息披露的注册原则和管理机制,对元素、角色、类型、分类套件和标引模板等进行统一管理。

本部分适用于使用XBRL技术向公众披露信息或向监管部门报送信息的电子化过程。

2 规范性引用文件

下列文件对于本文件的应用是必不可少的。凡是注日期的引用文件,仅注日期的版本适用于本文件。凡是不注日期的引用文件,其最新版本(包括所有的修改单)适用于本文件。

GB/T 30338.1—2013 证券期货业电子化信息披露规范体系 第1部分:基础框架

GB/T 30338.2—2013 证券期货业电子化信息披露规范体系 第2部分:编码规则

JR/T 0021—2004 上市公司信息披露电子化规范

3 术语和定义

GB/T 30338.1界定的以及下列术语和定义适用于本文件。

3.1

元组 tuple

XBRL元素的一种,用于将若干单个事实要素组合为复合事实,使单个事实要素具有意义。

注:改写GB/T 25500.1—2010,定义3.13。

3.2

类型 type

描述XBRL元素的数据类型(元素的type属性),可根据实际情况进行扩展和自定义。

3.3

替代组 substitution group

XBRL元素的一种属性。

注:主要包括普通数据项Item、元组Tuple、维度数据项DimensionItem、超立方体数据项HypercubeItem等类型。

3.4

维度 dimension

表征一个事实的各个不同方面,一个维度只有一个有效域,维度是xbrldt:dimensionItem替代组中的抽象元素。

注:改写GB/T 25500.2—2010,定义3.3。

3.5

类型化维度元素 typed dimension element

作为维度标识符的、在上下文(context)的段(segment)或场景(scenario)中使用的非XBRL元素。

注1:改写GB/T 25500.2—2010,定义3.9。

注 2：该元素在 TypedDomainRef 中引用，一般和 Typed Dimension 关联，即在链接库中使用 TypedDomainRef 建立弧度(arc)关系。

4 注册管理内容

注册管理主要是对证券期货业 XBRL 元素、角色、类型、分类套件和标引模板等进行集中注册、统一赋码、统一管理。

通过对元素、角色、类型、分类套件和标引模板的注册、审核、管理、维护和版本控制，达到集中管理 XBRL 元素、分类套件、标引模板的目的。

5 注册申请机构

具有相关业务需求的证券期货市场参与机构均可进行注册业务申请，主要包括中国证券监督管理委员会、中国证券投资者保护基金有限责任公司、上海证券交易所、深圳证券交易所、证券登记结算有限公司、证券业协会、期货业协会、上市公司协会、非上市公众公司、证券管理公司、基金管理公司、期货管理公司、上市管理公司、商品/期货交易所、基金业协会和其他依法需要向证券监督管理委员会报送或向社会公众披露信息的报告义务人等。

6 注册管理机构

注册管理工作由中国证券监督管理委员会或由其授权的机构进行。

注册管理机构负责管理和维护证券期货市场分类套件的结构以及标引模板的格式和内容，实现对证券期货市场 XBRL 元素、分类套件、标引模板等基本要素统一规划、规范管理和集中发布。

7 注册管理平台

注册管理平台是注册管理机构对证券期货业 XBRL 元素、角色、类型、分类套件和标引模板等进行统一管理的操作平台，访问地址为：http://eid.csrc.gov.cn/reg。

证券期货业参与机构需要增加新的元素、角色、类型、分类套件和标引模板时，应通过注册管理平台向注册管理机构提出注册申请，注册管理机构审批后按规定进行发布。

8 注册管理流程

8.1 概述

注册申请机构、注册管理机构通过注册管理平台开展申请注册、审核、发布等事项，根据自身用户对应的业务权限进行操作。

8.2 用户注册及权限申请

申请机构通过平台提交真实的用户信息，由注册管理机构审核通过后开通用户，并赋予相应的业务操作权限。用户分为浏览用户和注册用户。浏览用户具备网页浏览、辅助工具下载等权限。注册用户申请注册时应提供用户基本信息、所属机构资质证明等，具备 XBRL 相关业务注册申请、网页浏览、辅助工具下载等权限。

8.3 业务申请

8.3.1 概述

申请机构成为注册用户后，通过注册管理平台提交 XBRL 注册业务申请。XBRL 注册业务包括：元素、角色、类型、分类套件、标引模板等注册申请。

8.3.2 元素注册

从审批响应时间上，元素注册申请分为常规申请和紧急申请；从申请注册的元素数量上，元素注册申请分为单个元素注册申请和批量元素注册申请，其中，批量元素注册应通过“XBRL 注册业务工作底稿”(见附录 A)实现。

8.3.3 角色、类型

根据证券期货市场已经拥有的扩展角色和自定义类型，判断是否需要注册新的角色、类型，角色、类型应通过平台系统或者工作底稿的方式实现注册。

8.3.4 分类套件

分类套件注册业务应通过平台系统和 XBRL 注册业务工作底稿共同实现。通过平台系统确定套件的使用名称、命名空间以及目录名称，证券期货市场分类；确认套件引用的层级结构，如模式文件＋列报链接库。通过 XBRL 注册业务工作底稿确认工作底稿中元素的正确性、唯一性；确认各个链接库根据引用的层级不同填写相应的命名空间前缀。

8.3.5 标引模板

标引模板注册业务应通过平台系统实现，通过平台系统确定标引模板的名称、类型、版本、发布日期等信息。

8.4 业务审核

注册管理机构对该申请进行审核后上报中国证监会审批。

8.5 信息发布

注册管理机构根据审核结果对申请机构进行批复，并向证券期货市场发布，提供下载资料。

9 元素属性

9.1 基本属性

按照 GB/T 30338.1 的规定，元素应具备的基本属性见表 1。

表 1 元素属性及其含义

元素属性	含义	必要性
name	元素名称	MUST
substitutionGroup	替代组	MUST
type	元素类型	MUST

表 1（续）

元素属性	含义	必要性
abstract	是否抽象	MAY
nillable	是否为空	MAY
id	标识符	SHOULD
periodType	周期类型(时点 instant,时期 duration)	MAY
balance	借贷方向,适用财务科目	MAY

9.2 元素注册基本要求

9.2.1 元素名称

每个 XBRL 元素应填写"元素名称"(Name),并且元素名称的内容应遵循以下规则：

a) 每个元素有且仅有一个"元素名称",元素名称是 XML 文件的标记 (tag);

b) 元素名称在相同的命名空间内不得重复。

9.2.2 替代组

每个 XBRL 元素都应选择"替代组"(Substitution Group)属性,且遵循以下的规定：

a) 选择值的范围见表 2;

表 2 元素替代组别属性及其含义

类型	含义
xbrli:item	普通数据项
xbrli:tuple	元组
xbrldt:dimensionItem	维度
xbrldt:hypercubeItem	超立方体

b) 当选择"xbrldt:dimensionItem"或"xbrldt:hypercubeItem"时,应填写该元素的抽象属性(Abstract)值,且为"true"。

9.2.3 数据类型

每个 XBRL 元素应填写"数据类型"(Type),以说明元素表示的数据种类,数据类型的值选取范围见表 3:

表 3 元素数据类型及其含义

数据类型	含义
xbrli:stringItemType	字符串类型
xbrli:sharesItemType	份额类型
xbrli:monetaryItemType	货币类型

表 3（续）

数据类型	含义
xbrli:dateTimeItemType	日期类型(年、月、日、时、分、秒)
xbrli:pureItemType	纯粹类型
xbrli:booleanItemType	布尔类型
xbrli:decimalItemType	十进制类型
xbrli:integerItemType	整数类型
xbrli:timeItemType	时间类型(时、分、秒)
nonnum:domainItemType	域类型
xbrli:percentItemType	百分比类型
xbrli:dateItemType	日期类型(年、月、日)

9.2.4 是否抽象

每个 XBRL 元素可以选择填写“是否抽象”(Abstract)属性，其值为“true”或“false”。

9.2.5 是否为空

每个 XBRL 元素可以选择填写“是否为空”(Nillable)属性，该属性为选填项。

9.2.6 周期类型

每个 XBRL 元素都可以选择填写“周期类型”(PeroidType)，周期类型的取值为“duration”或“instant”。

9.2.7 借贷方向

有余额的元素可以设置“借贷方向”(Balance)属性，应遵循以下原则：

a) 如需填写借贷方向，其值应为“credit”或“debit”；
b) 仅数据类型为 xbrli:monetaryItemType 时可设置该属性。

9.2.8 中文标签

每个元素有且仅有一个与该元素对应的标准中文标签，每个元素的中文标签(Cnlabel)应填写。

9.2.9 英文标签

每个元素有且仅有一个与该元素对应的标准英文标签，每个元素的英文标签(Enlabel)应填写。

9.2.10 维度元素类型

类型化维度需设置“维度元素类型”(TypedDomainRef)属性，如果选择填写了“维度元素类型”，替代组别应为“xbrldt:dimensionItem”。

9.2.11 名称空间前缀

每个 XBRL 元素应填写“名称空间前缀”(Namespace Prefix)，在证券期货市场范围内，其填值选取范围为“csrc”,“cas”,“ifrs”。其中,csrc:中国证券监督管理委员会制定和管理的分类标准、cas:中国企业会计准则通用分类标准、ifrs:国际财务报告准则分类标准。

9.3 元素编码

每个元素应有且仅有一个元素编码,是该元素在中国证券期货业电子化信息披露应用范围内的唯一标识。元素编码由注册管理机构统一管理,注册管理机构通过注册管理平台进行自动赋码、确认。

元素编码基本分类信息和末尾元素属性字母通过工作底稿获取,元素编码由注册管理平台自动分配。

元素编码应当具备唯一性,在全局范围内无重码。

在同一命名空间下,元素名、元素标准标签和元素编码一一对应。详见 GB/T 30338.2。

9.4 元组

元组类型的属性,应遵循以下原则:

a) 替代组(Substitution Group)应为“xbrli:tuple”;

b) 在元组的注册过程中,不涉及元组关系的建立;

c) 元组的关系由父元素和子元素组成,父元素和子元素都应是已注册的元素。

9.5 维度

维度类型的属性,应遵循以下原则:

a) 替代组(Substitution Group)应选择为“xbrldt:dimensionItem”;

b) 是否抽象属性(Abstract)应填写为“True”;

c) 应在源(from)中填写元素名称,所填写元素名称应存在于注册元素中;

d) 应在目的(to)中填写元素名称,所填写元素名称应存在于注册元素中;

e) 应填写弧角色(arcrole),表示源和目的之间的角色类型;

f) 应填写排序属性(order),表示一个维度关系的排序,应为数字。

9.6 超立方体

超立方体类型的属性,应遵循以下原则:

a) 替代组(Substitution Group)应为“xbrldt: hypercubeItem”;

b) 是否抽象属性(Abstract)应为“True”;

c) 应在源(from)中填写元素名称,所填写元素名称应存在于注册元素中;

d) 应在目的(to)中填写元素名称,所填写元素名称应存在于注册元素中;

e) 应填写弧角色(arcrole),表示源和目的之间的角色类型;

f) 应填写排序属性(order),表示一个维度关系的排序,应为数字;

g) 当弧类型为 all 时,应填写上下文关系(ContextElement),其取值范围限定在 scenario 和 segment。

9.7 元素自定义要求

一般来讲,由注册申请机构通过注册管理平台完成元素的注册申请,报告义务人制作实例文档时优先使用注册管理平台已通过注册的元素,但遇到个性化的披露情况,允许报告义务人根据自身业务需要自定义元素。报告义务人自定义元素时应符合 GB/T 30338.1 中自定义分类标准章节要求,除此之外,还应满足以下要求:

a) 自定义元素名称、元素编码在相同的命名空间下不得重复;

b) 自定义元素编码超出通用元素编码长度，在元素编码规范基础上增加组织机构代码作为后缀来保证其唯一性，即“10位元素编码”＋“_”（英文下划线）＋“9位组织机构代码”。范例：ZZ0000001A_123456789；

c) 自定义元素其他属性应符合元素注册基本要求。

10 角色、类型的注册管理

10.1 概述

角色与类型的自定义扩展应进行登记注册。

在GB/T 30338.1中统一集中定义了扩展角色与扩展类型两个分类标准，分别称为角色分类标准和类型分类标准。结合证券期货业信息披露的要求和对企业会计准则通用分类标准的引用原则，GB/T 30338.1中预定义的扩展角色见表4。

表4 预定义扩展角色

扩展角色名称	扩展角色 ID	扩展角色 URI
证券期货业缺省角色	Default	http://eid.csrc.gov.cn/cor/role/default
通用维度	commonDimension	http://eid.csrc.gov.cn/cor/role/commonDimension
元素编码标签	codeLabel	http://eid.csrc.gov.cn/cor/role/codeLabel

10.2 角色

扩展角色的注册应符合如下要求：

a) 角色的命名空间前缀(Namespace Prefix)为必填项，其值默认为Role；

b) 角色的标识符(ID)为必填项，应使用英文字符方式的内容；

c) 角色的链接(roleURI)为必填项，应使用http链接的方式，其最后的地址内容应和标识符(ID)一致；

d) 角色的名称(link:definition)为必填项，应采用中文汉字的命名方式；

e) 角色的标签链接库是否可用属性(link:label)为必填项，其值为true或者false；

f) 角色的列报链接库是否可用属性(link:presentationLink)为必填项，其值为true或false；

g) 角色的计算链接库是否可用属性(link:calculationLink)为必填项，其值为true或者false；

h) 角色的定义链接库是否可用属性(link:definitionLink)为必填项，其值为true或者false。

10.3 类型

自定义类型的注册应符合如下规范：

a) 类型的命名空间前缀(Namespace Prefix)为必填项，在证券期货市场，其值应为csrc-type；

b) 类型的扩展方式(Purpose)为必填项，以说明扩展类型的作用，其值在“定义新元素”、“定义新类型”和“联合类型”中选取；

c) 类型的属性(Type)为必填项，其值在“complexType”和“simpleType”中选取；

d) 类型的名称(Name)为必填项；

e) 类型的基准属性(base)为必填项；

f) 类型的模式属性(pattern)为必填项；

g) 类型的枚举属性(Enumeration)为必填项；

h) 类型的抽象组别属性(Attribute Group Ref:)为选填项;
i) 类型的联合成员类型属性(Union Member Types)为选填项;
j) 类型的元素名称(Element Name)可以选择填写,如需填写,元素名称应是注册元素;
k) 类型的数据类型属性(Data Type)为选填项;
l) 类型的元素 ID 属性(Element Id)为选填项。

11 分类套件注册管理

11.1 分类套件的注册管理

分类套件的注册管理应遵循以下要求:

a) 分类套件名称为必填项。
b) 分类套件名称可选取中文或英文方式命名。
c) 分类套件命名格式为三段式:【业务类型】—【单位名称】—【版本时间】,其中:
   1) 业务类型,指套件所支持或匹配的业务类别。如:首次公开发行就是 IPO,披露报告使用 RPT,财务报告就是 FAN 等等,详细代码需要按照市场实际业务分类提供;
   2) 单位名称,是套件创建机构的名称或者代码。如:证监会为"CSRC",上海证券交易所为"SSE",深圳证券交易所为"SZSE";上市公司则使用股票代码,如万科 A 使用 200002、华谊兄弟使用 300027、国电电力使用 600795 等等;基金公司则使用基金公司代码,如华夏基金管理公司使用 50030000,长城基金管理有限公司使用 50150000 等等;
   3) 版本时间,是分类套件的创建日期。以 8 位数字表示,如 20110228,则表示这个分类套件的版本是在 2011 年 02 月 28 日完成的。

示例:如"亨氏集团"2011 年 5 月 6 日制定了关于 IPO 业务的自定义套件:IPO-333333-20110506。

11.2 专用组件的注册管理

专用组件的注册管理应遵循以下要求:

a) 专用组件包含命名空间、命名空间前缀、文件名和存储目录,命名空间前缀命名应通过人为命名的方式获取,命名空间、文件名和存储目录是通过系统自动生成获取。
b) 专用组件命名空间前缀为必填项。
c) 专用组件名称应使用英文命名。
d) 专用组件命名空间前缀命名格式为两段式:【信息披露分类编码】—【企业类别】,其中:
   1) 信息披露分类编码:所用报告或文件的编码。上市公司分类编码如:"GB01"表示上市公司年报,"RGA03"表示 IPO(首次公开募股)的招股说明书等等,详情请见 JR/T 0021—2004;
   2) 企业类别:用于标志组件的行业类别。分为一般企业、金融类企业和房地产三类,一般企业以字母"C"作为标识,金融类企业以"F"作为标识,房地产以"H"作为标识。

示例 1:"亨氏集团"年度报告:GB04-C("GB04"代表年度报告正文,"C"代表一般企业)。

示例 2:"连发银行"年度报告:GB04-F("GB04"代表年度报告正文,"F"代表金融类企业)。

示例 3:"连江地产"年度报告:GB04-H("GB04"代表年度报告正文,"H"代表房地产)。

11.3 入口组件的注册管理

入口组建的注册管理应遵循以下要求:

a) 入口组件包含命名空间、命名空间前缀、文件名和存储目录,命名空间前缀命名应通过人为命名的方式获取,命名空间、文件名和存储目录通过系统自动生成获取。

b) 入口组件命名空间前缀为必填项。

c) 入口组件名称应使用英文命名。

d) 入口组件命名空间前缀命名格式为两段式:【信息披露分类编码】—【企业类别】,其中:

1) 信息披露分类编码:所用报告或文件的编码。上市公司分类编码如:“GB01”表示上市公司年报,“RGA03”表示 IPO(首次公开募股)的招股说明书等等,详情请见 JR/T 0021—2004;

2) 企业类别:用于标志组件的行业类别。分为一般企业、金融类企业和房地产 3 类,一般企业以字母“C”作为标识,金融类企业以“F”作为标识,房地产以“H”作为标识。

示例:“浙商聚潮产业成长股票型证券投资基金”半年度报告 命名为:FB020010-F(“FB020010”代表基金半年度报告正文,“F”代表金融行业)。

12 标引模板注册管理

注册管理机构通过注册管理平台对证券期货市场参与机构上报的模板进行统一注册、审核、发布管理。

在模板注册过程中模板文件应以 WORD 文件、XML 文件、PDF 文件、压缩文件(ZIP 格式)等类型上传。必填信息包括模板名称、所属业务领域、报告周期、报告种类和模板简介。其中,模板简介应简明扼要的说明标引模板的业务范围、作用和编写内容。模板报告名称应遵循以下规范:

a) 名称格式:分为{业务类型}—{文号}—{报告类型}—{版本日期}4 个部分。

b) 业务类型:按照模板基本信息填写,要求能够准确描述模板内容、版本情况及所属业务领域:一般限制在首次公开募股、基金、证券公司、上市公司、期货、非上市公众公司。如基金公司应写为:“证券投资基金信息披露 XBRL 模板”。

c) 文号:按照最新批次填写。例:“第 1 号”。

d) 报告类型:根据业务需求填写报告类型,报告类型包括:《日报》、《月报》、《季报》、《半年报》、《年报》、《合同生效公告》、《分红公告》、《招募说明书》和《临时公告》等。

e) 版本日期:模板的版本日期按照年月日的格式填写。例:“20120502”。

示例:以基金信息披露模板为例,如下:

证券投资基金信息披露 XBRL 模板第 1 号《季度报告》20110602.doc

证券投资基金信息披露 XBRL 模板第 3 号《年度和半年度报告》20110602.doc

附 录 A
（规范性附录）
XBRL 注册业务工作底稿

A.1 概述

中国证券期货业电子化信息披露规范体系的注册业务工作底稿，分为 elements、Tuples、refernces、Roles、Presentation、Calculation、Preferred Label 和 Definition 等 9 个表，分别存放和提供 XBRL 元素注册、分类标准注册过程中需要的基础业务信息和关联关系。

A.2 工作底稿信息表

工作底稿信息表见表 A.1。

表 A.1 工作底稿信息表

一、模板信息		
模板名称	中国证券期货业电子化信息披露管理平台 XBRL 工作底稿	
模板编号	CSRC_XBRL_WP001(示例)	
版本号	V1.2	
模板依据	XBRL2.1、DIM1.0	
适用范围	中国证券期货业电子化信息披露管理平台专用	
二、目录		
序号	表	用途
1	Elements	生成元素字典中元素定义模式文件和标准标签链接库
2	Tuples	生成元素字典中元素定义模式文件中的元组关系
3	References	生成元素字典中的参考链接库
4	Roles	生成元素字典中的扩展角色文件
5	Type	生成元素字典中的扩展类型文件
6	Presentation	生成组件中的列报链接库
7	Calculation	生成组件中的计算链接库
8	Preferred Label	生成组件中的业务标签链接库
9	Definition	生成组件中的定义链接库
三、版本记录		
修订日期	修订人	修订记录

A.3 Elements 表

Elements 表见表 A.2。

表 A.2 Elements 表

Sequence	Namespace Prefix	Name	Encoding ID	Cnlabel	Enlabel	Data Type	Abstract	Substitution Group	Balance Type	Period Type	Nillable	Typed Domain Ref

A.4 Tuples 表

Tuples 表见表 A.3。

表 A.3 Tuples 表

Sequence	Namespace Prefix	Tuple Element	Item Element	Min Occurs	Max Occurs

A.5 References 表

References 表见表 A.4。

表 A.4 References 表

Sequence	Namespace Prefix	Name	Ref Role	Ref ref: Publisher	Ref ref: Name	Ref ref: Number	Ref ref: IssueDate	Ref ref: Chapter	Ref ref: Clause

A.6 Role 表

Role 表见表 A.5。

表 A.5 Role 表

Sequence	Namespace Prefix	roleURI	id	link：definition	link：label	link：presentationLink	link：calculationLink	link：definition Link	CNrole-label	ENrole-label

A.7 Type 表

Type 表见表 A.6。

表 A.6 Type 表

Sequence	Namespace Prefix	Purpose	Type	Name	Base	Enumeration	Pattern	AttributeGroup Ref	Union MemberTypes	Element Name	Data Type	Element Id

A.8 Presentation 表

Presentation 表见表 A.7。

表 A.7 Presentation 表

Sequence	Namespace Prefix	Parent Element	Child Element	Order	Ext Link Role	Ext Link Title	Preferred Label Role

A.9 Calculation 表

Calculation 表见表 A.8。

表 A.8 Calculation 表

Sequence	Namespace Prefix	Sum Element	Item Element	Order	Weight	Ext Link Role	Ext Link Title

A.10 PreferredLabel 表

PreferredLabel 表见表 A.9。

表 A.9 PreferredLabel 表

Sequence	Namespace Prefix	Name	Label	Label Lang	Label Role

A.11 Definition 表

Definition 表见表 A.10。

表 A.10 Definition 表

Sequence	Namespace Prefix	From	To	Arcrole	Order	Context-Element	Closed	Use	priority	Ext Link Role	Ext Link Title	target-Role

参 考 文 献

[1] GB/T 25500.1—2010 可扩展商业报告语言(XBRL)技术规范 第1部分:基础
[2] GB/T 25500.2—2010 可扩展商业报告语言(XBRL)技术规范 第2部分:维度

ICS 03.100.99
A 02

中华人民共和国国家标准

GB/T 30339—2013

项目后评价实施指南

Implementation guidelines on post project assessment

2013-12-31 发布　　2014-07-01 实施

中华人民共和国国家质量监督检验检疫总局
中国国家标准化管理委员会　发布

前　言

本标准按照 GB/T 1.1—2009 的规则起草。

本标准由全国项目管理标准化技术委员会(SAC/TC 343)提出并归口。

本标准起草单位:上海市标准化研究院、北京现代卓越管理技术交流中心、中国标准化协会、上海市教育评估院、上海建科检验有限公司、上海建科工程咨询有限公司。

本标准主要起草人:马娜、晏绍庆、汪建华、徐新忠、杨勇、顾君剑、周红波。

引　言

项目后评价是在项目正式结束后，对项目的目的、执行过程、效益、作用和影响进行系统、客观的分析和总结的技术经济活动。其目的是总结经验、汲取教训，不断提高项目决策、实施和管理水平，并为制定相关政策等提供科学依据。为明确通用的项目后评价工作的内容、原则、程序、方法、机构和人员要求，特制定本标准。

项目后评价实施指南

1 范围

本标准规定了项目后评价的原则、内容、组织管理、评价程序和文件编制要求。

本标准适用于策划、组织、实施各种类型项目的后评价工作。

2 规范性引用文件

下列文件对于本文件的应用是必不可少的。凡是注日期的引用文件,仅注日期的版本适用于本文件。凡是不注日期的引用文件,其最新版本(包括所有的修改单)适用于本文件。

GB/T 23691—2009 项目管理 术语

3 术语和定义

GB/T 23691—2009 界定的以及下列术语和定义适用于本文件。

3.1

项目后评价 post project assessment; post project evaluation

对已结束项目的目标、执行过程、结果、效益、作用和影响等进行分析、总结和评估的活动。

3.2

项目应用机构 project operation organization

项目建设主体机构,或项目使用、运营的主体机构。

4 总则

4.1 项目后评价开展时机

项目后评价工作应当在整个项目正式结束后进行,并根据后评价重点确定必要的项目使用或运营时间。

对于延续时间长、分布地域广、结构复杂的项目,可在对各子项目分别开展项目后评价后,再进行整个项目的后评价。

为保证后评价输入信息的完整性和可信性,项目后评价的策划宜早期介入,与项目的策划和实施过程同步开展。

4.2 项目后评价原则

4.2.1 独立性

外部项目后评价工作应由具备资质的独立第三方机构单独进行,内部项目后评价工作应由独立于项日实施或运营部门的其他部门负责,项日后评价不应受项目利益相关力的干扰。

4.2.2 针对性

应针对项目的具体特征确定评价程序和选择评价方法,综合考虑项目级别、类型、规模、复杂程度等要素，确保分析和结论的科学、适当、实际。

4.2.3 客观性

项目后评价过程应以事实为依据，客观反映项目决策、项目管理和执行的实际状况，在可靠的文件及明确的数据基础上，实事求是地得出评价发现与结论。

4.3 主要利害相关方

项目后评价主要利害相关方可包括项目投资机构、项目主管机构、项目应用机构、项目后评价实施机构等，各方应积极配合、充分交流，共同推进后评价工作的开展。

5 项目后评价内容

5.1 基本内容

项目后评价机构应根据项目具体情况确定后评价工作内容，应当包括项目目标评价、项目过程评价、项目效益评价和项目可持续性评价等4个方面，每个方面的具体评价内容可根据需要增加或简化。

5.2 项目目标评价

5.2.1 评价要点

分析和评价项目预设目标的正确性、合理性和实践性，判断项目立项时设定的各项目标的实现程度，包括项目管理目标评价和项目宏观目标评价两个层次。

5.2.2 项目管理目标评价

对照项目立项时的目标和主要指标，检查项目实际完成情况，评估项目目标和主要指标的适宜性和实现程度。

a) 目标适宜性评价以项目实际实施和运营情况为依据，结合项目实施环境和条件的变化情况，评估项目原定目标和主要指标的科学性和合理性；
b) 目标实现程度评价主要明确项目成果与目标之间的偏差范围并分析实际发生偏差的原因，判断项目成果是否符合后续发展的要求。

5.2.3 项目宏观目标评价

从战略层面对项目预设的宏观目标的实现程度和偏离程度进行评价，主要考察项目结束后产生的实际效果或所呈现的客观状态与组织预期的吻合程度、背离或偏离情况等。

5.3 项目过程评价

5.3.1 评价要点

在对项目各个阶段进行回顾的基础上，确认项目实施过程是否按计划进行，分析过程中产生的重大偏离和原因，以及对项目实施效果产生的影响，并对项目实施全过程的管理水平和工作质量作出评价。可分为项目前期决策阶段评价、项目准备阶段评价、项目实施阶段评价和项目应用/运营阶段评价。

5.3.2 前期决策阶段评价

项目前期决策阶段评价内容包括项目建议书的编制、评估和批复，项目可行性研究报告及计划任务书的编制、评估和批复，以及其他申报和审批手续等。

评价重点为决策程序的规范性、决策结论的科学性和合理性、各类报告的质量、单位资质的符合性及资料的完整性等。

5.3.3 准备阶段评价

项目准备阶段评价内容包括项目团队组建和资源配置，项目推进方法和路径，项目工作计划、资金筹措和管理方案，项目实施准备等。

评价重点为准备程序的规范性和完整性、工作计划的合理性、资源配置的科学性、准备工作质量及资料的完整性等。

5.3.4 实施阶段评价

实施阶段评价内容包括管理保障、阶段控制、经费管理、变更控制、监督管理、试运行和验收等。

评价重点为项目要素的控制措施和效果、保障体系的科学性和合理性、试运行的充分性及验收工作的合规性。

5.3.5 应用/运营阶段评价

应用/运营阶段评价内容包括组织管理，档案资料、人员和服务管理，工程项目的运行与安全管理，非工程项目的产业转化管理等。

评价重点为管理制度的建立和实施效果、归档资料的完整性和系统性、人员培训和服务质量控制、项目维护和利用效率、非工程项目的产业转化前景和效果等。

5.4 项目效益评价

5.4.1 评价要点

在过程评价的基础上，对项目运行的效果作出评价，并为项目可持续性评价提供依据，宜包括项目技术评价、项目经济效益评价、项目社会效益评价和项目环境影响评价。

5.4.2 技术评价

技术评价的主要内容包括项目技术选择、项目功能目标实现程度、项目资源利用效果、项目技术创新或对新技术的应用等。

5.4.3 经济效益评价

经济效益评价对经营性项目可包括项目财务分析和项目经济分析，对非经营性项目可包括投资分析、成本分析和项目经济分析。

5.4.4 社会效益评价

社会效益评价致力于评价项目在促进社会经济发展和改善人民生活等方面所产生的积极作用，评价内容主要包括项目的社会效益和社会影响。

a) 社会效益包括项目对区域经济发展和社会和谐的贡献，项目对当地居民生活质量的改善和项目对创造就业机会的贡献，以及项目在节能方面的贡献等；

b) 社会影响包括项日的国际、国内影响，项目对国际、国内交流的促进作用等。

5.4.5 环境影响评价

环境影响评价应体现项目给区域自然环境、生态环境、自然资源等带来的实际影响，对立项论证认为可能产生重大环境影响的项目，还应将项目产生的实际环境影响与立项报批的环境影响报告书进行对比分析。

5.5 项目可持续性评价

5.5.1 项目的可持续性评价主要评价项目能否依靠自身力量持续运营和发展，分析项目的既定目标能否继续实现，评价项目是否具有可重复性并在未来以同样方式实施同类项目。

5.5.2 应从项目类型、规模、特点出发选取适当评价指标，综合评价社会经济可持续性、环境资源可持续性、项目运营可持续性、管理制度可持续性、与同类项目和所在区域发展的协调性等因素。

5.5.3 可持续性评价内容主要包括对影响项目运行的运营管理水平、技术水平、人才素质、财务状况等内部因素和规划、政策、市场需求、环境条件、资金等外部条件两方面进行分析和评价。

6 项目后评价组织管理

6.1 项目后评价组织管理包括编制后评价工作计划、确定后评价项目、下达后评价任务、选择后评价机构并委托、组织后评价成果验收等。

6.2 后评价工作计划应明确后评价的目的和要求、后评价项目的选取范围和数量、后评价工作的完成时间和费用要求、成果验收方式等。

6.3 承担项目后评价工作的机构，应在国家、行业和地方有关法律法规的基础上构建明确合理的业务流程、质量基准、质量保证、自我监控和改进等管理制度。

7 项目后评价程序

7.1 基本程序

项目后评价程序主要由策划、信息收集、汇总和处理、分析与评价、编制后评价文件和结果反馈等部分构成，并可视项目规模、利益相关方要求、评价目的等因素删减或重复开展某些阶段的工作，直至获得合理全面的结论。

后评价的各部分应互相呼应和验证，确保所有有效信息的合理可确知性。

7.2 策划

策划工作以形成正式的评价工作计划为最终成果形式，可分为两个阶段。

a) 第一阶段宜与项目立项批复过程同步开展，在项目论证、立项期间将项目后评价的范围、内容、意向承担单位、节点安排等初步确定；

b) 第二阶段宜在项目实施的后期开展，明确后评价模型和方法、组建满足专业评价要求的工作组，确定评价指标体系，给出风险控制和质量保证要求等。

7.3 信息收集

通过对项目论证、审批、策划、实施、验收、运行等全周期内形成的各种内部和外部信息的收集与处理，获得能全面反映项目活动的信息。

信息收集可通过文件及记录收集、现场调查和人员访谈等方式进行。

7.4 汇总和处理

对收集的所有信息进行整理和归类，形成数据报表等汇总文件，根据项目特征和数据情况研究选取数据处理模型等。

7.5 分析与评价

分析与评价的完成，应以得出明确的项目后评价结论为最终成果形式，主要内容可包括：

a) 项目管理目标和宏观目标实现情况的分析和评价；

b) 项目实施过程中的变化、原因、处置及影响的分析和评价；

c) 项目管理能力和水平的分析和评价；

d) 项目的影响和持续性的分析和评价；

e) 项目未来发展的预测分析和评价；

f) 项目经验教训的分析总结及建议和改进措施分析。

在分析和评价的过程中，出于验证已获取的信息、识别和取得分析和评价所需的其他信息的需要，可辅以现场调查和人员访谈等方式。

7.6 编制项目后评价文件

后评价工作结束后，应编制项目后评价文件。

项目后评价文件应概括全部评价工作，明确评价结论，真实反映项目后评价的结果，客观描述项目后评价中发现的问题，全面给出项目后续发展的对策建议和可供类似项目参考的经验和教训。

7.7 结果反馈及利用

项目后评价完成后应及时将评价结果反馈给项目委托方及委托方指定的其他相关方，并在提供评价结果后，注意获取相关方对评价结果及其利用效果的反馈等。

项目后评价结果可用于以下几个方面：

a) 修订制度：通过项目后评价成果的使用机制，建立或修订相关的规章、制度、标准等规范性文件，调整项目的决策、规划、实施和运营中的偏差；

b) 更新数据：通过项目后评价成果的汇总机制，更新国家或行业、组织内项目数据库资料；

c) 知识管理：通过项目后评价成果的扩散机制，通报相关经验和教训，供相关组织和人员参考；

d) 决策指南：通过项目后评价成果的示范机制，指导项目立项机构的决策行为。

8 项目后评价文件编制要求

项目后评价文件应根据后评价工作计划规定的形式编制，文字应简洁、准确，并辅以必要的图表和照片，应数据详实、论点明确、论据充分、结论清晰。

项目后评价文件应包括项目背景、评价方法、评价内容、评价结论和对策建议等主要内容，通用要素设置参见附录 A。

附 录 A
（资料性附录）
项目后评价文件通用要素

A.1 文前

项目后评价文件的文前内容可包括以下方面：

——编制单位资质证书；

——项目后评价实施单位；

——参加项目后评价人员名单和专家组人员名单；

——附图。

A.2 内容要素

A.2.1 项目概况

A.2.1.1 项目情况简述

概述项目建设地点、项目业主、项目性质和特点，以及项目开工和竣工时间。

A.2.1.2 项目决策要点

项目建设的理由，决策目标和目的。

A.2.1.3 项目主要内容

项目开展的主要内容，包括预期目标和实际实现目标等。

A.2.1.4 项目实施周期

项目周期各个阶段的起止时间、时间进度表等。

A.2.1.5 项目资金到位及使用

项目立项决策批复资金情况、资金来源计划和实际到位情况、资金使用情况、项目验收资金决算情况、资金管理制度建立及执行情况等。

A.2.1.6 项目运行及效益现状

项目运行现状、能力实现状况、项目财务经济效益情况等。

A.2.2 项目目标评价

项目管理直接目标及其实现情况分析，项目宏观目标及其实现情况分析。

A.2.3 项目实施过程的总结与评价

A.2.3.1 项目前期决策总结与评价

项目立项的依据，项目决策过程和程序，项目评估和可研报告批复的主要意见。

A.2.3.2 项目准备工作与评价

项目推进计划和路径，项目团队组建和资源配置，具体实施准备措施等。

A.2.3.3 项目实施总结与评价

项目合同执行与管理情况、项目实施推进情况、项目变更情况、项目费用控制情况、过程质量控制情况、阶段监督管理和验收情况等。

A.2.3.4 项目运营情况与评价

项目运营情况、项目预期能力实现情况、项目运营成本和财务情况、产品结构与市场情况。

A.2.4 项目效果和效益评价

A.2.4.1 项目技术水平评价

项目技术水平(能力水平、技术经济性)。

A.2.4.2 项目经济效益评价

项目财务效益情况、项目财务效益指标分析和项目经济效益变化原因分析等。

A.2.4.3 项目运营管理评价

运营管理机构设置情况、运营管理体制及规章制度情况、运营管理策略情况、人员培养情况等。

A.2.5 项目环境和社会效益评价

A.2.5.1 项目环境效益评价

项目实际产生环境影响情况，有关制度的建设和执行情况，环境保护、生态保护和资源节约等情况。

A.2.5.2 项目社会效益评价

项目主要利害相关方，项目的实施对当地(宏观经济、区域经济、行业经济)发展的影响，对当地就业和人民生活水平提高的影响，对当地政府的财政收入和税收的影响。

A.2.6 项目可持续性评价

根据项目现状，结合国家的政策、资源条件和市场环境对项目的可持续性进行分析，预测产品的市场竞争力，从项目内部因素和外部条件等方面评价整个项目的持续发展能力。

A.2.7 项目后评价结论和主要经验教训

A.2.7.1 项目成功度评价

A.2.7.2 评价结论和存在的问题

A.2.7.3 主要经验教训

A.2.8 对策建议

A.2.8.1 对项目和项目执行机构的建议

A.2.8.2 对项目组织的建议

A.2.8.3 宏观对策建议

A.2.9 附件

ICS 03.220.20
R 10

中华人民共和国国家标准

GB/T 30340—2013

机动车驾驶员培训机构资格条件

Qualifications for vehicle drivers training organization

2013-12-31 发布　　　　2014-06-01 实施

中华人民共和国国家质量监督检验检疫总局
中国国家标准化管理委员会　发布

前　言

本标准按照 GB/T 1.1—2009 给出的规则起草。

本标准由中华人民共和国交通运输部提出。

本标准由全国道路运输标准化技术委员会(SAC/TC 521)归口。

本标准负责起草单位：交通运输部公路科学研究院。

本标准参加起草单位：江苏省交通运输厅运输管理局、安徽省公路运输管理局、四川省交通运输厅道路运输管理局、河南省交通运输厅道路运输局、长安大学。

本标准主要起草人：曾诚、蔡凤田、白韶波、刘莉、窦秋月、殷国祥、王生昌、韦勇、施溢源、顾敏、杨家齐、张学文。

机动车驾驶员培训机构资格条件

1 范围

本标准规定了机动车驾驶员培训机构分级、主体资格、组织机构、管理制度、岗位及人员、教练车、教练场地、教学设施设备、办公场所及教室、服务及其他设施等基本条件。

本标准适用于一级、二级和三级民用机动车驾驶员培训机构(专门的拖拉机驾驶员培训机构除外)。

2 规范性引用文件

下列文件对于本文件的应用是必不可少的。凡是注日期的引用文件,仅注日期的版本适用于本文件。凡是不注日期的引用文件,其最新版本(包括所有的修改单)适用于本文件。

GB 5768.2 道路交通标志和标线 第2部分:道路交通标志

GB 5768.3 道路交通标志和标线 第3部分:道路交通标线

GB 7258 机动车运行安全技术条件

GB 14886 道路交通信号灯设置与安装规范

GB 18565 营运车辆综合性能要求和检验方法

GB/T 21055 肢体残疾人驾驶汽车的操纵辅助装置

GB/T 30341—2013 机动车驾驶员培训教练场技术要求

GB 50763 无障碍设计规范

CJJ 152 城市道路交叉口设计规程

GA/T 963 交通安全宣传教育设施设置规范

JT/T 198 营运车辆技术等级划分和评定要求

JT/T 378 汽车驾驶培训模拟器

3 术语和定义

下列术语和定义适用于本文件。

3.1

机动车驾驶员培训机构 vehicle drivers training organization

以培养驾驶学员的安全意识、培训驾驶学员的驾驶技能为教学任务,为社会公众有偿提供驾驶培训服务的机构。

3.2

机动车驾驶员培训经营性教练场 operating vehicle drivers training site

为机动车驾驶员培训机构提供有偿使用的教练场地、配套设施设备等进行驾驶训练的教练场所。

3.3

机动车驾驶员培训机构自备教练场地 owned vehicle driving training site

机动车驾驶员培训机构经营者利用自有或者租用的土地,按照有关要求设计建造的、专门用于自有教练车进行驾驶训练的教练场地。

4 培训机构分级

4.1 机动车驾驶员培训机构分为一级机动车驾驶员培训机构、二级机动车驾驶员培训机构和三级机动车驾驶员培训机构。

4.2 机动车驾驶员培训机构应符合第5章～第13章的要求，一级、二级和三级机动车驾驶员培训机构的主要分级指标见9.2和10.1。

5 主体资格

机动车驾驶员培训机构应具有独立企业法人资格。

6 组织机构

机动车驾驶员培训机构应设置教学管理、教练员管理、学员管理、结业考核、教学质量管理、安全管理、教练车管理、设施设备管理及档案管理等部门。

7 管理制度

7.1 机动车驾驶员培训机构应建立并实施健全的管理制度，见表1。

表1 机动车驾驶员培训机构管理制度要求

序号	管理制度名称	内容要求
1	教学管理制度	应包括落实国家统一规定的教学大纲的措施，教学实施计划的制定、检查，培训学时计时管理，教学日志与培训记录的使用、管理，教学现场检查与质量评估等
2	教练员管理制度	应包括教练员聘用、轮训、评议、考核(包括职业道德、执教能力、培训质量、廉洁自律、继续教育记录和学员满意度等)、教练员培训质量排行榜的公布、离岗等，并按每位教练员建立纸质和电子档案
3	学员管理制度	应包括培训合同内容(包括服务内容、收费标准)告知及培训学时计时管理系统、教学日志(含学时确认单)和培训记录的使用等，并按每位学员建立纸质和电子档案
4	结业考核制度	应包括考核方式、考核规范、考核评定和结业证的发放等
5	诚信承诺制度	应包括诚信承诺的内容、承诺的形式，诚信承诺的落实及培训质量信誉回访等
6	学员投诉受理制度	应包括投诉的方式、投诉的受理、处理结果和处理时限等
7	安全生产责任制度	应包括道路训练安全告知、安全教育、教学现场安全检查与隐患排除、重大事故报告、突发事件应急预案及安全责任倒查等，并建立纸质和电子档案
8	教练车及设施设备管理制度	应包括教练车及教学设施设备的使用、检查、维护、检测、更新和报备，并按每台教练车建立纸质和电子档案
9	档案管理制度	应包括教练员档案、学员档案、教练车档案、教学设施设备档案和安全档案等的收集、保存和管理
10	培训收费管理制度	应包括公示培训收费标准、收费方式及收费的监督管理和报备

7.2 机动车驾驶员培训机构开展残疾人机动车驾驶员培训业务的，还应建立包含残疾人驾驶培训学习期间的学习、生活和安全等保障制度。

8 岗位及人员

8.1 机动车驾驶员培训机构应设立培训机构负责人、理论教学负责人、驾驶操作训练负责人、理论教练员、驾驶操作教练员、结业考核员、安全管理、教练车管理、设施设备管理、计算机管理和档案管理等岗位，制定相应的岗位职责，配备相应的人员，并按规定签订劳动合同。

8.2 培训机构负责人应熟悉机动车驾驶员培训业务，具备企业经营管理能力，持有道路运输经理人资格证。

8.3 理论教学负责人应具备专业知识和教学管理能力，持有理论教练员资格证，从事教练员工作3年(含)以上，近两年的教学质量信誉考核记录均为合格以上。

8.4 驾驶操作训练负责人应具备专业技能和教学管理能力，持有驾驶操作教练员资格证，从事教练员工作3年(含)以上，近两年的教学质量信誉考核记录均为合格以上。

8.5 理论教练员应具备下列条件：

a) 持有机动车驾驶证，具有2年以上安全驾驶经历；
b) 具有汽车、机械、运输管理等相关专业中专以上学历或汽车及相关专业中级以上技术职称；
c) 掌握道路交通安全法规、驾驶理论、机动车构造、交通安全心理学和常用伤员急救等安全驾驶知识，了解车辆环保和节约能源的有关知识，了解教育学、教育心理学的基本教学知识，具备编写教案、规范讲解的授课能力；
d) 持有理论教练员资格证。

8.6 驾驶操作教练员应具备下列条件：

a) 持有相应车型的机动车驾驶证。
b) 年龄不超过60周岁。
c) 具有中专或高中以上学历。
d) 安全驾驶经历和相应车型驾驶经历应分别满足下列要求：
   1) 大型客车、牵引车、城市公交车、中型客车和大型货车驾驶操作教练员应具有5年以上驾驶相应车型车辆的安全驾驶经历。
   2) 小型汽车、小型自动挡汽车、低速载货汽车、三轮汽车、残疾人专用小型自动挡载客汽车、普通三轮摩托车、普通二轮摩托车和轻便摩托车驾驶操作教练员应具有5年以上安全驾驶经历，且具有3年以上驾驶相应车型车辆的经历；如果驾驶操作教练员具有大专以上学历且接受过教练员职业技能教育，则应具有2年以上安全驾驶经历和驾驶相应车型车辆的经历，且具有不少于3个月的实习教练经历。
   3) 其他车型教练车的驾驶操作教练员应具有5年以上安全驾驶经历，且具有4年以上驾驶相应车型车辆的经历。
e) 掌握道路交通安全法规、驾驶理论、机动车构造、交通安全心理学、预见性驾驶和应急驾驶的基本知识，熟悉车辆维护和常见故障诊断、车辆环保和节约能源的有关知识，具备驾驶要领讲解、驾驶动作示范和指导驾驶的教学能力。
f) 持有相应车型的驾驶操作教练员资格证。
g) 从事残疾人驾驶培训的驾驶操作教练员还应经过专业知识培训，熟练掌握残疾人驾驶辅助装置的使用方法。

8.7 结业考核员应持有二级(含)以上教练员资格证，近两年的教学质量信誉考核记录均为合格以上。

8.8 教练车管理人员应具有汽车、机械、机电、运输管理等相关专业中专以上学历或相关专业初级以上技术职称，并持有机动车驾驶证。

8.9　计算机管理人员应具有计算机相关专业大专以上学历或持有专业计算机等级考试二级证书。

8.10　机动车驾驶员培训机构教学与管理相关岗位配备的专职人员数量应符合表2的要求。

表2　教学与管理相关岗位配备的专职人员数量要求

序号	人员类别	人员数量
1	理论教练员	按教练车总数的3%配备，不少于2人
2	驾驶操作教练员	不少于相应车型教练车总数的100%
3	结业考核员	按教练车总数的5%配备，不少于2人
4	安全管理人员	不少于1人
注：实施集中理论培训或网上理论培训的地区，理论教练员配置数量由省级道路运输管理机构确定。		

9　教练车

9.1　教练车型分类

教练车车型分为大型客车、牵引车、城市公交车、中型客车、大型货车、小型汽车、小型自动挡汽车、低速载货汽车、三轮汽车、残疾人专用小型自动挡载客汽车、普通三轮摩托车、普通二轮摩托车、轻便摩托车、轮式自行机械车、无轨电车和有轨电车。

9.2　教练车数量

9.2.1　不提供或者仅提供三轮汽车、普通三轮摩托车、普通二轮摩托车或轻便摩托车等车型培训服务的，一级机动车驾驶员培训机构的教练车总数应不少于80辆，二级机动车驾驶员培训机构的教练车总数应不少于40辆，三级机动车驾驶员培训机构的教练车总数应不少于20辆。

9.2.2　除提供三轮汽车、普通三轮摩托车、普通二轮摩托车或轻便摩托车等车型培训服务，还提供其他车型培训服务的，机动车驾驶员培训机构的三轮汽车、普通三轮摩托车、普通二轮摩托车或轻便摩托车等车型教练车数量应不少于5辆，且其他车型教练车数量应满足9.2.1的要求。

9.3　教练车技术参数

教练车技术参数应符合下列要求：

a)　大型客车、城市公交车：车长不小于9 m的大型载客汽车；

b)　牵引车：总长不小于12 m的半挂汽车列车；

c)　中型客车：车长不小于5.8 m的中型载客汽车；

d)　大型货车：车长不小于9 m、轴距不小于5 m的重型载货汽车；

e)　小型汽车：车长不小于5 m的轻型载货汽车，或者车长不小于4 m的小型载客汽车；

f)　小型自动挡汽车：车长不小于5 m的轻型自动挡载货汽车，或者车长不小于4 m的小型自动挡载客汽车；

g)　低速载货汽车、三轮汽车：车长不小于3.3 m、轴距不小于2.3 m、轮距不小于1.3 m的载货汽车；

h)　残疾人专用小型自动挡载客汽车：应加装符合GB/T 21055的肢体残疾人驾驶汽车的操纵辅助装置，且车长不小于4 m的小型自动挡载客汽车：

1)　申请人为右下肢残疾的，应加装制动和加速迁延控制手柄或者制动和加速迁延控制踏板；

2) 申请人为双下肢残疾的，应加装转向盘控制辅助手柄、制动和加速迁延控制手柄、转向信号迁延开关，或者驻车制动辅助手柄。

i) 普通三轮摩托车：至少有4个速度挡位的普通正三轮摩托车或者普通侧三轮摩托车；

j) 普通二轮摩托车：至少有4个速度挡位的普通二轮摩托车；

k) 轮式自行机械车、无轨电车和有轨电车等其他教练车车型：外廓尺寸参数由省级道路运输管理机构确定。

9.4 教练车技术状况与配置

9.4.1 教练车的技术状况应符合 GB 7258、GB 18565 的技术要求，达到 JT/T 198 中规定的二级车以上技术条件。

9.4.2 教练车应装有副后视镜、副制动踏板、车载计时计程终端、灭火器及其他安全防护装置。

9.5 教练车标识

教练车标识应符合省级道路运输管理机构有关统一标识的要求。

10 教练场地

10.1 场地规模

机动车驾驶员培训机构的教练场地总面积与单车道总长度应满足表3的要求。

表3 机动车驾驶员培训机构的教练场地总面积与单车道总长度要求

培训机构级别	业务范围	教练场地总面积要求 m^2	单车道总长度要求 m	其他要求
一级	提供大型客车、牵引车、城市公交车、中型客车、大型货车等车型中任意一种车型驾驶培训服务的	≥70 000	≥6 800	每增加1台大型车辆[a]，应增加1 000 m^2； 每增加1台小型车辆[b]，应增加400 m^2
二级		≥57 000	≥5 500	
三级		≥47 000	≥4 500	
一级	不提供大型客车、牵引车、城市公交车、中型客车、大型货车等车型中任意一种车型驾驶培训服务的	≥33 000	≥3 200	每增加1台小型车辆[b]，应增加400 m^2
二级		≥17 000	≥1 600	
三级		≥10 000	≥1 000	

注1：教练场地总面积不包括办公场所及其他服务设施的占地面积，办公场所及其他服务设施的占地面积要求由省级道路运输管理机构确定。

注2：教练场地总面积与单车道总长度要求为最低要求，省级道路运输管理机构可根据当地实际情况适当提高要求。

注3：专门提供三轮汽车、普通三轮摩托车、普通二轮摩托车、轻便摩托车、轮式自行机械车、无轨电车、有轨电车等车型驾驶培训服务的，培训机构教练场地总面积及单车道总长度要求由省级道路运输管理机构确定。

注4：机动车驾驶员培训机构教练场地总面积要求，参照附录A的场地面积计算方法计算得出。

[a] 大型车辆包括大型客车、牵引车、城市公交车、中型客车、大型货车等车型。

[b] 小型车辆包括小型汽车、小型自动挡汽车、低速载货汽车、残疾人专用小型自动挡载客汽车等车型。

10.2 机动车驾驶员培训机构自备教练场地

10.2.1 教练场配置的训练项目设施总数量及技术要求、训练项目设施设置方式等应满足GB/T 30341—2013中5.1的要求。

10.2.2 教练场地道路路面的行车道宽度、圆曲线半径、纵向坡度及路线网等道路条件应满足GB/T 30341—2013中5.2的要求。

10.2.3 教练场内应按GB 5768.2、GB 5768.3的要求设置道路交通标志和标线，按GB 14886的要求设置交通信号灯。除专门的倒车入库、倒车移位项目训练场地外，教练场内应设置不少于1套的交通信号灯。

10.2.4 教练场应符合以下安全要求：

a) 教练场地与外界应采用物理隔离，设置安全通道，消防设施设备的配备应符合有关规定；
b) 教练场地与场外道路衔接处应具有满足CJJ 152要求的停车视距；
c) 教练场内应按人车分离的原则布置人行便道；
d) 教练场内道路与路侧场地落差超过0.5 m时，应在道路边缘设置防护设施；
e) 教练场内道路转弯、分流路口等处存在可能与车辆发生刚性碰撞的物体前，应设置有效的消能物体或设施；
f) 教练场内应配备照明设施。

10.3 租用教练场地

机动车驾驶员培训机构租用教练场地的，应租用符合附录B规定的机动车驾驶员培训经营性教练场。

11 教学设施设备

11.1 机动车驾驶员培训机构应具备计算机单机或网络教学系统，满足多媒体教学和培训学时计时管理的要求。

11.2 机动车驾驶员培训机构应使用多媒体教学软件进行理论教学。多媒体教学软件的内容应满足教学大纲的要求，并具有集文字、图片、声音、动画和视频为一体的功能。

11.3 机动车驾驶员培训机构应具备的教学设备见表4。

表4 机动车驾驶员培训机构教学设备要求

单位为台或套

设备类别	序号	设备名称	设备数量		
			一级	二级	三级
电化教学设备	1	计算机	≥30	≥20	≥10
	2	多媒体教学软件及设备	≥2	≥1	≥1
	3	教学磁板	≥1	≥1	≥1
	4	机动车驾驶模拟器[a]	≥20	≥10	≥5
	5	车辆安全带保护作用体验装置	≥1	≥1	≥1
教学管理信息系统	6	计时培训系统企业应用平台	≥1	≥1	≥1
	7	计时培训系统理论计时终端	≥1	≥1	≥1
	8	计时培训系统车载计时计程终端	按教练车数量1∶1配置		
	9	计时培训系统模拟计时终端	≥1	≥1	≥1

表 4（续）

单位为台或套

设备类别	序号	设备名称	设备数量		
			一级	二级	三级
教学挂图	10	交通信号挂图	≥2	≥1	≥1
	11	机动车结构及工作原理挂图	≥2	≥1	≥1
模型教具	12	透明或实物整车解剖模型	≥1	≥1	≥1
	13	发动机透明或解剖模型	≥1	≥1	≥1
医学救护用具	14	心肺复苏训练模拟人	≥1	≥1	≥1
	15	急救用品(包括止血带、三角巾、固定夹板、包扎纱布及汽车急救包等)	≥1	≥1	≥1
注：提供三轮汽车、普通三轮摩托车、普通二轮摩托车、轻便摩托车、无轨电车、有轨电车和轮式自行机械车等车型驾驶培训服务的，专用教学设备由省级道路运输管理机构确定。					
[a] 汽车驾驶培训模拟器应满足 JT/T 378 的要求。					

12 办公场所及教室

12.1 机动车驾驶员培训机构应有与教练场地一体化设计或独立的办公场所，办公场所应有足够的办公用房、前厅或服务台。在经营时间内，应有接待人员提供问询、报名服务。

12.2 机动车驾驶员培训机构应在前厅或服务台显著位置公示经营许可证、教学大纲、学驾流程、收费项目和标准、教练场地和教练员、服务规范、安全管理措施、招生(站)点、预约和投诉电话等信息。

12.3 机动车驾驶员培训机构应设置多媒体理论教室、模拟驾驶训练教室、计算机教室、教具教室和档案室，教室面积要求见表 5。

表 5 教室面积要求

单位为平方米

教室类型		面积要求
多媒体理论教室[a]	单间	≥50
	人均	≥1.2
模拟驾驶训练教室		≥30
计算机教室		≥40
教具教室		≥30
档案室		≥20
[a] 理论培训每班次人数不得超过 120 人。		

12.4 各类教室采光、通风、照明条件和消防设施、设备的配备应符合有关规定。

13 服务及其他设施

13.1 机动车驾驶员培训机构应在教学区域提供教练员和学员休息场所、休息座椅，设有卫生、饮水设施及采暖、制冷设备。

13.2 机动车驾驶员培训机构应提供网络(电话)预约、学员自主选择教练员、学员对教练员进行教学评价及网络(电话)投诉等服务。

13.3 机动车驾驶员培训机构应具有符合GA/T 963要求的图板橱窗或实物展台、警示教育活动室等交通安全宣传教育设施。

13.4 机动车驾驶员培训机构的教学区域、生活区域、训练道路两侧及场内空地应进行绿化布置。教练场地绿化率应符合国家和地方的相关规定。

13.5 一级机动车驾驶员培训机构应提供餐饮、图书阅读室和上网等服务,应配备紧急救护药品和设备,应配备车辆外部清洗等设施、设备。

13.6 为残疾人提供驾驶培训服务的,应在办公区域、教学区域和生活区域设置符合GB 50763要求的无障碍设施和无障碍标志。

附 录 A
（资料性附录）
机动车驾驶员培训机构教练场地面积计算方法

A.1 教练场地总面积

教练场地总面积按式(A.1)计算。

$$S_c=(S_1+S_2)/\eta \qquad \cdots\cdots(A.1)$$

式中：

S_c ——教练场地总面积，单位为平方米(m^2)；

S_1 ——场内训练项目设施总面积，单位为平方米(m^2)；

S_2 ——场内训练道路总面积，单位为平方米(m^2)；

η ——教练场地利用率，平原地区应大于60%，丘陵地区应大于40%。

A.2 场内训练项目设施总面积

场内训练项目设施总面积按式(A.2)计算。

$$S_1 \geqslant \sum(\alpha_i \times n_i)+\sum(1.5 \times \delta_i \times \beta_i \times m_i) \qquad \cdots\cdots(A.2)$$

式中：

α_i ——单个训练项目设施的面积，单位为平方米每项(m^2/项)，见表A.1；

n_i ——不同车型对应的训练项目设施的数量(见10.2.1)，单位为项；

δ_i ——相应车型教练车长度，单位为米(m)；

β_i ——场内训练项目之间缓冲路段的行车道宽度，单位为米(m)；

m_i——场内训练项目之间缓冲路段的数量，单位为段。

表A.1 不同车型对应的训练项目设施的面积 单位为平方米每项

序号	项目名称	单个训练项目设施的面积			
		小型汽车、小型自动挡汽车、低速载货汽车、残疾人专用小型自动挡载客汽车	大型客车、城市公交车、大型货车	牵引车	中型客车
1	倒车入库	200	—	—	—
2	倒车移位	—	1 100	500	500
3	侧方停车	90	220	300	140
4	停靠站台	—	560	—	520
5	停靠货台	—	250	450	—
6	坡道定点停车和起步	200	260	260	260
7	曲线行驶	230	580	580	360
8	直角转弯	50	200	350	100

表 A.1（续）

单位为平方米每项

序号	项目名称	单个训练项目设施的面积			
		小型汽车、小型自动挡汽车、低速载货汽车、残疾人专用小型自动挡载客汽车	大型客车、城市公交车、大型货车	牵引车	中型客车
9	通过单边桥	—	140	250	100
10	通过限宽门	—	380	500	250
11	通过连续障碍路	—	380	290	300
12	起伏路行驶	—	40	60	30
13	模拟高速公路	—	5 500		
14	模拟连续急弯山区路	—	6 700		
15	窄路掉头	—	180	420	180
16	模拟隧道	—	900	900	900
17	模拟雨(雾)天湿滑路	—	360	360	360

A.3 场内训练道路总面积

场内训练道路总面积按式(A.3)计算。

$$S_2 \geqslant \sum(\kappa_i - 1) \times \gamma_i \times d \times b \qquad \cdots\cdots(A.3)$$

式中：

κ_i ——各车型教练车数量，单位为辆；

γ_i ——不同车型教练车使用系数，大型客车、牵引车、城市公交车、中型客车、大型货车为60%，其他车型教练车为50%；

d ——教练车平均车头间距，单位为米(m)，应不小于50 m；

b ——车道宽度，单位为米(m)。

附 录 B
(规范性附录)
机动车驾驶员培训经营性教练场资格条件

B.1 主体资格

机动车驾驶员培训经营性教练场应具有独立企业法人资格。

B.2 组织机构

机动车驾驶员培训经营性教练场应设置经营管理、训练秩序管理、安全管理、设施设备管理及档案管理等部门。

B.3 管理制度

机动车驾驶员培训经营性教练场应建立并实施健全的管理制度,见表 B.1。

表 B.1 机动车驾驶员培训经营性教练场管理制度要求

序号	管理制度名称	内容要求
1	经营管理制度	应包括合同管理、收费管理、档案管理和统计信息报送等
2	训练秩序管理制度	应包括车辆入场管理、教学现场管理等,并建立纸质和电子档案
3	安全生产责任制度	应包括 24 h 值班、入场训练安全告知、安全教育、场地安全监控、安全检查、隐患排除、重大事故报告和安全责任等,并建立纸质和电子档案
4	设施设备管理制度	应包括场地训练设施设备、安全通道与消防、供水、电力、照明和绿化等设施设备的使用、检查、维修和更新等,并建立纸质和电子档案
5	应急管理制度	应包括教学安全事故、火灾、恶劣天气和自然灾害、治安事件等突发事件应急预案

B.4 岗位及人员

B.4.1 机动车驾驶员培训经营性教练场应设立教练场负责人、训练秩序管理、安全管理和设施设备管理等岗位,制定相应的岗位职责,配备相应的人员,并按相关规定签订劳动合同。

B.4.2 教练场负责人应熟悉机动车驾驶培训业务,具备企业经营管理能力,持有道路运输经理人资格证。

B.4.3 训练秩序管理人员应熟悉机动车驾驶培训业务,具备场地运行管理能力,至少配备 2 人。

B.4.4 安全管理人员应经过安全管理知识培训,至少配备 2 人。

B.5 教练场地

B.5.1 机动车驾驶员培训经营性教练场的场地面积与单车道总长度应满足表 B.2 的要求。

表 B.2 机动车驾驶员培训经营性教练场的场地面积与单车道总长度要求

业务范围	教练场地面积要求 m^2	单车道总长度要求 m	其他要求
提供大型客车、牵引车、城市公交车、中型客车和大型货车等车型中任意一种车型驾驶培训服务的	≥100 000	≥9 700	每增加1台大型车辆[a]，应增加1 000 m^2； 每增加1台小型车辆[b]，应增加400 m^2
不提供大型客车、牵引车、城市公交车、中型客车和大型货车等车型中任意一种车型驾驶培训服务的	≥54 000	≥5 200	每增加1台小型车辆[b]，应增加400 m^2

注1：教练场地面积不包括办公场所及其他服务设施的占地面积，办公场所及其他服务设施的占地面积要求由省级道路运输管理机构确定。

注2：上述教练场地总面积与单车道总长度要求为最低要求，省级道路运输管理机构可根据当地实际情况适当提高要求。

注3：机动车驾驶员培训经营性教练场的场地面积要求，参照GB/T 30341—2013中附录A的场地面积计算方法计算得出。

[a] 大型车辆包括大型客车、牵引车、城市公交车、中型客车、大型货车等车型。

[b] 小型车辆包括小型汽车、小型自动挡汽车、低速载货汽车、残疾人专用小型自动挡载客汽车等车型。

B.5.2 机动车驾驶员培训经营性教练场的场地训练项目设施、设备及道路条件应满足GB/T 30341的要求。

B.6 办公、教学与服务设施

机动车驾驶员培训经营性教练场的办公、教学与服务设施应满足GB/T 30341的要求。

B.7 安全、环境条件

机动车驾驶员培训经营性教练场的安全与环境条件应满足GB/T 30341的要求。

ICS 03.220.20
R 10

中华人民共和国国家标准

GB/T 30341—2013

机动车驾驶员培训教练场技术要求

Specifications of vehicle drivers training site

2013-12-31 发布 2014-06-01 实施

中华人民共和国国家质量监督检验检疫总局
中国国家标准化管理委员会 发布

前 言

本标准按照 GB/T 1.1—2009 给出的规则起草。

本标准由中华人民共和国交通运输部提出。

本标准由全国道路运输标准化技术委员会(SAC/TC 521)归口。

本标准负责起草单位:交通运输部公路科学研究院。

本标准参加起草单位:江苏省交通运输厅运输管理局、安徽省公路运输管理局、四川省交通运输厅道路运输管理局、河南省交通运输厅道路运输局、长安大学。

本标准主要起草人:曾诚、蔡凤田、刘家欣、刘莉、窦秋月、殷国祥、王生昌、韦勇、施溢源、顾敏、杨家齐、张学文。

机动车驾驶员培训教练场技术要求

1 范围

本标准规定了机动车驾驶员培训教练场的场地规模，场地训练项目设施、设备及道路条件，办公、教学与服务设施，安全条件，环境条件等基本要求。

本标准适用于从事机动车驾驶员培训的教练场。

2 规范性引用文件

下列文件对于本文件的应用是必不可少的。凡是注日期的引用文件，仅注日期的版本适用于本文件。凡是不注日期的引用文件，其最新版本(包括所有的修改单)适用于本文件。

GB 5768.2 道路交通标志和标线 第2部分：道路交通标志

GB 5768.3 道路交通标志和标线 第3部分：道路交通标线

GB 14886 道路交通信号灯设置与安装规范

GB 50763 无障碍设计规范

CJJ 152 城市道路交叉口设计规程

GA/T 963 交通安全宣传教育设施设置规范

JGJ 100 汽车库建筑设计规范

JTG B01 公路工程技术标准

3 术语和定义

下列术语和定义适用于本文件。

3.1

机动车驾驶员培训教练场 vehicle drivers training site

为机动车驾驶学员提供教练场地、配套设施设备等进行驾驶训练的教练场所。

4 场地规模

4.1 机动车驾驶员培训教练场的训练场地建设规模应根据预定的训练规模确定。机动车驾驶员培训教练场的教练场地面积计算方法参见附录A。

4.2 机动车驾驶员培训教练场的最小训练规模应达到教练车总数不少于100辆。

注：教练车总数中不包含三轮汽车、普通三轮摩托车、普通二轮摩托车和轻便摩托车等车型教练车。

5 场地训练项目设施、设备及道路条件

5.1 场地训练项目设施条件

5.1.1 教练场配置的训练项目设施总数量及技术要求应分别符合附录B和附录C的要求。教练场可根据培训车型训练的实际需要，按照相关要求增加其他训练项目设施。

5.1.2 项目衔接处应设置缓冲路段，一般应大于1.5倍训练车长。

5.1.3 训练项目场地路面应压实、平整和硬化。

5.1.4 训练项目应设置明显的项目名称指引标志。

5.2 场地道路条件

5.2.1 训练道路应按JTG B01的要求建设。

5.2.2 单车道训练道路的路基路面按不低于四级公路建设，行车道宽度不小于3.5 m（不提供大型客车、牵引车、城市公交车、中型客车和大型货车等车型驾驶培训服务的，行车道宽度不小于3.25 m），圆曲线半径不小于30 m。

5.2.3 双车道训练道路的路基路面按不低于三级公路建设，行车道宽度不小于6.5 m（不提供大型客车、牵引车、城市公交车、中型客车和大型货车等车型驾驶培训服务的，行车道宽度不小于6.0 m），圆曲线半径不小于65 m。

5.2.4 除训练项目路段外，容易发生积雪或冰冻情形的场内道路坡度应不大于3.5%，其他地区场内道路坡度应不大于6%。

5.2.5 训练道路应充分利用地形，形成多种复杂的路型、路况。并行的训练道路之间应设置安全隔离设施。

5.2.6 训练道路应形成多条道路相互联通的循环路线网，增加路线交叉点和汇合点。应设置符合CJJ 152要求的十字形、T字形、环形及模拟道路与铁路交叉口等道路交叉口至少各1个，也可设置互通式立体交叉。

5.3 交通信号

5.3.1 训练场内应设置符合GB 5768.2要求的交通标志，包括警告标志、禁令标志、指示标志和辅助标志等。

5.3.2 训练场内应设置符合GB 5768.3要求的交通标线，包括指示标线、禁止标线和警告标线等。

5.3.3 训练场内应按GB 14886的要求设置不少于2套交通信号灯。

5.4 停车场

5.4.1 停车位应按JGJ 100的要求设计。

5.4.2 停车场应靠近综合服务区域，停车场总面积应满足全部训练车辆同时停放的要求。

5.4.3 停车场应压实、平整和硬化。

6 办公、教学与服务设施

6.1 教练场应有足够的办公、教学和生活用房，应设有卫生、饮水设施及采暖、制冷设备。

6.2 教练场应提供相应的餐饮、教练员与学员休息场所等设施。

6.3 教练场应配备与其训练规模相适应的汽车维修场所、车辆外部清洗等设施、设备。

6.4 教练场应具有符合GA/T 963要求的图板橱窗或实物展台、警示教育活动室等交通安全宣传教育设施。

6.5 为残疾人提供驾驶训练服务的，应在办公区域、教学区域和生活区域设置符合GB 50763要求的无障碍设施和无障碍标志。

7 安全条件

7.1 教练场应设置封闭设施，教练场地与办公、教学和生活等区域之间应有隔离设施，并设有专人看守的通行口。

7.2 教练场应满足以下安全要求：

a) 教练场地与场外道路衔接处应具有满足 CJJ 152 要求的停车视距；

b) 教练场内应按人车分离的原则布置人行通道；

c) 教练场内道路与路侧场地落差超过 0.5 m 时，应在道路边缘设置防护设施；

d) 教练场内道路转弯、分流路口等处存在可能与车辆发生刚性碰撞的物体前，应设置有效的消能物体或设施；

e) 教练场内应配备照明设施和监控设施、设备。

7.3 教练场应配备紧急救护药品和设备。

8 环境条件

教练场的教学区域、生活区域、训练道路两侧及场内空地应进行绿化布置。教练场地绿化率应符合国家和地方的相关规定。

附 录 A
（资料性附录）
机动车驾驶员培训教练场场地面积计算方法

A.1 教练场地总面积

教练场地总面积按式(A.1)计算。

$$S_c = (S_1 + S_2 + S_3)/\eta \qquad \cdots\cdots(A.1)$$

式中：

S_c ——教练场总面积，单位为平方米(m^2)；

S_1 ——场内训练项目设施总面积，单位为平方米(m^2)；

S_2 ——场内训练道路总面积，单位为平方米(m^2)；

S_3 ——停车场总面积，单位为平方米(m^2)；

η ——教练场地利用率，平原地区应大于60%，丘陵地区应大于40%。

A.2 场内训练项目设施总面积

场内训练项目设施总面积按式(A.2)计算。

$$S_1 \geqslant \sum(\alpha_i \times n_i) + \sum(1.5 \times \delta_i \times \beta_i \times m_i) \qquad \cdots\cdots(A.2)$$

式中：

α_i ——单个训练项目设施的面积，单位为平方米每项(m^2/项)，见表A.1；

n_i ——不同车型对应的训练项目设施的数量(见附录B)，单位为项；

δ_i ——相应车型教练车长度，单位为米(m)；

β_i ——场内训练项目之间缓冲路段的行车道宽度，单位为米(m)；

m_i ——场内训练项目之间缓冲路段的数量，单位为段。

表A.1 不同车型对应的训练项目设施的面积 单位为平方米每项

序号	项目名称	单个训练项目设施的面积			
		小型汽车、小型自动挡汽车、低速载货汽车、残疾人专用小型自动挡载客汽车	大型客车、城市公交车、大型货车	牵引车	中型客车
1	倒车入库	200	—	—	—
2	倒车移位	—	1 100	500	500
3	侧方停车	90	220	300	140
4	停靠站台	—	560	—	520
5	停靠货台	—	250	450	—
6	坡道定点停车和起步	200	260	260	260
7	曲线行驶	230	580	580	360

表 A.1（续）

单位为平方米每项

序号	项目名称	单个训练项目设施的面积			
		小型汽车、小型自动挡汽车、低速载货汽车、残疾人专用小型自动挡载客汽车	大型客车、城市公交车、大型货车	牵引车	中型客车
8	直角转弯	50	200	350	100
9	通过单边桥	—	140	250	100
10	通过限宽门	—	380	500	250
11	通过连续障碍路	—	380	290	300
12	起伏路行驶	—	40	60	30
13	模拟高速公路	—	5 500		
14	模拟连续急弯山区路	—	6 700		
15	窄路掉头	—	180	420	180
16	模拟隧道	—	900	900	900
17	模拟雨(雾)天湿滑路	—	360	360	360

A.3 场内训练道路总面积

场内训练道路总面积按式(A.3)计算。

$$S_2 \geqslant \sum (\kappa_i - 1) \times \gamma_i \times d \times b \qquad \cdots\cdots\cdots\cdots(A.3)$$

式中：

κ_i ——各车型教练车数量，单位为辆；

γ_i ——不同车型教练车使用系数，大型客车、牵引车、城市公交车、中型客车、大型货车为85%，其他车型教练车为100%；

b ——车道宽度，单位为米(m)；

d ——教练车平均车头间距，单位为米(m)，应不小于50 m。

A.4 停车场总面积

停车场总面积按式(A.4)计算。

$$S_3 = \kappa_i \times S_4 \qquad \cdots\cdots\cdots\cdots(A.4)$$

式中：

κ_i ——各车型教练车数量，单位为辆；

S_4——单车停占面积，按3倍教练车投影面积计算，单位为平方米(m^2)。

附 录 B
（规范性附录）
教练场训练项目设施配置要求

B.1 小型汽车(C1)、小型自动挡汽车(C2)、低速载货汽车(C3)、残疾人专用小型自动挡载客汽车(C5)驾驶训练项目设施配置要求

提供C1、C2、C3、C5准驾车型驾驶培训服务的，教练场训练项目设施配置要求见表B.1。

表B.1 C1、C2、C3、C5准驾车型驾驶训练项目设施配置要求

序号	训练项目设施名称	设施配置数量
1	倒车入库	训练车数量小于或等于5辆时，设置1个；大于5辆时，每超过5辆增设1个
2	坡道定点停车和起步	训练车数量小于或等于20辆时，设置1个；大于20辆时，每超过20辆增设1个
3	侧方停车	训练车数量小于或等于5辆时，设置1个；大于5辆时，每超过5辆增设1个
4	曲线行驶	训练车数量小于或等于40辆时，设置1个；大于40辆时，每超过40辆增设1个
5	直角转弯	训练车数量小于或等于40辆时，设置1个；大于40辆时，每超过40辆增设1个
6	模拟城市街道	不少于1段

B.2 大型客车(A1)、牵引车(A2)、城市公交车(A3)、中型客车(B1)、大型货车(B2)驾驶训练项目设施配置要求

提供A1、A2、A3、B1、B2准驾车型驾驶培训服务的，教练场训练项目设施配置要求见表B.2。

表B.2 A1、A2、A3、B1、B2准驾车型驾驶训练项目设施配置要求

序号	训练项目设施名称	设施配置数量
1	倒车移位	训练车数量小于或等于4辆时，设置1个；大于4辆时，每超过4辆增设1个
2	坡道定点停车和起步	训练车数量小于或等于20辆时，设置1个；大于20辆时，每超过20辆增设1个
3	侧方停车	训练车数量小于或等于5辆时，设置1个；大于5辆时，每超过5辆增设1个
4	曲线行驶	训练车数量小于或等于40辆时，设置1个；大于40辆时，每超过40辆增设1个

表 B.2（续）

序号	训练项目设施名称	设施配置数量
5	直角转弯	训练车数量小于或等于 40 辆时，设置 1 个；大于 40 辆时，每超过 40 辆增设 1 个
6	通过单边桥	训练车数量小于或等于 20 辆时，设置 1 个；大于 20 辆时，每超过 20 辆增设 1 个
7	通过限宽门	训练车数量小于或等于 80 辆时，设置 1 个；大于 80 辆时，每超过 80 辆增设 1 个
8	通过连续障碍路	训练车数量小于或等于 20 辆时，设置 1 个；大于 20 辆时，每超过 20 辆增设 1 个
9	起伏路行驶	训练车数量小于或等于 80 辆时，设置 1 个；大于 80 辆时，每超过 80 辆增设 1 个
10	窄路掉头	训练车数量小于或等于 10 辆时，设置 1 个；大于 10 辆时，每超过 10 辆增设 1 个
11	模拟高速公路	不少于 1 段
12	模拟连续急弯山区路	不少于 1 段
13	模拟隧道	不少于 1 段
14	模拟雨(雾)天湿滑路	不少于 1 段
15	停靠站台[a]	训练车数量小于或等于 40 辆时，设置 1 个；大于 40 辆时，每超过 40 辆增设 1 个
16	停靠货台[b]	训练车数量小于或等于 40 辆时，设置 1 个；大于 40 辆时，每超过 40 辆增设 1 个

[a] 该训练项目设施仅适合大型客车、城市公交车、中型客车等车型驾驶训练。

[b] 该训练项目设施仅适合牵引车、大型货车等车型驾驶训练。

B.3 三轮汽车(C4)、普通三轮摩托车(D)、普通二轮摩托车(E)和轻便摩托车(F)驾驶训练项目设施配置要求

提供 C4、D、E、F 准驾车型驾驶培训服务的，教练场训练项目设施配置要求见表 B.3。

表 B.3 C4、D、E、F 准驾车型驾驶训练项目设施配置要求

序号	训练项目设施名称	设施配置数量
1	曲线穿桩	训练车数量小于或等于 40 辆时，设置 1 个；大于 40 辆时，每超过 40 辆增设 1 个
2	坡道定点停车和起步	训练车数量小于或等于 40 辆时，设置 1 个；大于 40 辆时，每超过 40 辆增设 1 个
3	通过单边桥	训练车数量小于或等于 10 辆时，设置 1 个；大于 10 辆时，每超过 10 辆增设 1 个

附　录　C
（规范性附录）
教练场训练项目设施技术要求

机动车驾驶培训经营性教练场设置的训练项目设施的技术要求见表 C.1。

表 C.1　机动车驾驶培训经营性教练场训练项目设施技术要求

序号	名称	设置方法与技术要求	图　示	备注
1	倒车入库	利用标线设置模拟车位； 车位：长 L 为车长加 0.7 m，宽 W 为车宽加 0.6 m； 车位外边线与左右控制线的距离 h 均为 1.5 倍车长； 行车道宽 S 为 1.5 倍车长	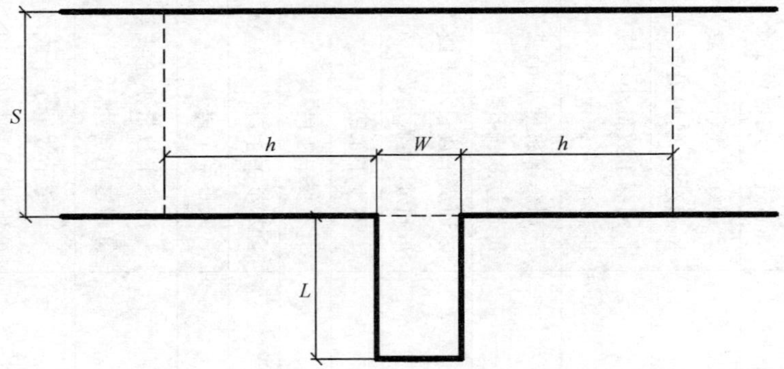	
2	倒车移位	利用桩杆和标线设置模拟车位； 甲、乙车位：长 L 为 2 倍车长，前驱动车为 2 倍车长加 0.5 m；宽 W 为车宽加 0.7 m； 甲、乙车位外边线与起止线的距离 h 均为 1.5 倍车长； 行车道宽 S 为 1.5 倍车长	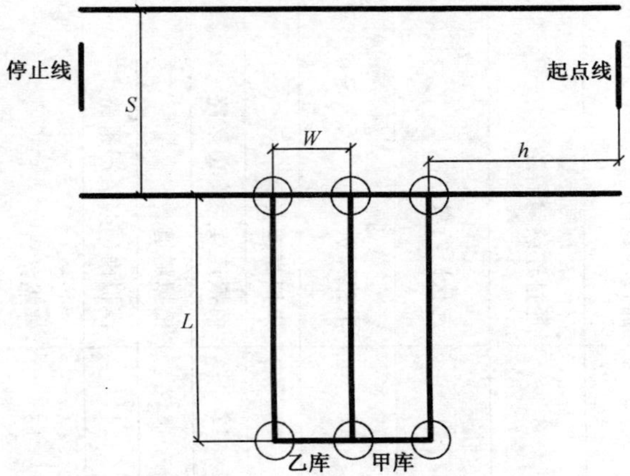	适用于大型客车、城市公交车、中型客车、大型货车

表 C.1（续）

序号	名称	设置方法与技术要求	图示	备注
2	倒车移位	利用桩杆和标线设置模拟车位； 甲、乙车位：长 L 为整车长加 1 m，宽 W 为1.5 倍整车宽； 甲、乙车位之间的距离 h 为 2 倍整车长； 行车道宽 S 为 3 倍车宽	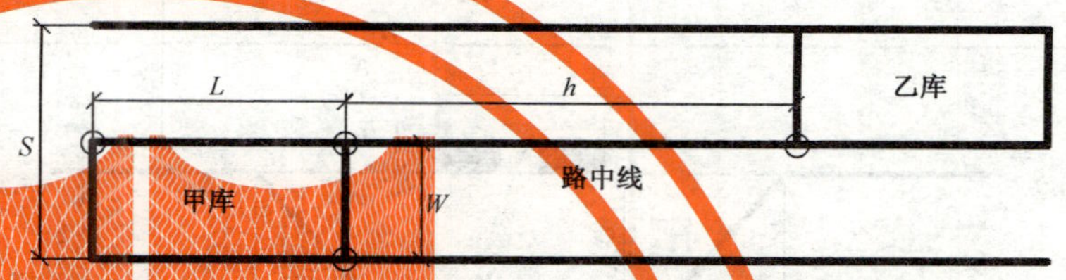	适用于牵引车
3	曲线穿桩	利用桩杆和标线设置桩位； 1～5 桩杆位于同一直线上； 桩杆纵向间距 L 为车长加 0.4 m～0.8 m； 桩与边线的距离 S 为车宽加 0.3 m； 起终点线距最近一根桩杆的距离 h 均为2 倍～3 倍车长	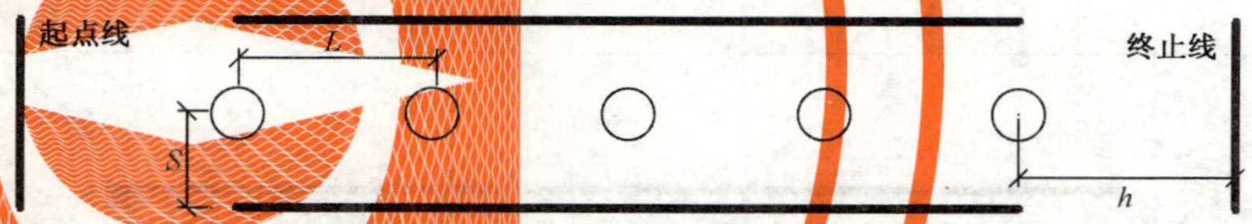	适用于三轮汽车、普通三轮摩托车、普通二轮摩托车和轻便摩托车
4	侧方停车位	利用标线在道路右侧设置模拟车位； 车位长 L：大型客车为 1.5 倍车长减 1 m，小型汽车、小型自动挡汽车、残疾人专用小型自动挡载客汽车、低速载货汽车为 1.5 倍车长加 1 m，其他车辆为 1.5 倍车长； 车位宽 W 为车宽加 0.8 m； 行车道宽 S 为 1.5 倍车宽加 0.8 m		

表 C.1（续）

序号	名称	设置方法与技术要求	图　示	备注
5	斜位停车位	利用标线设置斜位停车位，每 4 个～6 个车位为一组； 车位：长 L 为 1.5 倍车长，宽 W 为车宽加 0.6 m； 车位与道路的倾角 β 为 45°～60°； 行车道宽 S 不小于 1.5 倍车长	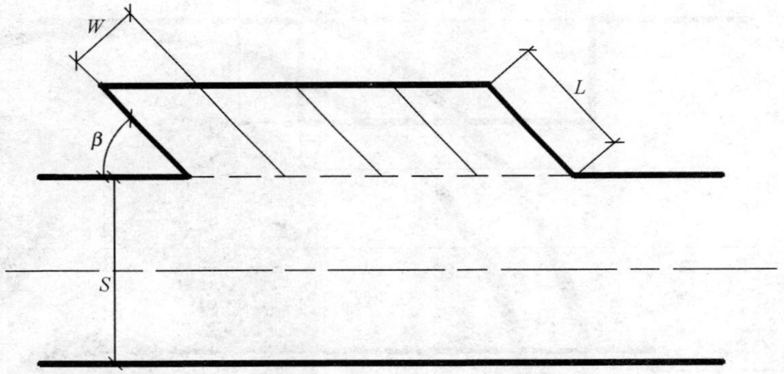	
6	停靠站台	利用标线在道路右侧设置梯形停车带； 梯形：顶边长 L_1 为 20 m，斜边投影长 L_2 为 10 m，高 L_3 为 3.5 m；沿道路边缘线施划停车线模拟隔离带 A，隔离带长 L_4 为 10 m、宽 L_5 为 0.5 m； 行车道宽 S 不小于 7 m	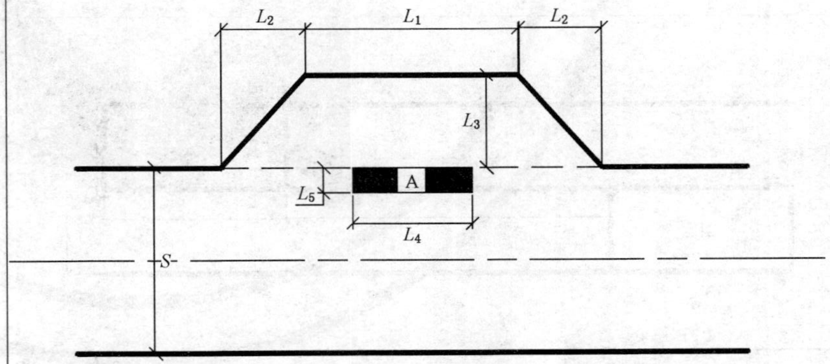	适用于大型客车、城市公交车、中型客车

表 C.1（续）

序号	名称	设置方法与技术要求	图　示	备注
7	停靠货台	在道路右侧设置模拟货台； 货台：长度 L 为 3 m，宽度 W 为 0.5 m，高度为 1.2 m～1.3 m，应与货车车厢底板持平； 货台外边线与左右线的距离 h 均为 1.5 倍车长； 行车道宽 S 为 1.5 倍车长	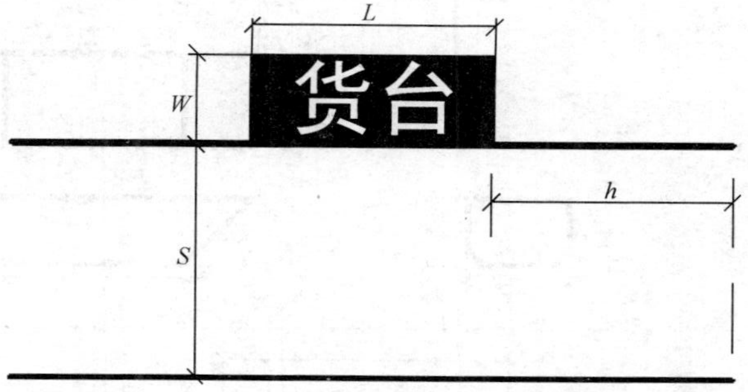	适用于牵引车、大型货车
8	坡道定点停车和起步	在训练道路上设置上坡起步坡道，坡道坡度路段上端处设起点标线，起点标线为单停车线实线； 定点停车停车点位处设停车让行标志、标线； 停车标线内侧设停车控制线，设置位置应在坡底向上 1.5 倍车长以上、坡顶缓坡以下； 坡道坡度 i 为 10%； 坡道长 L_1：大型客车、牵引车、城市公交车、中型客车、大型货车不小于 30 m，小型汽车、小型自动挡汽车、残疾人专用小型自动挡载客汽车、低速载货汽车不小于 20 m，普通三轮摩托车、普通二轮摩托车、轻便摩托车不小于 8 m； 竖曲线半径 R 不小于 30 m； 停车点两侧施划停车控制线的距离 L_2 为 0.65 m； 行车道宽 S 不小于 3.5 m	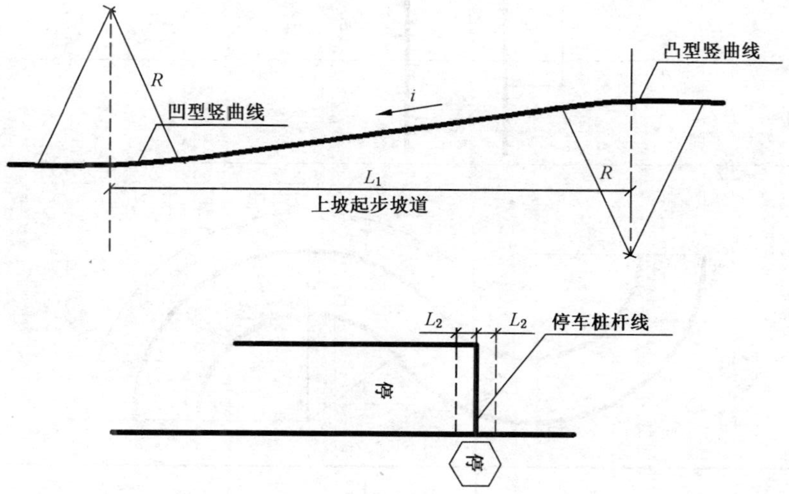	

表 C.1（续）

序号	名称	设置方法与技术要求	图　　示	备注
9	曲线行驶	设置连续圆弧曲线路； 外圆半径 R：大型客车、牵引车、城市公交车、大型货车为 12 m，中型客车、低速载货汽车为 9.5 m，其他车辆为 7.5 m； 弧长 L 为 3/8 圆周长； 行车道宽 S：大型客车、城市公交车、大型货车为 4 m，牵引车为 7 m，中型客车、低速载货汽车为 3.7 m，其他车辆为 3.5 m	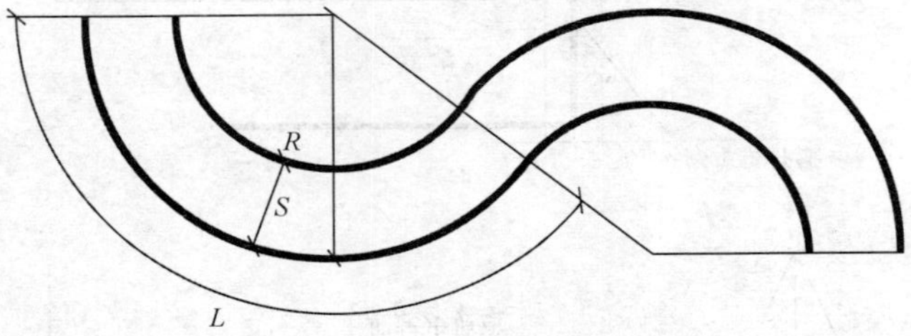	
10	直角转弯	直角弯路长 L 不小于 1.5 倍车长； 行车道宽 S：小型汽车、小型自动挡汽车、残疾人专用小型自动挡载客汽车、低速载货汽车为轴距加 1 m，牵引车为前轴距加 4 m，其他车辆为轴距加 0.5 m	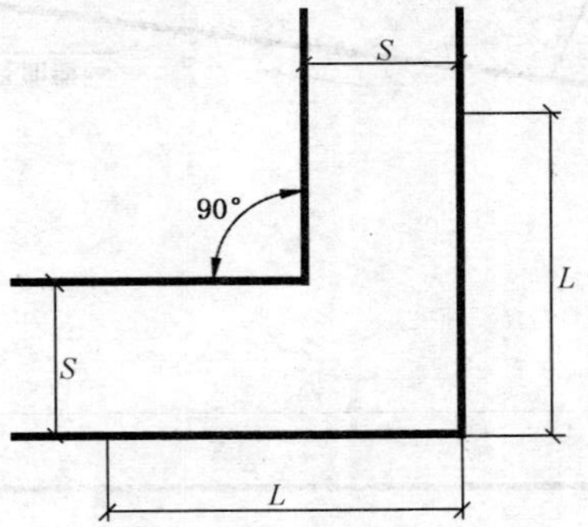	
11	通过单边桥	在平直道路上顺车道设置相互错位的单边桥； 桥：桥面长度 L_1 为 1.5 倍车辆轴距，桥高 L_2 为 0.07 m～0.12 m，桥宽 L_3 为 0.2 m； 左右桥横向间距 L_4 为车辆轮距加 1m； 左右桥纵向间距 L_5：牵引车为 2 倍轴距，三轮汽车为 3 倍轴距，其他车辆为 2.5 倍轴距； 桥面斜坡长 L_6 为 0.5 m～1.7 m； 桥面直角适度倒角	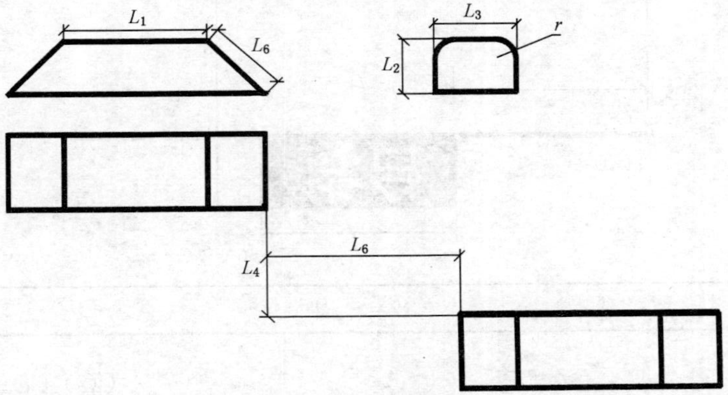	

表 C.1（续）

序号	名称	设置方法与技术要求	图　示	备注
12	通过 限宽门	在平直道路上设置若干等距、相互错位的桩杆或悬杆模拟限宽门，每 3 个门为 1 组； 限宽门宽 W 为车宽加 0.7 m； 相邻两限宽门间距 L 为 3 倍车长，且横向交错 1 个门宽，相间 2 门应位于同一轴线上； 行车道宽 S 不小于 7 m	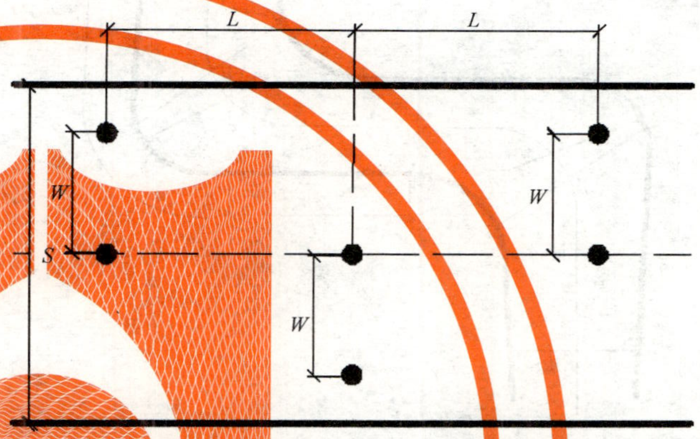	
13	通过 连续 障碍路	在平直道路上设置若干等距、相互错位的圆饼模拟障碍物； 圆饼数量：牵引车设置 3 个圆饼，其他车辆设置 6 个圆饼； 圆饼：直径 d 为 0.7 m，高 h 为 0.1 m； 圆饼间距 L_1：大型客车、城市公交车、大型货车为 2 倍轴距（车辆最前轮轴至最后轮轴的距离），牵引车为 1.5 倍轴距（牵引车前轴至挂车最后轴的距离），其他车辆为 2.5 倍车辆轴距； B、C、D、E 圆饼中心点偏离道路中心线距离 L_2 为 1 m； 行车道宽 S 不小于 7 m	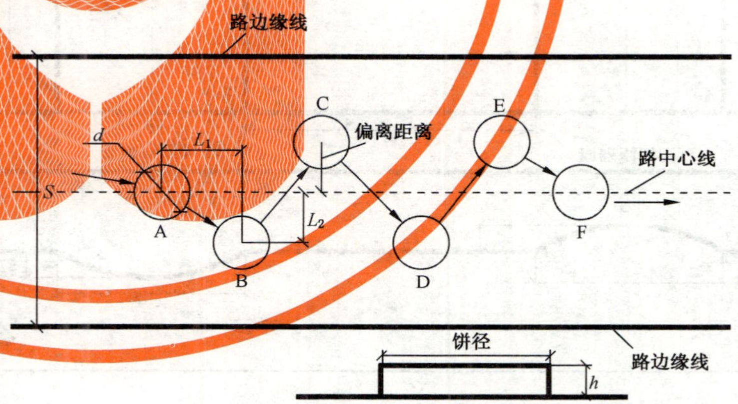	

表 C.1（续）

序号	名称	设置方法与技术要求	图示	备注
14	起伏路行驶	在平直道路上设置横向设置圆弧形凸埂和段沟； 凹凸路引道及间距长度 L_1 大于车辆的1.5倍轴距； 凸埂高和段沟深 L_2 为 0.06 m～0.12 m； 凸埂及段沟长度 L_3 为车轮直径加 0.6 m； 行车道宽 S 不小于 3.5 m； 设置路面不平警告标志	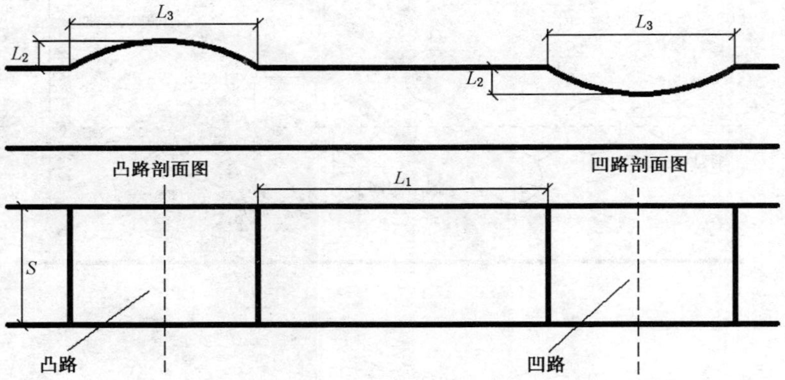	
15	模拟连续急弯山区路	设置连续 2 个以上方向不同的急弯，可根据场地情况设置为 S 形或 U 形； 外圆半径 R 为 40 m～60 m； 弯道宽 W_1 为 9 m～10 m； 直线行车道宽 W_2 为 7 m； 弯道间距 L_1 为 0 m～30 m； 弯道外缘弧长 $\hat{L}$ 不小于 1/3 圆周； 引道长 S 不小于 50 m； 纵坡为 3%～5%，弯道超高为 2%； 设置前方连续弯路标志、限速标志等，道路直线段设置中心黄色单虚线，弯道段设置中心黄色单实线	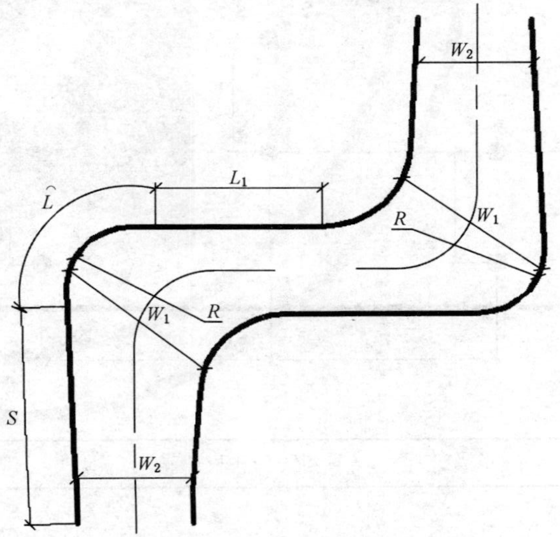	

表 C.1（续）

序号	名称	设置方法与技术要求	图示	备注
16	模拟高速公路	沿场地外沿设置环道或者利用场地主干路模拟高速公路； 模拟高速公路直线路段长不小于 400 m，圆曲线半径不小于 100 m；同向不少于两车道，车道宽度为 3.75 m；有条件的可设置应急停车带，宽度为3.5 m；设置专用入口、出口匝道及起、落杆设施； 设置入口指示标志，分道限速标志、地面限速标识，出口预告标志、出口指示标志、出口匝道限速标志等标志和标线，有条件的可设置可变信息牌	—	
17	窄路掉头	窄路掉头路段直线长：牵引车不小于 30 m，其他车辆不小于 20 m； 窄路掉头行车道宽：牵引车为 14 m，其他车辆为 9 m； 窄路掉头路段车头驶抵方向侧向净空取值不小于 2 m，车尾倒车方向侧向净空取值不小于 4 m	—	
18	模拟隧道	在道路的上部空间设置遮阳设施模拟隧道； 隧道设置为直线时，长度不小于 100 m；设置为弯道时，长度不小于 60 m，圆曲线半径不小于 50 m； 隧道净空高度 h 为 4.2 m，车道宽度不小于 3.5 m，左右侧侧向宽度 L 均为 0.5 m；设置为弯道时，弯道超高为 2%，行车道宽度 S 应增加 1.5 m； 隧道内无照明，其最暗处白天照度不高于 50 lx； 设置隧道警告标志、隧道开车灯标志、限速标志、禁止超车标志等	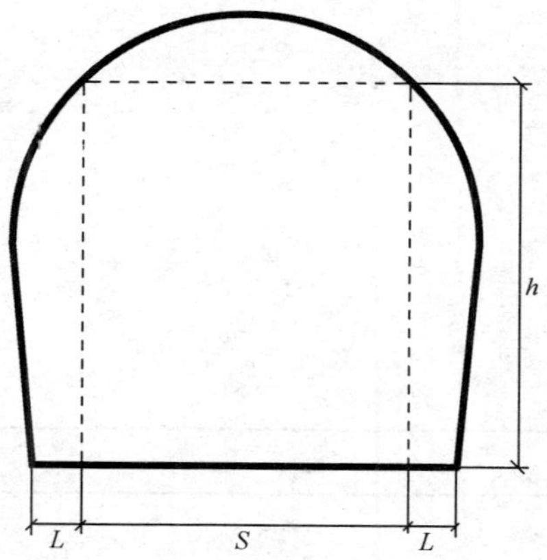	

表 C.1（续）

序号	名称	设置方法与技术要求	图　示	备注
19	模拟雨（雾）天湿滑路	在道路的上部空间设置喷淋设施模拟雨（雾）天及湿滑路面； 模拟湿滑路面附着系数不大于 0.3，车道宽不小于 4 m，左右侧向宽度均为 1 m，模拟雨天路段长不小于 30 m，模拟雾天路段长不小于 30 m； 湿滑路面外侧设置对车辆无损的安全防护设施； 设置易滑警告标志、限速标志等	—	
20	模拟城市街道	在教练场内设置人行横道、交叉路口、注意儿童、铁路道口、公交站点等标志和标线，设置模拟公交车站内行人突然横穿道路的设施、设备	—	

注：车宽是指不含后视镜的车身宽度。

ICS 03.080.01
A 20

中华人民共和国国家标准

GB/T 30342—2013

二手货 分类

Classification for the second-hand goods

2013-12-31 发布 2014-07-01 实施

中华人民共和国国家质量监督检验检疫总局
中国国家标准化管理委员会 发布

前 言

本标准按照 GB/T 1.1—2009 给出的规则起草。

本标准由全国二手货标准化技术委员会(SAC/TC 440)归口。

本标准起草单位:中国旧货业协会、广州市同利实业有限公司、南京友和生产资料市场有限公司。

本标准主要起草人:曾建生、刘浚年、杨忠良、潘刚、侯志军、王先礼、胡月红、郭福斌、刘光辉、黄先胜。

二手货 分类

1 范围

本标准界定了二手货的类别。

本标准适用于二手货及其相关领域的经营、管理和科研等活动。

2 规范性引用文件

下列文件对于本文件的应用是必不可少的，凡是注日期的引用文件，仅注日期的版本适用于本文件。凡是不注日期的引用文件。其最新版本(包括所有的修改单)适用于本文件。

GB/T 4754—2011 国民经济行业分类

3 分类原则

以 GB/T 4754—2011 为基础，按二手货的用途、二手货的来源和行政管理要求对二手货进行分类。

4 按二手货主要用途分类

4.1 生活资料类二手货

4.1.1 家电类

包括 GB/T 4754—2011 中：

——C38.385 家用电力器具制造业制造的民用产品的二手货；

——C38.386 非电力家用器具制造业制造的民用产品的二手货；

——C38.387 照明器具制造业制造的民用产品的二手货；

——C39.395 视听设备制造业制造的民用产品的二手货。

4.1.2 通信设备类

GB/T 4754—2011 中 C39.392 通信设备制造业制造的民用产品的二手货。

4.1.3 家具类

GB/T 4754—2011 中 C21 家具制造行业的产品的二手货。

4.1.4 办公设备类

GB/T 4754—2011 中 C34.347 文化、办公用机械制造、C39.391 计算机制造等行业的民用产品的二手货。

4.1.5 娱乐休闲器材类

GB/T 4754—2011 中 C24.242 乐器制造、C24.244 体育用品制造、C24.245 玩具制造、C24.246 游艺器材及娱乐用品制造等行业的产品的二手货。

4.1.6 艺术品类

GB/T 4754—2011 中 C24.243 工艺美术品制造业的产品的二手货。

4.1.7 文化产品类

GB/T 4754—2011 中 F52.524.5243 图书、报刊零售，F52.524.5244 音像制品及电子出版物零售业的二手货。

4.1.8 交通工具类

GB/T 4754—2011 中 C36 汽车制造业、C36. 364 电车制造、C37.375 摩托车制造、C37.376 自行车制造等行业的民用产品的二手货。

4.1.9 衣着类

GB/T 4754—2011 中 C18 纺织服装、服饰业，C19.192 皮革制品制造，C19.193 毛皮鞣制及制品加工，C19.194 羽毛(绒)加工及制品制造等行业的产品的二手货。

4.1.10 其他类

国家允许进口的及以上各类之外的各种用于消费的二手货。

4.2 生产资料类二手货

4.2.1 设备类

GB/T 4754—2011 中 C34 通用设备制造业，C35 专用设备制造业，C38 电气机械和器材制造业，C39 计算机、通信和其他电子设备制造业的生产工具类产品的二手货。

4.2.2 运输设备类

GB/T 4754—2011 中 C36 汽车制造业，C37 铁路、船舶、航空航天和其他运输设备制造业行业的生产工具类产品的二手货 。

4.2.3 仪器仪表类

GB/T 4754—2011 中 C40 仪器仪表制造业的生产工具类产品的二手货。

4.2.4 金属制品类

GB/T 4754—2011 中 C33 金属制品业行业的生产工具类产品的二手货。

4.2.5 其他类

国家允许进口的及以上各类以外的各种用于生产的二手货。

5 按二手货来源分类

5.1 消费者处置的物品。

5.2 生产者、经营者处置的物品。

5.3 机关事业单位处置的物品。

5.4 行政执法部门的罚没物品。

5.5 法院的执行物品。

5.6 海关的处置物品。

5.7 银行的处置违约抵押物品。

5.8 典当业的绝当物品。

5.9 军队处置可转民用的物品。

5.10 保险公司理赔后处置的物品。

5.11 通过合法渠道进口的二手货。

5.12 其他合法来源的二手货。

6 按行政管理要求分类

6.1 可自由交易的二手货

法律法规未作交易规定的二手货。

6.2 需要网上公示的二手货

参见附录A所列物品。

6.3 需要办理过户登记的二手货

应依照相关法律法规，经政府相关部门办理过户登记手续的二手货。

6.4 需取得专营资格的二手货

应依照相关法律法规，经政府相关部门核准经营者专营资格方可经营的二手货。

6.5 禁止作为二手货交易的物品

6.5.1 赃物

违法犯罪分子非法所得的物品。

6.5.2 出售人无处分权的物品

司法机关、行政执法机关依法查封的物品、抵押中的物品以及其他出售人无处分权的物品。

6.5.3 废品

已经失去自身原有使用功能且无法修复的物品或已达到国家强制报废条件的物品。

6.5.4 涉密物品

记载有国家秘密或内部信息的物品。

6.5.5 禁止进口的物品

国家明令禁止进口的物品。

6.5.6 其他类

以上各类以外的且法律、行政法规明令禁止经营的各种物品。

附 录 A
（资料性附录）
二手货重要商品目录

A.1 二手手机

A.2 二手照相机

A.3 二手手提电脑及计算机软件

A.4 二手珠宝

A.5 二手自行车

A.6 二手收藏品(书画、雕刻、工艺品等)

A.7 二手摄像机

A.8 二手乐器(钢琴除外)

A.9 二手建筑、工程机械设备

A.10 二手纺织设备

A.11 二手农业机械

A.12 二手医疗设备

A.13 二手市政环卫机械

A.14 二手矿山机械

A.15 二手食品机械

ICS 03.100.01
A 02

中华人民共和国国家标准

GB/T 30343—2013

国际货运代理海铁联运作业规范

Operational norms of sea-rail combined transportation for international freight forwarders

2013-12-31 发布　　　　2014-07-01 实施

中华人民共和国国家质量监督检验检疫总局
中国国家标准化管理委员会　发布

前言

本标准按照 GB/T 1.1—2009 给出的规则起草。

本标准由中华人民共和国商务部提出并归口。

本标准起草单位:深圳市联合纵横国际货运代理有限公司、上海新景程国际物流有限公司、上海宝霖国际危险品物流有限公司、厦门通程物流有限公司、四川锦程国际货运代理有限责任公司、义乌市金隆国际货运代理有限公司、杭州双宇物流有限公司、民生国际货物运输代理有限公司、重庆美联国际物流(集团)有限公司、重庆会通华联物流有限公司、中国远洋运输(集团)总公司、中国外运长航集团有限公司、中国海运(集团)总公司、锦程物流(集团)有限公司、中钢国际货运有限公司、锦程物流(集团)有限公司、重庆市国际货运代理协会、新疆托木尔货运代理有限公司等。

本标准主要起草人:何瀚伟、林忠、陈峥、冯建萍、廖解宝、任中伟、陈智勇、景洪德、曾真、刘露、王文、包红武、刘军、杨希江、金旭峰。

国际货运代理海铁联运作业规范

1 范围

本标准规定了进口集装箱海铁联运主要业务环节的作业流程和规范要求。

本标准适用于国际货运代理及其行业有关的企业。

2 规范性引用文件

下列文件对于本文件的应用是必不可少的。凡是注日期的引用文件，仅注日期的版本适用于本文件。凡是不注日期的引用文件，其最新版本(包括所有的修改单)适用于本文件。

GB/T 22151 国际货运代理作业规范
GB/T 22154 国际货运代理服务质量要求
GB/T 26318 物流网络信息系统风险与防范
GB/T 26319 国际货运代理单证标识符编码规则
GB/T 26320 国际货运代理信息交换规范
GB/T 26321 国际货运代理业务数据元
GB/T 28530 国际货运代理系列单证 单证数据项
GB/T 28532 承运人标识符编码规则
GB/T 28831 国际货运单证缮制规范
GB/T 28832 国际货运单证缮制质量要求
GB/T 28839 进出境货物木质包装申报规范
GB/T 30055 国际货运代理报关服务质量要求
GB/T 30056 国际货运代理拼箱服务质量要求
GB/T 30057 国际货运代理合同规范
GB/T 30347 国际货运代理危险货物运输服务质量要求
GB/T 30349 集装箱货运代理服务规范
GB/T 30838 契约承运人服务质量要求

3 术语和定义

GB/T 22151、GB/T 22154、GB/T 28832、GB/T 30838、GB/T 30057、GB/T 30056 和 GB/T 30055 界定的以及下列术语和定义适用于本文件。

3.1

海铁联运作业 sea-rail combined transportation operation

将货物从接收地经海上运输至换装港后，再通过铁路运至目的地收取全程运费的作业方式。

4 一般要求

4.1 业务组织与管理应合理、有效、相互衔接，并符合 GB/T 22151 规定。

4.2 业务操作流程应规范，并符合防范、控制和规避风险的要求。

4.3 报关报检应符合制度规定、材料齐全、手续完备，处理及时，并符合 GB/T 30055 和 GB/T 28839 的规定。

4.4 信息化与档案管理应符合 GB/T 22154 的规定。

4.5 信息系统与信息交换应符合 GB/T 26318、GB/T 26320 的规定。

4.6 单证标识符、单证数据项和承运人标识符应符合 GB/T 26319、GB/T 26321、GB/T 28530 和 GB/T 28532 的规定。

4.7 单证缮制与签发应符合制度规定、材料齐全、手续完备、准确有效、处理及时，并符合 GB/T 28831、GB/T 28832 的规定。

4.8 装箱作业应符合 GB/T 30056 的规定。

5 铁路运输安排

5.1 应对开展海铁联运的铁路场站进行评估，确定其是否：

——具备铁路专用线；

——满足海关监管要求；

——具备集装箱堆存及装卸能力；

——有足够的拆装箱作业区。

5.2 应根据业务要求，与场站签订运输、仓储、代理等合同，并符合 GB/T 30057 的规定。

5.3 海铁联运的铁路场站选定后，应根据铁路运输有关规定和铁路场站的资质，确定适合海铁联运的货物种类、数量、批次以及集装箱类型、集装箱限重、尺寸限制等。

5.4 如条件符合，且在指定的运输线路上的集装箱发运量达到一定数量时，可开展定点、定线、定车次、定时、定价(五定)班列的运输服务。

6 集装箱管理

6.1 应与合作的海运承运人签订集装箱管理合同。合同一般包括集装箱的交接流程、集装箱管理要求、集装箱免费使用和超期使用的滞期费计收标准、集装箱检验和修理、赔偿办法等内容。合同应符合 GB/T 30057 的规定。

6.2 应建立集装箱空重箱统计、管理制度，及时对空、重箱进出场时间、箱号、运输单证编号等进行记录，定期核对在场空重箱的箱型、数量、位置、状态。

6.3 应建立集装箱箱体检查制度，所有空重箱在到站后或进出场站时，应进行检查，并落实责任人，作为货运代理与场站或客户的责任划分依据。

6.4 应根据空箱盘存状况和订舱/托运情况，及时进行用箱预报。如出现或可能出现空箱存量过多情况时，应及时安排空箱调出。

6.5 应定期向合作的海运承运人或海外代理发布各种箱型的平衡情况，以便海运承运人或海外代理按照需求进行市场开发。

6.6 针对特殊集装箱箱型，宜与海运承运人另行约定。

7 运价制定和公布

7.1 开展海铁联运业务时，应收集相关信息进行成本分析，合理定价。成本分析和定价时，应考虑：

——目标市场的整体箱型、箱量、进出口平衡状态及季节性分布情况；

——同行业竞争情况；

——其他运输模式的竞争情况；
——铁路运输能力及其季节性变化情况；
——海运费和铁路运费；
——港口中转及中转申报费用；
——空箱调出占总发运量的比例，及空箱调运的平均成本；
——空箱周转时间；集装箱免费使用时间和超期使用的滞期费计收标准。

7.2 应定期公布运价，或通过合作的海运承运人公布海铁联运的运价。

7.3 运价制订应符合 GB/T 30838 的规定。

8 接受托运

8.1 在接受委托前的路线选择、服务供应商选择（包括起运港、换装港和目的代理的委托）、操作流程制订、提/运单制修订等应符合 GB/T 30838 的规定。

8.2 对特殊箱型、特殊货物或某种箱型盘存超出平衡点时，可要求起运港代理上报托运计划，包括目的地、箱型、箱量、重量、货物名称、收货人及其联系方式、船名航次、预计到港时间或有关货物的特殊信息。须经目的地代理确认后，才可接受托运或订舱。

9 订舱/装船

9.1 订舱、集港、运输安排、联运单据签发应按照 GB/T 30349 和 GB/T 30056 的规定。

9.2 货物在起运港完成报关报检后，应提醒海运承运人按时将货物装上指定的运输工具。

9.3 应及时联系海运承运人，跟踪货物装上运输工具的情况并及时通知客户及换装港代理。

9.4 在正本运输单证签发前，应及时制作运输单证副本交客户校验。客户确认无误后，才应签发或通知海运承运人签发正本运输单证。

9.5 如发生漏装、误装或原定装船计划推迟的，应及时与海运承运人联系，并将最近的可行船期、订舱情况向客户反馈，协商解决办法。如客户需要继续发运的，应及时向海运承运人重新订舱，以最近可行的船期发运。发运计划及订舱信息变更后，应及时通知客户、换装港代理和目的地代理。

10 到港通知

10.1 货物到港前，应及时联系海运承运人，查实货物动态，并通知客户货物预计到港日期、船名、航次及其他相关信息。

10.2 货物到港前，应根据海运提单或舱单信息，与客户核对货物报关信息。如有错误，应提请客户及时通知发货人与起运港代理进行更改。

10.3 货物到港前，应与客户确认货物清关的口岸。如无特殊情况，应安排在换装港进行货物中转申报，在目的地清关。如依照相关法律规定，不允许货物在其他口岸清关，或因技术、单证等原因无法在换装港进行中转申报的，应安排货物在换装港清关。

10.4 如中转报关需客户提供报关文件或数据的，应在到港通知中予以明确，并及时取得相应文件或数据。

11 申请铁路计划

11.1 应制定运输组织方案和设计货物装载技术方案。

11.2 应根据起运港实际装船数量、重箱卸船后至目的站的铁路运行的时间、当地报关报检状况提前安排铁路发运计划的申请。

11.3 可直接向铁路部门申请铁路发运计划，也可通过合作的装车发运场站向铁路部门申请。

12 中转

12.1 应督促换装港代理及时办理港口换单、中转报关和铁路发运等事宜。

12.2 货物到港前，应及时将有关中转报关文件寄送到换装港口代理，以便办理货物的中转报关。

12.3 督促换装港代理按计划控制货物换装的时间、重箱发运的场站费用及其他中转费用。

12.4 如由货运代理签发联运单据的，应在货物到港前及时将海运承运人签发的正本海运提单寄送到换装港代理，以办理港口换单和提货手续。

12.5 如客户持有船公司签发的联运单据的，应根据与合作船公司签订的协议，通知换装港代理直接办理港口换单和提货手续，或要求客户提交正本联运单据后寄送到换装港代理，以办理港口换单和提货手续。

12.6 货物卸船后，应督促换装港代理及时完成货物的换单、中转申报，避免产生海关滞报金及其他港口费用，并减少使用集装箱的时间。

12.7 在港口办理提货时，应要求换装港代理谨慎检查集装箱的外观情况。如有发现集装箱破损、封志破损、货损、货差等情况，应及时与港口当局及相关方进行书面确认，并通知起运地代理、目的地代理和客户，以确认解决办法。

12.8 中转申报时，如海关要求查验，应及时通知客户，必要时可应客户的要求对箱内货物进行拍照。

12.9 完成中转申报后，应要求换装港代理及时将关封等海关文件和装箱清单等随车文件寄送到目的地代理。

13 装车发运

13.1 货物完成中转报关后，应督促换装港代理及时将货物的海关放行通知交付给铁路发运场站，并督促场站按约定的铁路发运计划，尽快完成货物的装车、加固、发运等。

13.2 装车时，应督促做好现场货物的交接、单证的缮制和交接。

13.3 如发生漏装、误装，应将相关信息通知起运港代理和目的地代理，并做相应的处理。

13.4 对需要押运或加固的货物，应按照铁路部门或客户的要求，安排押运或加固。如适用，危险货物装车发运应按照 GB/T 30347 的规定。

13.5 完成货物发运后，应要求换装港代理及时将铁路运输单证寄送到目的地代理。

14 报关报检

14.1 货物到达目的地场站后，应提请客户及时安排货物的报关报检。

14.2 如应客户要求安排报关报检的，应按照 GB/T 30055、GB/T 30349 和 GB/T 28839（如适用）的规定，办理报关报检业务。

15 客户提货

货物到达目的地场站后，应按照 GB/T 30349 的规定，督促目的地代理及时检查货物的完整情况，并通知客户办理提货手续。

参 考 文 献

[1] 国际铁路货物联运协定(Agreement Concerning International Carriage of Goods by Rail)
[2] 铁路和水路货物联运规则(铁道部/交通部)

ICS 03.100.01
A 02

中华人民共和国国家标准

GB/T 30344—2013

国际货运代理铁海联运作业规范

Operational norms of rail-sea combined transportation for international freight forwarders

2013-12-31 发布　　2014-07-01 实施

中华人民共和国国家质量监督检验检疫总局
中国国家标准化管理委员会　发布

前　言

本标准按照 GB/T 1.1—2009 给出的规则起草。

本标准由中华人民共和国商务部提出并归口。

本标准起草单位：福建金航国际货运代理有限公司厦门分公司、上海新景程国际物流有限公司、上海宝霖国际危险品物流有限公司、四川锦程国际货运代理有限责任公司、深圳市华信行物流有限公司、义乌市金隆国际货运代理有限公司、民生国际货物运输代理有限公司、重庆美联国际物流(集团)有限公司、重庆会通华联物流有限公司、中国远洋运输(集团)总公司、中国外运长航集团有限公司、中国海运(集团)总公司、中钢国际货运有限公司、锦程物流(集团)有限公司、重庆市国际货运代理协会、新疆托木尔货运代理有限公司等。

本标准主要起草人：何瀚伟、林忠、陈峥、陈智勇、廖解宝、任中伟、曾真、廖林杰、刘露、王文、包红武、刘军、杨希江、金旭峰。

国际货运代理铁海联运作业规范

1 范围

本标准规定了出口集装箱铁海联运主要业务环节的作业流程和规范要求。

本标准适用于国际货运代理及其行业有关的企业。

2 规范性引用文件

下列文件对于本文件的应用是必不可少的。凡是注日期的引用文件，仅注日期的版本适用于本文件。凡是不注日期的引用文件，其最新版本(包括所有的修改单)适用于本文件。

GB/T 22151 国际货运代理作业规范
GB/T 22154 国际货运代理服务质量要求
GB/T 26318 物流网络信息系统风险与防范
GB/T 26319 国际货运代理单证标识符编码规则
GB/T 26320 国际货运代理信息交换规范
GB/T 26321 国际货运代理业务数据元
GB/T 28530 国际货运代理系列单证 单证数据项
GB/T 28532 承运人标识符编码规则
GB/T 28831 国际货运单证缮制规范
GB/T 28832 国际货运单证缮制质量要求
GB/T 28839 进出境货物木质包装申报规范
GB/T 30055 国际货运代理报关服务质量要求
GB/T 30056 国际货运代理拼箱服务质量要求
GB/T 30057 国际货运代理合同规范
GB/T 30347 国际货运代理危险货物运输服务质量要求
GB/T 30349 集装箱货运代理服务规范
GB/T 30838 契约承运人服务质量要求

3 术语和定义

GB/T 22151、GB/T 22154、GB/T 28832、GB/T 30838、GB/T 30057、GB/T 30056 和 GB/T 30055 界定的以及下列术语和定义适用于本文件。

3.1

铁海联运作业 rail-sea combined transportation operation

将货物从接收地通过铁路运输至起运港后，再经海上运输运至目的港或再转至目的地收取全程运费的作业方式。

4 一般要求

4.1 业务组织与管理应合理、有效、相互衔接，并符合 GB/T 22151 规定。

4.2 业务操作流程应规范,并符合防范、控制和规避风险的要求。

4.3 报关报检应符合制度规定、材料齐全、手续完备,处理及时,并符合 GB/T 30055 和 GB/T 28839 的规定。

4.4 信息化与档案管理应符合 GB/T 22154 的规定。

4.5 信息系统与信息交换应符合 GB/T 26318、GB/T 26320 的规定。

4.6 单证标识符、单证数据项和承运人标识符应符合 GB/T 26319、GB/T 26321、GB/T 28530 和 GB/T 28532 的规定。

4.7 单证缮制与签发应符合制度规定、材料齐全、手续完备、准确有效、处理及时,并符合 GB/T 28831、GB/T 28832 的规定。

4.8 装箱作业应符合 GB/T 30056 的规定。

5 铁路运输安排

5.1 应对开展铁海联运的铁路场站进行评估,确定其是否:

——具备铁路专用线;

——满足海关监管要求;

——具备集装箱堆存及装卸能力;

——有足够的拆装箱作业区;

——交通位置方便;

——管理能力符合业务需求;

——提供合适的办公条件;

——信息系统具备电子交换能力等。

5.2 应根据业务要求,与场站签订运输、仓储、代理等合同,并符合 GB/T 30057 的规定。

5.3 确定铁海联运的铁路场站后,应根据铁路运输有关规定和铁路场站资质对货物种类、重量、尺寸等的限制,确定适合铁海联运的货物种类、集装箱类型、集装箱限重、尺寸限制等。

5.4 如条件符合,且在指定的运输线路上的集装箱发运量达到一定数量时,可开展定点、定线、定车次、定时、定价(五定)班列的运输服务。

6 集装箱管理

6.1 应与合作的海运承运人签订集装箱管理合同,合同一般包括集装箱的交接流程、集装箱管理要求、集装箱免费使用和超期使用的滞期费计收标准、集装箱检验和修理、赔偿办法等内容。合同应符合 GB/T 30057 的规定。

6.2 应建立集装箱空重箱统计、管理制度,及时对空、重箱进出场时间、箱号、运输单证编号等进行记录,定期核对在场空重箱的箱型、数量、位置、状态。

6.3 应建立集装箱箱体检查制度,所有空重箱在到站后或进出场站时,应进行检查,并落实责任人,作为货运代理与场站或客户的责任划分依据。

6.4 应根据空箱盘存状况和订舱/托运情况及时进行用箱预报。如出现或可能出现空箱存量不足情况时,应及时安排空箱调入。

7 运价制定和公布

7.1 开展铁海联运业务时,应收集相关信息进行成本分析,合理定价。成本分析和定价时,应考虑:

——目标市场的整体箱型、箱量、进出口平衡状态及季节性分布情况；
——同行业竞争情况；
——其他运输模式的竞争情况；
——铁路运输能力及其季节性变化情况；
——铁路运费和海运费；
——港口中转及中转申报费用；
——空箱调出占总发运量的比例，及空箱调运的平均成本；
——空箱周转时间；集装箱免费使用时间和超期使用的滞期费计收标准。

7.2 应定期公布运价，或通过合作的海运承运人公布铁海联运的运价。

7.3 运价制订应符合 GB/T 30838 的规定。

8 接受托运

8.1 在接受委托前的路线选择、服务供应商选择（包括起运港、换装港和目的代理的委托）、操作流程制订、提/运单制修订等应符合 GB/T 30838 的规定。

8.2 接到客户托运申请后，应核查托运货物是否满足联运要求，检查空箱盘存状况，确认近期铁路发运能力，并根据托运单要求与合作的海运承运人确认是否可提供托运单要求的舱位。

8.3 确认可满足客户托运单要求后，应评估托运单的其他相关内容。如接受托运，应书面通知客户。

8.4 接受托运后，应根据客户的预计发运日期、托运单和海运承运人订舱的要求、铁路预计运行时间、完成换装时间以及海运承运人提供的船期表，估算出预计配载的船名、航次、开航日，并通知客户。

9 申请铁路计划

9.1 应制定运输组织方案和设计货物装载技术方案，并根据客户的装箱安排、当地报关报检状况等情况提前安排铁路发运计划的申请。

9.2 可直接向铁路部门申请铁路发运计划，也可以通过合作的装车发运场站向铁路部门申请。

10 订舱

10.1 应按 GB/T 30349 中相关的规定。

10.2 接受托运后，应按照预计配载的船名航次，及时向海运承运人进行订舱，提交订舱申请。

10.3 订舱申请应包括：
——发货人；
——通知人；
——收货人；
——船名、航次；
——接货地、起运港、目的港（地）；
——运输标志；
——货物名称；
——箱量、箱型；
——运输条款；
——运费条款；
——特约事项。

10.4 发出订舱申请后，应督促海运承运人及时确认订舱，以避免货物抵港后因不必要的停留造成额外的堆存或集装箱滞期费。

11 装箱

11.1 接到海运承运人的订舱确认后，应及时通知客户联运单据编号、集装箱设备交接单及封志领取方式。

11.2 如客户自行安排短途运输、装箱，应及时通知客户免费用箱期限、重箱回场的场站名称，并督促客户及时完成装箱工作。

11.3 如应客户要求安排场站装箱或工厂装箱下的短途运输时，应根据铁路计划、当地报关报检状况等情况，及时通知客户装箱时间，并安排短途运输的运输工具和货物装箱事宜。

11.4 应按照 GB/T 30349 的规定，办理货物装箱业务。

12 报关报检

12.1 接受托运后，应与客户确认海关申报的模式。如无特殊情况，应安排货物在起运地进行申报，在换装港再进行中转申报。如因技术、单证等原因无法按约定模式操作的，应安排货物在换装港直接申报。

12.2 货物装箱后，应提请客户及时安排货物的报关报检。

12.3 如应客户要求安排报关报检的，应根据当地报关报检状况、铁路发运计划情况，按照 GB/T 30055、GB/T 30349 和 GB/T 28839(如适用)的规定，办理报关报检业务。

13 装车发运

13.1 货物完成海关申报后，应及时将货物的海关放行通知交付给铁路发运场站，并督促场站按约定的铁路发运计划，尽快完成货物的装车、加固、发运等。

13.2 对需要押运或加固的货物，应按照铁路部门或客户的要求，安排押运或加固。如适用，危险货物装车发运应按照 GB/T 30347 的规定。

13.3 装车时，应督促做好现场货物交接、单证缮制和交接。

13.4 如发生漏装、误装或铁路发运计划延迟，导致货物延迟到达换装港，并可能影响原定装船计划的，应及时与海运承运人联系，并将最近的可行船期、订舱情况向客户反馈，协商解决办法。如客户需要继续发运的，应及时向海运承运人重新订舱，以最近可行的船期发运。发运计划及订舱信息变更后，应及时通知换装港代理。

13.5 完成货物装车发运后，应及时将铁路运输单证寄送到换装港代理。

13.6 货物装车发运后，应及时通知换装港代理有关货物发运和预计配载情况，包括运输单证编号、箱号、封志号、发运时间、预计到达时间、海运承运人名称、船名、航次等信息。

14 中转

14.1 应督促换装港代理及时办理铁路接收、中转报关和集港等事宜。

14.2 货物完成海关申报后，应及时将中转报关资料在货物到达前寄送到换装港代理，以及时办理中转报关手续。

14.3 货物到达换装港铁路场站后，应要求换装港代理谨慎检查集装箱的外观情况。如有发现集装箱破损、封志破损、货损、货差等情况，应及时与铁路场站及相关方进行书面确认，并通知起运地代理和客户，以确认解决办法。如以上异常情况对中转申报造成影响，应根据相应的铁路记录与换装港海关进行协调。

14.4 中转申报时，如海关要求查验货物，应及时通知客户，必要时可应客户的要求对箱内货物进行拍照。

15 装船

15.1 货物完成中转申报后，应提醒海运承运人按计划及时将货物装上指定的船舶。

15.2 应跟踪货物的最终装船情况。确认货物已装上指定的船舶后，应及时通知客户和目的港代理。

15.3 如因铁路运输延迟或其他原因导致货物无法装上指定船舶的，应及时与海运承运人联系，并将最近的可行船期、订舱情况向客户反馈，协商解决办法。如客户同意延期发运的，应及时向海运承运人重新订舱，以最近可行的船期发运，减少因延期发运造成的损失。

16 联运单据签发

16.1 接收货物后，如客户要求，应及时签发货物接收证明。

16.2 确认货物已装船后，应及时向客户签发铁海联运单据。

16.3 如由货运代理签发联运单据的，应督促海运承运人及时签发海运提单，并将正本海运提单寄送海外代理。

16.4 应按照 GB/T 30349 的规定签发联运单据。

参 考 文 献

[1] 国际铁路货物联运协定(Agreement Concerning International Carriage of Goods by Rail)
[2] 铁路和水路货物联运规则(铁道部/交通部)

ICS 03.100.01
A 01

中华人民共和国国家标准

GB/T 30345—2013

国际物流企业信用管理规范

Norms of credit management on international logistics enterprises

2013-12-31 发布　　　　2014-07-01 实施

中华人民共和国国家质量监督检验检疫总局
中国国家标准化管理委员会　发布

前　言

本标准按照GB/T 1.1—2009给出的规则起草。

本标准由中华人民共和国商务部提出并归口。

本标准起草单位：福建金航国际货运代理有限公司厦门分公司、上海新景程国际物流有限公司、上海宝霖国际危险品物流有限公司、国富通信息技术发展有限公司、四川锦程国际货运代理有限责任公司、深圳市华信行物流有限公司、义乌市金隆国际货运代理有限公司、江苏远东物流有限公司、民生国际货物运输代理有限公司、重庆美联国际物流（集团）有限公司、重庆会通华联物流有限公司、中国远洋运输（集团）总公司、中国外运长航集团有限公司、中国海运（集团）总公司、锦程物流（集团）有限公司、中钢国际货运有限公司、重庆市国际货运代理协会、新疆托木尔货运代理有限公司等。

本标准主要起草人：林忠、何瀚伟、胡素芳、陈智勇、陈峥、廖解宝、刘爱淳、高爽、裴蕾、曾真、任中伟、廖林杰、刘露、王文、包红武、陈东琪、刘军、杨希江、金旭峰。

国际物流企业信用管理规范

1 范围

本标准规定了国际物流企业信用管理中主要环节的规范要求。

本标准适用于国际物流及其行业有关的企业。

2 规范性引用文件

下列文件对于本文件的应用是必不可少的。凡是注日期的引用文件，仅注日期的版本适用于本文件。凡是不注日期的引用文件，其最新版本（包括所有的修改单）适用于本文件。

GB/T 22117 信用 基本术语

GB/T 22152 国际货运代理业务统计导则

GB/T 22153 国际货运代理通用交易条件

GB/T 22154 国际货运代理服务质量要求

GB/T 22155 国际货运代理企业资质和等级评价指标

GB/T 23793 合格供应商信用评价规范

GB/T 26318 物流网络信息系统风险与防范

GB/T 26319 国际货运代理单证标识符编码规则

GB/T 26320 国际货运代理信息交换规范

GB/T 26321 国际货运代理业务数据元

GB/T 28530 国际货运代理系列单证 单证数据项

GB/T 28532 承运人标识符编码规则

GB/T 28836 国际物流企业信用评价指标要素

GB/T 30057 国际货运代理合同规范

3 术语和定义

GB/T 28836 和 GB/T 22117 界定的术语和定义适用于本文件。

4 一般要求

4.1 应建立完善的企业信用风险管理体系，形成事前、事中、事后三位一体的风险预防、风险控制、风险保障机制。

4.2 信用管理流程应合理、相互衔接，有效地防范、控制、规避各主要业务环节的信用风险。

4.3 通过流程控制的方式，进行营销、采购、财务、法务等各个业务环节的信用风险管理和协同管理，系统地解决企业发展和信用风险控制之间的矛盾。

4.4 定期对信用管理人员和业务人员进行诚信教育。

5 信用管理组织

5.1 组织机构

5.1.1 应设立企业内部的信用管理机构，并予以相应的授权。

5.1.2 可成立独立的部门或专业委员会作为信用管理机构，成员可为熟悉财务或/和业务的员工，或由财务或业务部门的员工兼任。财务部门对财务和资金风险、业务部门对市场和业务风险有较全面的认识，也可作为信用管理机构。

5.1.3 信用管理机构可依据信用管理制度，成立或指定相关部门负责信用审核、审批等工作。

5.2 职能

5.2.1 组织宣传、贯彻相关法律法规和信用管理制度，培训信用管理人员和业务人员。

5.2.2 制定、发布、修订、废除本企业信用政策、信用管理制度，组织实施信用管理工作的考核。

5.2.3 制定包括但不限于信用档案管理、信用评级管理、客户授信管理、供应商管理、诚信教育和培训等信用管理制度。

5.2.4 建立和完善企业信用风险管理体系，可包括但不限于部门构成、目标管理、制度管理、过程管理、管理流程、信用评估、管理的差别化政策、管理的专业化队伍等内容的框架结构。

5.2.5 建立和完善信用档案管理，进行信用调查和动态化管理。

5.2.6 进行客户授信和供应商管理，包括信用审核、审批等，并定期对信用评级标准和体系、以及执行情况进行分析。

5.2.7 进行应收账款与商账追收管理，包括日常监督应收账款的账龄和是否超过预警量，对潜在的不良状况进行分析，并组织、督促和引导业务部门和业务人员做好应收账款与商账追收。

5.2.8 定期召集相关部门就信用管理过程中存在的问题、发生的冲突和与重大事项决策相关的事项进行调查和协调。

6 授权委托管理

6.1 应建立法人授权委托管理制度，确定被授权人的条件，并对其进行有效的培训和管理，在授权范围和授权期限内开展工作。

6.2 应设立法人授权委托书的申请、审核、变更、注销、遗失声明等程序，并对其进行有效的监督检查。

6.3 如因法人授权委托书授权内容变更，或授权有效期届满，或被授权人工作变动、调离、被撤销资格，或退休、死亡，应按程序办理相应的变更或核准注销等手续。

7 合同管理

7.1 应建立健全合同评审制度。

7.2 参照 GB/T 30057 和 GB/T 22153 的规定。

8 信用档案管理

8.1 客户信用档案

8.1.1 基本信息

8.1.1.1 基本信息，如适用可参照 GB/T 22152、GB/T 22154 和 GB/T 28836，可包括但不限于：

——工商登记信息，如企业名称、地址、注册资本金、法定代表人、工商登记注册号、经营范围等；

——经营信息，如主要产品、产量、主要股东情况、员工人数等；

——财务信息，如资产总额、销售额、利润、资产负债率等；

——第三方信用评估信息，如信用评级机构、银行等第三方机构对客户的信用评级情况。

8.1.1.2 应明确负责各项信息收集和更新的部门和人员、截止时间，以及应收集的信息项。

8.1.2 经营状况分析

8.1.2.1 经营状况分析，如适用可参照 GB/T 22152、GB/T 22154 和 GB/T 28836，可包括但不限于：

——经营环境分析，包括客户的市场环境、行业地位、产品竞争力、增长潜力等；

——员工评价，包括客户的员工(含管理层)薪资在当地的水平、员工对企业的评价等；

——市场评价，包括客户的用户和供应商对客户的评价、同行对客户的评价等；

——控制股东经营分析，包括对客户拥有控制权的股东的生产经营情况、经营风格等。

8.1.2.2 应明确负责以上分析的部门和人员。

8.1.3 业务合作记录

8.1.3.1 业务合作记录，如适用可参照 GB/T 22152，应包括但不限于：

——谈判记录、可行性研究报告和报审及批准文件；

——客户履约能力证明资料；

——授权委托书；

——往来电报、电传、信函、电话记录、邮件等书面材料或视听资料；

——业务单号或合同号；

——交接标的、收付标的款项的文件；

——业务主要信息，如日期、货物名称、数量等；

——费用总额；

——利润。

8.1.3.2 业务合作记录可直接从本企业的信息系统中获取，应与财务和业务的相关记录一致。

8.1.4 费用支付记录

8.1.4.1 费用支付记录应包括但不限于：

——业务单号或合同号；

——费用总额；

——合同约定支付日期；

——实际支付时间；

——支付方式，包括现金、支票、汇款、汇票等。

8.1.4.2 如因自身的原因，造成客户支付日期延后，合同约定支付日期应以延后日期为准，并在备注中说明原因。

8.1.4.3 实际支付日期为客户支付行为完成的时间。

8.1.4.4 明确负责费用支付记录的部门和人员、信息记录的时间。

8.1.5 支付瑕疵记录

8.1.5.1 支付瑕疵记录应包括但不限于：

——发生日期；

——支付数额；

——瑕疵内容，可包括票据缮制错误；未及时支付运费或服务费用；提供虚假支票、汇票和汇款单；支票透支、汇票拒绝承兑等；

——后果后续跟踪。

8.1.5.2 应明确负责支付瑕疵记录的部门和人员、信息记录的时间。

8.2 供应商信用档案

8.2.1 基本信息

8.2.1.1 基本信息，如适用可参照 GB/T 22152、GB/T 22154 和 GB/T 28836，可包括但不限于：

——工商登记信息，如企业名称、地址、注册资本金、法定代表人、工商登记注册号、经营范围等；

——服务能力信息，如运输工具数量、仓储面积、专业服务（如报关报检）人员数量、特殊经营资质等。

8.2.1.2 应明确负责各项信息收集和更新的部门和人员、截止时间，以及应收集的信息项。

8.2.2 责任风险分析

8.2.2.1 责任风险分析，如适用可参照 GB/T 22152、GB/T 22154 和 GB/T 28836，应包括但不限于：

——运输工具、仓储场所等投保情况；

——供应商责任保险的投保情况。

8.2.2.2 应明确负责以上分析的部门和人员、完成时间。

8.2.3 业务合作记录

8.2.3.1 业务合作记录，如适用可参照 GB/T 22152，应包括但不限于：

——业务单号或合同号；

——业务主要信息，如日期、货物名称、数量等；

——费用总额。

8.2.3.2 业务合作记录可直接从本企业的信息系统中获取，应与财务和业务的相关记录一致。

8.2.4 服务质量评价记录

8.2.4.1 应定期对所有供应商的服务质量进行评价。

8.2.4.2 评价的内容可包括服务态度、响应速度、信息反馈及时性等，也可以对合作瑕疵一起进行评价。

8.2.4.3 应明确负责服务质量评价的部门和人员，以及评价的周期。

8.2.5 合作瑕疵记录

8.2.5.1 合作瑕疵记录应包括但不限于：

——发生日期；

——业务主要信息；

——瑕疵内容,可包括单证缮制与交接差错;未凭指示交付货物;发生货损、货差或责任事故;遭客户投诉;未适时提供适货的运输设备或运输工具;收费项目不清或多收费或票据不符;服务中断或不准时;服务能力不足等;

——后果后续跟踪。

8.2.5.2 应明确负责合作瑕疵记录的部门和人员、填写时间。

8.3 检查和审核

8.3.1 市场环境、客户或供应商的信息发生变化时,应及时更新信用档案。

8.3.2 应定期安排人员对信用档案的信息准确性和及时性进行检查和审核。

8.3.3 在检查中如发现自身的问题,可对相关部门和人员制定相应的惩罚措施,并及时进行整改。

8.3.4 定期检查客户信用档案的登记、查阅、归还、缺失追究、商业机密保护等管理制度的执行情况。

9 信用评级管理

9.1 客户信用评级

9.1.1 客户信用分析

9.1.1.1 在客户信用档案信息项的基础上,可制定客户信用分析的要素体系,从各个角度反映客户的综合信用情况,可参照 GB/T 28836 的规定。

9.1.1.2 在制定要素体系时,可根据实际情况将要素体系分为多个层次,如:综合信用下可分为信用能力、信用意愿两个要素,信用能力和信用意愿下各自还可以分为多个要素,逐层分解。

9.1.1.3 依据客户信用档案中各项信息内容,可对客户信用的各项要素按照统一标准进行评分,并应明确评分的部门和人员以及评分审核的部门和人员。

9.1.1.4 依据各项要素在信用分析中的重要性,可对不同要素制定不同的权重标准,以此建立信用分析模型。依据该模型,要素体系里的评分将生成为客户的综合信用得分。

9.1.1.5 客户信用档案的内容、评分标准或权重标准发生变化后,客户的综合信用得分应及时得到相应的调整。

9.1.1.6 各项要素的评分标准和权重标准应由信用管理机构负责制定。

9.1.1.7 根据信用管理的实施效果和业务发展的变化,应定期对评分标准和权重标准进行评估、调整。

9.1.2 客户信用评级

9.1.2.1 应制定客户的信用评级标准,依据客户的综合信用得分,对客户进行信用评级,以此对客户进行分类管理,可参照 GB/T 23793 的规定。

9.1.2.2 信用评级标准应由信用管理机构负责制定。

9.2 供应商信用评级

参照客户信用评级的流程,应对供应商进行信用评级。

10 客户授信管理

10.1 客户信用申请

10.1.1 接到客户提出的信用申请后,业务部门应根据客户的信用评级对信用申请进行初审,决定是否向客户提供信用额度或信用期。

10.1.2 如初审通过，业务部门应向负责信用审核的部门提交客户信用申请单。

10.1.3 客户信用申请单的内容应包括：

——客户名称；

——客户信用档案；

——信用额度或信用期要求；

——预期利润及预期业务发展情况；

——信用额度或信用期的有效期限；

——其他需要说明的事项。

10.2 信用限额审核

10.2.1 接到业务部门的客户信用申请单后，负责信用审核的部门应对申请单进行审核。审核内容应包括申请信息的完整性、信用额度或信用期的合理性。审核时，可参考以下因素：

——客户的信用评级；

——客户贡献值，以及信用额度在信用期内的资金成本；

——本企业的现金流情况；

——竞争对手对该客户的策略；

——信用额度或信用期的有效期限；

——与该客户的业务发展潜力。

10.2.2 如负责信用审核的部门拒绝业务部门的信用申请，应及时将拒绝的原因通知业务部门，以便业务部门及时联系客户，撤消或修改信用申请。

10.2.3 如审核通过，负责信用审核的部门应将客户信用申请单转给负责信用审批的部门。

10.3 审批

10.3.1 接到负责信用审核的部门转来的客户申请单，负责信用审批的部门应根据本企业的资金能力对申请单进行审批。

10.3.2 如负责信用审批的部门拒绝信用申请，应及时将拒绝的原因通知负责信用审核的部门和业务部门。

10.3.3 如审批通过，负责信用审批的部门应将审批后的客户信用申请单转给业务、财务等相关部门。

10.4 重审

10.4.1 客户的信用评级、预期贡献值或本企业的资金能力发生变化后，业务、财务等相关部门应及时提出对客户的信用额度或信用期进行重审。

10.4.2 负责信用审核的部门应定期对客户信用申请单的执行情况进行重审。重审内容可包括客户信用评级的维持情况、与客户签订的合同是否与申请单相符、客户利润的真实完成情况、费用支付记录和支付瑕疵记录、业务合作记录等。

10.4.3 对重审过程中发现的不符情况，业务、财务等相关部门应制定相应的应对措施，并通知信用管理机构。

10.4.4 如业务、财务等相关部门对不符情况负有过错责任，应及时进行整改。

10.5 执行

10.5.1 对客户的应收账款，业务、财务等相关部门应按照客户的信用额度或信用期执行。

10.5.2 应根据客户信用变化情况，选择或调整合作的客户，控制业务风险。

11 供应商管理

11.1 合作量限额申请

11.1.1 在与供应商签订协议前，业务部门应根据供应商的信用评级对供应商进行初审，决定是否将该供应商列为本企业的服务供应商。可参照 GB/T 22152、GB/T 22155 和 GB/T 28836 的规定。

11.1.2 如初审通过，业务部门应向负责信用审核的部门提交供应商合作量限额申请单。

11.1.3 合作量限额申请单的内容，应包括但不限于：

——供应商名称；

——供应商信用档案；

——合作量限额；

——费率表；

——供应商向本企业提供的信用额度或信用期；

——其他需要说明的事项。

11.2 合作量限额审核

11.2.1 负责信用审核的部门应对业务部门提交的供应商合作量限额申请单进行审核。审核内容应包括申请信息的完整性、合作量限额的合理性。审核时，可参考以下因素：

——供应商的信用评级；

——本企业的业务总量；

——费率的竞争力；

——供应商向本企业提供的信用额度或信用期；

——与该供应商的业务发展潜力。

11.2.2 如负责信用审核的部门拒绝业务部门的供应商合作量限额申请，应及时将拒绝的原因通知业务部门。

11.2.3 如审核通过，负责信用审核的部门应将审核后的供应商合作量限额申请单转给业务、财务等相关部门。

11.3 重审

11.3.1 供应商的信用评级、费率或向本企业提供的信用情况发生变化后，业务部门应及时对供应商的合作量限额进行重审。

11.3.2 负责信用审核的部门应定期对供应商合作量限额申请单的执行情况进行重审，可包括供应商信用评级的维持情况、与供应商签订的合同是否与申请单相符、执行费率情况、服务质量评价记录和合作瑕疵记录等。

11.3.3 对重审过程中发现的不符情况，业务部门应制定相应的应对措施，并通知信用管理机构。

11.3.4 如业务、财务等相关部门对不符情况负有过错责任，应及时进行整改。

11.4 执行

应根据供应商信用变化情况，选择或调整合作的供应商，控制业务风险。

12 应收账款管理

12.1 应收账款总量控制

12.1.1 应根据当地市场情况与已经授信的信用总额，对应收账款总量设定一定的预警量。

12.1.2 当应收账款总量超过预警量，应采取以下措施：

——重新评估信用评级和授信管理的合理性；

——检查授信管理的执行情况；

——研究市场环境是否发生恶化；

——检查各相关部门对应收账款回收制度的执行情况；

——检查其他可能存在的原因。

12.1.3 应及时对检查、评估中发现的问题进行整改。

12.2 应收账款账龄监控

12.2.1 应与法务部门协调，对所有应收账款的账龄设定预警监控点。

12.2.2 当某一应收账款的账龄超过预警监控点，应立即检查该应收账款的情况和客户合作状态，并制定整改措施。

12.2.3 如发生客户已非正常停止合作，业务部门应及时沟通客户，查明停止合作的原因。如需要，应重新调整该客户的信用额度，并尽快完成对应收账款的回收工作。

12.3 应收账款回收管理

12.3.1 应收账款的回收应按照“谁开发，谁负责”的原则，由该业务的市场开发人员负责应收账款的回收工作。

12.3.2 对已经开始执行但未完成的业务，其对应的费用总额扣除预收的款项后可作为预期应收账款，列入信用额度和应收账款的管理。

12.3.3 财务部门应及时将客户支付款项的到账情况通知业务人员。

12.3.4 应根据各业务人员的业务总量和信用额度总量情况对各业务人员设定应收账款预警点。当业务人员的应收账款总额超过预警点，财务部门应及时通知业务部门和该业务人员，督促业务人员注意应收账款的回收工作。

12.3.5 在商账处理时，及时制定对逾期应收账款处理的方案，督促和引导业务部门和业务人员做好应收账款回收工作；人员岗位调换、离职，应对经手的应收账款进行交接。

12.4 应收账款财务控制

12.4.1 应按企业会计准则计提应收账款坏账准备。

12.4.2 应为应收账款投保信用保险。

12.5 法律措施

12.5.1 应建立失信违约行为责任追究制度，并应有相应的措施。

12.5.2 如发生客户生产经营状况急剧恶化，或长期拒绝支付运杂费或代垫费用及服务费用等，或发生失信违法行为，或进入破产程序，业务、财务等相关部门应配合法务部门，对客户采取必要的法律措施，避免造成更大损失。

13 信息化与档案管理

13.1 信息化与档案管理应符合 GB/T 22154 的规定。

13.2 信息系统与信息交换应符合 GB/T 26318、GB/T 26320 的规定。

13.3 单证标识符、单证数据项和承运人标识符应符合 GB/T 26319、GB/T 26321、GB/T 28530 和 GB/T 28532的规定。

14 培训

14.1 定期组织相关法律法规和信用管理制度的培训。

14.2 定期对业务人员进行客户信用分析培训,培训内容可包括:

——信用意识;

——日常客户信用信息收集、分析的内容和工作方式;

——客户信用申请流程;

——应收账款催收技巧;

——与信用管理相关的制度和惩罚措施。

14.3 定期对信用审核人员进行信用审核培训,培训内容可包括:

——信用意识;

——信用分析、审核的内容和工作方式;

——信用额度的控制要求。

14.4 定期对信用管理人员和业务人员进行诚信教育。

ICS 03.100.01
A 02

中华人民共和国国家标准

GB/T 30346—2013

加工贸易物流作业规范

Operational norms for processing trade logistics

2013-12-31 发布

2014-07-01 实施

中华人民共和国国家质量监督检验检疫总局
中国国家标准化管理委员会 发布

前　言

本标准按照 GB/T 1.1—2009 给出的规则起草。

本标准由中华人民共和国商务部提出并归口。

本标准起草单位：深圳市联合纵横国际货运代理有限公司、上海美华系统有限公司、上海新景程国际物流有限公司、厦门通程物流有限公司、四川锦程国际货运代理有限责任公司、国富通信息技术发展有限公司、义乌市金隆国际货运代理有限公司、江苏远东物流有限公司、浙江双马国际货运有限公司、上海加贸边角料交易服务中心有限公司、民生国际货物运输代理有限公司、重庆美联国际物流(集团)有限公司、重庆会通华联物流有限公司、中国远洋运输(集团)总公司、中国外运长航集团有限公司、中国海运(集团)总公司、中钢国际货运有限公司、锦程物流(集团)有限公司、重庆市国际货运代理协会、新疆托木尔货运代理有限公司。

本标准主要起草人：罗贵华、林忠、费飞、何瀚伟、冯建萍、陈峥、高爽、刘爱淳、裴蕾、任中伟、陈智勇、景洪德、刘露、王文、包红武、曾真、杨希江、刘军、陈东琪、金旭峰。

加工贸易物流作业规范

1 范围

本标准规定了加工贸易企业中涉及加工贸易物流作业的组织机构、业务流程和作业规范。

本标准适用于外贸型加工贸易企业的规范管理。

2 规范性引用文件

下列文件对于本文件的应用是必不可少的。凡是注日期的引用文件,仅注日期的版本适用于本文件。凡是不注日期的引用文件,其最新版本(包括所有的修改单)适用于本文件。

GB/T 22151 国际货运代理作业规范
GB/T 22154 国际货运代理服务质量要求
GB/T 26318 物流网络信息系统风险与防范
GB/T 26320 国际货运代理信息交换规范
GB/T 28831 国际货运单证缮制规范
GB/T 28832 国际货运单证缮制质量要求
GB/T 28839 进出境货物木质包装申报规范
GB/T 30055 国际货运代理报关服务质量要求
GB/T 30056 国际货运代理拼箱服务质量要求
GB/T 30057 国际货运代理合同规范
GB/T 30349 集装箱货运代理服务规范
GB/T 30838 契约承运人服务质量要求

3 术语和定义

下列术语和定义适用于本文件。

3.1

加工贸易企业 processing trade enterprise

包括经海关注册登记的经营企业和加工企业。

3.2

经营企业 operating enterprise

负责对外签订加工贸易进出口合同的各类进出口企业和外商投资企业,以及经批准获得来料加工经营许可的对外加工装配服务企业。

3.3

加工企业 processing enterprises

接受经营企业委托,负责对进口料件进行加工或者装配,且具有法人资格的生产企业,以及由经营企业设立的虽不具有法人资格,但实行相对独立核算并已经办理工商营业证(执照)的工厂。

3.4

加工贸易 processing trade

经营企业进口全部或者部分原辅材料、零部件、元器件、包装物料,经加工或者装配后,将制成品复出口的经营活动,包括来料加工和进料加工。

3.5

加工贸易货物　processing trade goods

加工贸易项下的进口料件、加工成品以及加工过程中产生的边角料、残次品、副产品等。

3.6

来料加工　processing of supplied materials

进口料件由境外企业提供,经营企业不需要付汇进口,按照境外企业的要求进行加工或者装配,只收取加工费,制成品由境外企业销售的经营活动。

3.7

进料加工　processing of purchased materials

进口料件由经营企业付汇进口,制成品由经营企业外销出口的经营活动。

3.8

报关　customs declaration

进出口货物收发货人、进出境运输工具负责人、进出境物品所有人或者他们的代理人向海关办理货物、物品或运输工具进出境手续及相关海关事务的过程,包括向海关申报、交验单据证件,并接受海关的监管和检查等。

3.9

保税　under bond

经海关批准的境内企业所进口的货物,在海关监管下在境内指定的场所储存、加工、装配,并暂缓缴纳各种进口税费的一种海关监管业务制度。

3.10

保证金制度　system of bank account of guarantee fund for processing trade

海关对加工贸易企业的进口料件征收一定数额的保证金的一种制度,同意其延期核销,并待核销结案后退还保证金。

3.11

加工贸易登记手册　processing trade handbook

海关为了实现对加工贸易企业的保税加工全过程管理而编制的登记凭证,加工贸易企业为了原材料保税进口/深加工结转以及复出口,在海关办理的加工贸易进出口合同的登记备案(变更)、货物进出口报关申报及核销所用的记录账簿、凭证。以下简称手册或加工贸易手册或手册凭证。

3.12

加工贸易手册核销　record verification and cancellation of the processing trade handbook

加工贸易企业在合同执行完毕后将《加工贸易登记手册》或其他准予备案的凭证、进出口专用报关单等单证的有效数据递交海关,由海关核查该合同项下进出口、耗料等情况,以确定征、免、退、补税的一项海关后续管理业务。

3.13

物料清单　bill of materials;BOM

构成父项装配件的所有子装配件、中间件、零件及原材料的清单,其中包括装配所需的各子项的数量。

3.14

备案　record and approval

加工贸易企业持商务主管部门核发的加工贸易业务批件、进出口合同或协议等单证到主管海关备案、申请保税并领取《加工贸易登记手册》或其他准予备案凭证的行为。

3.15

单位耗料量 amount of materials consumed per unit

加工贸易企业在正常生产条件下加工生产单位出口成品所耗用的进口料件的数量,简称单耗。

3.16

深加工结转 carrying over materials for further processing

加工贸易企业将保税进口料件加工的产品转至另一加工贸易企业进一步加工后复出口的经营活动。

3.17

承揽企业 contracted enterprises

与经营企业签订加工合同,承接经营企业委托的外发加工业务的生产企业。承揽企业应经海关注册登记,具有相应的加工生产能力。

3.18

外发加工 contract out of processing

经营企业因受自身生产特点和条件限制,经海关批准并办理有关手续,委托承揽企业对加工贸易货物进行加工,在规定期限内将加工后的产品运回本企业并最终复出口的行为。

3.19

核销 record verification and cancellation

加工贸易经营企业加工出口或者办理内销等海关手续后,凭规定单证向海关申请解除监管,海关经审查、核查属实且符合有关法律、行政法规、规章的规定,予以办理解除监管手续的行为。

3.20

电子化手册 electronic manual

海关以加工贸易合同为单元为联网企业建立的电子底账。实施电子手册管理的联网企业的每个加工贸易合同设立一个电子化手册;海关根据加工贸易合同的有效期限确定核销日期,对实行电子化手册管理的联网企业进行定期核销管理。

3.21

手册管理表 manual management record

企业用户手册管理的内部控制表格,记录料件成品的进出口情况和手册授权给报关行使用的情况,以形成企业内部加工贸易的底账,避免手册使用的错乱。

4 一般要求

4.1 计划、采购、生产、销售、仓储、保税、交付等过程中的物流组织与管理应合理、有效、相互衔接,并符合 GB/T 22151、GB/T 30838 和 GB/T 30057 的规定。

4.2 业务操作流程应规范,并符合防范、控制和规避风险的要求。

4.3 各项审批手续应符合制度规定、材料齐全、手续完备、处理及时。

4.4 报关报检应依法、准确、及时,不擅自处理货物,并符合海关对加工贸易货物监管、GB/T 30055 和 GB/T 28839 的规定。

4.5 信息化与档案管理应符合 GB/T 22154 的规定。

4.6 信息系统与信息交换应符合 GB/T 26318、GB/T 26320 的规定。

4.7 单证缮制与签发应符合制度规定、材料齐全、手续完备、准确有效、处理及时,并符合 GB/T 28831、GB/T 28832 的规定。

4.8 集装箱作业应符合 GB/T 30349、GB/T 30056 的规定。

5 业务机构及职能

5.1 应有完整的组织机构、物流管理制度及岗位职责,各部门、各岗位的职责权限划分明确。

5.2 应定期或不定期调整组织机构,以达到:

——物流业务的完整与独立;

——计划、采购、生产、销售、保税等过程中涉及集货、运输、分拨、中转、加工、保管、包装、装卸搬运、物流信息以及报关报检、合同备案与手册管理等作业的有序进行。

——现场作业和职能部门的物流组织之间应有效地衔接和相互协调。

5.3 可设立进出口部门,负责制定加工贸易进出口物流管理制度以及日常进出口业务操作,包括但不限于办理货物的运输、报关、报检、纳税等事务;保持和监管部门良好沟通,保管好加工贸易货物凭证。

5.4 可设立计划部门,负责生产中加工贸易料件和成品的各类计划制定与实施。

5.5 可设立采购部门,负责加工贸易料件采购业务的组织与管理。

5.6 可设立仓储部门,负责仓储管理与信息统计及反馈,包括但不限于制定仓储、物流管理制度,加工贸易料件和成品的存放、使用、损耗、处置等的管理。

5.7 可由生产部门,负责记录加工贸易料件耗用情况。

5.8 可由财务部门,负责原材料明细账、销售收入明细账、在产品和产成品明细账的设置和会计处理等。

5.9 可设立销售部门,负责市场开发、销售合同的签订和实施等。

6 业务流程

主要业务流程如下,具体流程参见附录A:

——与外商企业签订商务合同;

——保税料件确认;

——合同备案手册申领准备;

——向商务主管部门提供相关材料,获得《加工贸易企业经营状况和生产能力证明》和《加工贸易业务批准证书》,进行加工贸易合同审批;

——向国家税务部门进行《加工贸易业务批准证书》备案(除来料加工外),以供产品出口后退税使用;

——向海关申请加工贸易合同备案,并获得银行保证金台账联系单;

——向银行开设保证金台账;

——向海关申请办理加工贸易登记手册或凭证;

——采购物料,生产,并销售成品;

——向海关办理货物进出口报关、合同核销、保证金台账核销、手册核销等业务;

——向国家税务部门办理出口退税、结案;

——向商务主管部门办理合同核销结案。

7 保税料件确认

7.1 负责销售的部门收到销售订单后,应签订销售合同,或负责销售的部门根据市场情况应确定销售计划并及时登记有关销售台账。

7.2 负责销售的部门确定销售订单或销售计划中的成品编号、品名、规格、包装、订单数量、交货方式、交货日期等后，应转给计划部门。

7.3 负责计划的部门应确定自行生产和外发加工的生产计划。

7.4 负责计划、采购和进出口的部门应共同完成外发加工订单的外发加工合同签订。

7.5 对自行生产计划，负责计划与生产的部门应根据生产流程和生产工艺制定料件计划，并转给负责采购的部门。

7.6 负责采购的部门根据料件计划应确定料件采购订单，包括保税和非保税性质的料件采购订单，并将保税性质的销售合同和料件采购订单转给进出口部门，以便进行手册备案。

7.7 负责进出口的部门按照生产工艺和海关归并原则，应设定料件和成品的归并关系，并报海关审核通过。

8 合同备案准备

8.1 负责进出口的部门应确认合同备案模式，以企业为单元备案或以合同为单元备案。

8.2 负责进出口的部门收到负责采购的部门的料件采购订单后，应预计该手册的进出口备案量。

8.3 负责进出口与生产的部门应根据生产工艺，预计该手册的单耗备案量，制作生产工艺流程图、排料图。

8.4 负责进出口的部门应根据海关审核过的归并关系表，生成进料加工手册数据，并依此缮制需要向海关申报的进口料件表、出口成品表和成品对应料件单耗表。

8.5 负责进出口的部门应根据以上手册备案表数据，在商务主管部门信息系统中录入手册数据，申请办理加工贸易业务批准证。

8.6 负责进出口的部门应备妥需要向海关提交的加工合同备案申请表、加工贸易单耗申报单、《加工贸易企业经营状况和生产能力证明》及其他手册备案文件。

9 申领手册

9.1 合同备案和手册申领

9.1.1 负责进出口的部门应登录商务主管部门信息系统，查看《加工贸易企业经营状况和生产能力证明》和《加工贸易业务批准证书》的审批情况，以及审批后的内容和证书号码。

9.1.2 负责进出口的部门应根据批准后的《加工贸易业务批准证书》内容制作进出口形式合同。

9.1.3 负责进出口的部门应向商务主管部门递交所有进出口合同复印件及上年《加工贸易企业经营状况和生产能力证明》，办理备案并领取商务主管部门批准的《加工贸易业务批准证书》。

9.1.4 负责进出口的部门应按要求将正本《加工贸易业务批准证书》和进出口合同复印件等备案资料递交国家税务部门进行备案，并领取加盖国家税务部门备案章的正本《加工贸易业务批准证书》。

9.1.5 负责进出口的部门应在海关信息系统向海关申报手册备案申请。

9.1.6 负责进出口的部门应将手册备案申请表、《加工贸易业务批准证书》和进出口合同递交海关，向海关申请办理手册备案审核和签发银行保证金台账联系单。

9.1.7 海关签发银行保证金台账联系单后，负责进出口的部门应向银行申请办理保证金台账。

9.1.8 银行签发保证金台账登记通知后，负责进出口的部门应将银行保证金台账登记通知书和保证金收存凭证交海关，向海关申请办理电子化手册的核发。

9.2 启用手册

9.2.1 负责进出口的部门应领取经海关备案的手册号，通过海关信息系统打印手册备案的表头数据。

9.2.2 负责进出口的部门应在内部管理系统中维护实际手册数据。

9.2.3 应在手册管理表中记录手册号、成品名称、物料名称、成品和料件的价值,对该手册进行锁定,开始使用该手册。

9.2.4 应为该手册建档,附录相关资料,为实际进出口货物做准备。相关资料可以包括:

——手册备案数据复印件;

——手册其他基础信息;

——正本《加工贸易业务批准证书》和进出口合同复印件。

9.2.5 负责进出口的部门应将以上归档文件复印转给负责采购和仓储的部门。

10 采购料件物流安排

10.1 收货准备

10.1.1 收到负责采购的部门的保税性质的料件采购订单后,负责进出口的部门应确定进口和深加工结转转入的物料清单。

10.1.2 负责进出口的部门应通知负责采购的部门要求供应商提供的报关和运输文件。

10.1.3 如采购料件涉及相关的进口许可证明且无法免领的,负责进出口的部门应在收到料件采购订单后及时办理。

10.1.4 负责进出口的部门应通知负责仓储的部门保税性质料件清单和预计到货时间,提前做好仓储安排。

10.1.5 负责进出口的部门收到发货通知后,应根据发货通知上的采购订单号在手册管理表中核对对应的手册号。

10.1.6 负责进出口的部门应根据手册号确定其在手册管理表中的位置。

10.2 进口运输安排

10.2.1 负责采购的部门确定进口料件采购合同后,如由买方负责运输安排,应与负责进出口的部门共同确定进口运输服务的供应商,并签订进口运输合同。

10.2.2 负责采购的部门应将进口料件采购合同转给负责进出口的部门,由负责进出口的部门负责安排进口运输、进口申报事宜。

10.2.3 负责进出口的部门应根据料件采购合同的约定,提前与料件供应商确定发运日期。

10.2.4 负责进出口的部门应向运输服务供应商发出托运单,托运单上应明确发货人名称、发货人联系方式、采购合同号、发运日期、货物名称、数量、起运地和目的地、运费结算方式以及其他特殊要求。

10.2.5 运输服务供应商确认接受托运后,应通知负责进出口的部门有关发运代理名称、发运代理联系方式、运输工具名称和航/班/车次、预计起运日期、预计舱位数量、起运港/地和目的港/地以及其他要求。

10.2.6 负责进出口的部门应按照运输服务供应商提供的信息,向料件供应商发出发运通知,安排料件发运事宜。

10.2.7 料件发运后,料件供应商和运输服务供应商应通知负责进出口的部门有关料件的发运情况。负责进出口的部门核对无误后,应通知负责采购和仓储的部门有关料件预计入库时间。

10.3 进口报关

10.3.1 负责进出口的部门收到采购部门转来的运输单证和跟单文件后,应:

——核对运输单证、装箱单、发票上的货物信息是否一致,是否与采购合同相符;
——核对发票上的金额是否与采购合同相符;
——检查发票、装箱单是否符合海关规定要求;
——如料件进口需提供其他单证,如:包装证明、原产地证明,应核对是否齐全、是否与运输单证、装箱单、发票一致。

10.3.2 负责进出口的部门收到运输单证后,应及时与承运人联系,落实货物到达情况。如承运人需要,应在货物到达前提供货物中文名称等申报信息。

10.3.3 货物到达后,负责进出口的部门应联系承运人,提示运输单证换取提货证明,以办理提货事宜。

10.3.4 如进口的料件需要检验检疫,负责进出口的部门应提前准备相关报检文件,及时安排报检事宜。

10.3.5 负责进出口的部门核对跟单文件无误后,应根据发票填写报关单,连同跟单文件、提货证明、合同、手册凭证(和其使用授权)及其他报关单证递交海关或代理报关公司,以尽快安排报关事宜。

10.3.6 负责进出口的部门应做好有关单证的交接登记工作。

10.3.7 负责进出口的部门应将发票和装箱单副本转给负责仓储的部门,确定安排料件入库的时间,要求负责仓储的部门安排人员进行收货。

10.4 深加工结转转入申报

10.4.1 如采购料件为深加工结转转入,负责采购的部门收到料件供应商的发货通知后,应转发给负责进出口的部门,由负责进出口的部门联系料件供应商,确认海关申报的时间和报关文件的交接,以及预计进行货物交接的时间。

10.4.2 料件供应商完成深加工结转转出的申报后,应及时通知负责进出口的部门,并转交相关文件。

10.4.3 负责进出口的部门应在海关规定的期限内完成深加工结转转入的申报。

10.5 料件采购完成

10.5.1 完成料件的海关申报工作后,负责进出口的部门应及时安排短途运输服务,将料件运至仓库。

10.5.2 负责仓储的部门应根据发票和装箱单,核查实际收货情况。如有必要,可安排负责生产的部门进行货物品质检验。

10.5.3 在核查实际收货情况时,如发现货物短少、破损或有品质问题,负责仓储的部门应及时与负责采购的部门联系,告知以上情况,并确认是否退运。

10.5.4 完成料件的海关申报工作后,负责进出口的部门应及时核对相关报关单证、文档,并存档、登记。

10.5.5 完成料件入库后,负责仓储的部门应将收货情况通知负责进出口和采购的部门,并及时登记保税料件库存台账。

10.5.6 负责进出口的部门应将报关单证明联送交财务部门,并将报关单按照手册号进行归档。

10.5.7 负责进出口的部门应将手册号与采购订单、销售订单的对应关系记录在手册管理表中。

11 生产物流安排

11.1 生成生产订单

11.1.1 签订销售合同或制定销售计划后,销售部门应及时生成生产订单,转给负责生产的部门。

11.1.2 负责生产的部门接到负责销售的部门的生产订单后,应根据当前的生产能力和生产计划,确定是否可满足生产订单的要求,并通知负责销售的部门。

11.1.3 负责生产与销售的部门确定生产订单后,应开始制定生产计划和安排生产,并及时登记有关生产台账。

11.2 生产物料管理

11.2.1 实际生产时,负责生产的部门应根据预计的保税料件消耗情况,生成保税料件领用单并转给负责仓储的部门,负责仓储的部门应按照领用单安排保税料件的出库。负责仓储的部门,在保税料件出库后应及时登记保税料件库存台账。

11.2.2 保税成品生产完毕或完成阶段性半成品后,负责生产的部门应生成保税成品/半成品入库单并通知负责仓储的部门,负责仓储的部门应按照入库单安排成品/半成品的入库。负责仓储的部门在保税成品/半成品入库后,应及时登记保税成品/半成品库存台账。

11.2.3 对在生产环节中产生的废料、废品,负责生产的部门应全部收集、集中管理。在每批成品/半成品完工后,应根据废料、废品情况生成保税废料入库单并通知负责仓储的部门,负责仓储的部门应按照入库单安排废料的入库。负责仓储的部门在保税废料入库后,应及时登记保税废料库存台账。

11.2.4 负责进出口的部门经申请并获得海关同意和办理相关手续后,可对保税废料进行处理。保税废料处理后,负责仓储的部门应及时登记保税废料库存台账。

12 销售成品物流安排

12.1 发货准备

12.1.1 负责销售的部门应与负责生产的部门联系,跟踪销售订单的生产进度。

12.1.2 负责销售的部门应根据销售合同,与买方确定发运日期,并将情况通知负责进出口的部门。

12.1.3 根据销售合同,负责进出口的部门应确认成品属于出口或深加工结转转出。

12.1.4 如出口成品需要办理相关的出口许可证明、产地证明或商检文件,负责进出口的部门在收到负责销售的部门的通知后应及时办理。

12.1.5 收到发货通知或信用证后,销售部门应将发货通知或信用证转给负责进出口的部门,确认相关发货要求是否可满足。

12.1.6 经确认可满足后,销售部门应缮制发票和装箱单。

12.1.7 负责销售的部门应将销售合同、发票、装箱单转交负责进出口的部门。

12.1.8 进出口部门收到销售部门转来的资料后,应:

——核对装箱单、发票上的货物信息是否一致,是否与销售合同相符;

——核对发票上的金额是否与销售合同相符;

——检查发票、装箱单是否符合海关规定要求;

——如成品出口需提供其他单证,如包装证明、原产地证明,应核对是否齐全、是否与装箱单、发票一致。

12.1.9 负责进出口的部门收到负责销售的部门的资料后,应根据销售订单编号在手册管理表中核对其对应的手册号。

12.1.10 负责进出口的部门应根据手册号在手册管理表中记录预计使用时间和销售订单号。

12.1.11 负责进出口的部门应根据成品发票中的成品明细与企业内部归并原则,缮制报关发票、报关单。

12.2 出口运输安排

12.2.1 如销售合同约定由卖方负责运输安排，负责进出口的部门应确定出口运输服务的供应商，并签订出口运输合同。

12.2.2 负责进出口的部门应根据发货通知或信用证要求，向运输服务供应商发出托运单，托运单上应明确发货人名称、收货人名称、发运日期、运输工具和航/班/车次、货物名称、件数、重量、体积、舱位数量、起运地和目的地、运输条款、运费结算方式以及其他特殊要求。

12.2.3 运输服务供应商确认接受托运后，负责进出口的部门应将装箱单转给仓储部门，要求仓储部门安排人员做好备货工作，并确定具体出库日期。

12.2.4 运输服务供应商确认接受托运后，负责进出口的部门应通知负责销售的部门预计发运日期。

12.2.5 负责进出口的部门应及时安排短途运输服务，将出口成品运至运输服务供应商指定的地点。

12.2.6 成品出库后，负责仓储的部门应及时登记保税成品库存台账。

12.3 出口报关

12.3.1 如出口的成品需要检验检疫，负责进出口的部门应提前准备相关报检文件，及时安排报检事宜。

12.3.2 出口成品进入港/站海关监管区域后，运输服务商或港/站当局应向负责进出口的部门签发货运单证，作为收货证明。

12.3.3 负责进出口的部门应将报关单、发票、装箱单、货运单证、合同、手册凭证(和其使用授权)及其他报关单证递交海关或代理报关公司，以尽快安排报关事宜工作。

12.3.4 负责进出口的部门应做好有关单证的交接登记工作。

12.4 深加工结转转出申报

12.4.1 如成品销售为深加工结转转出，销售部门收到买方的发货通知后，应转发给负责进出口的部门，由负责进出口的部门联系买方，确认海关申报的时间和报关文件的交接，以及预计进行货物交接的时间。

12.4.2 负责进出口的部门完成深加工结转转出的申报后，应及时通知买方，转交相关文件，并应将装箱单转给负责仓储的部门，要求负责仓储的部门安排人员做好备货工作，确定具体出库日期。

12.4.3 如销售合同约定由卖方负责安排短途运输，负责进出口的部门应及时安排短途运输服务，将成品运至买方指定的地点。

12.5 成品出口完成

12.5.1 完成成品的海关申报工作后，负责进出口的部门应及时核对相关报关单证、文档，并存档、登记。

12.5.2 货物发运后，负责进出口的部门应及时联系运输服务供应商，核对运输单证信息无误后，要求运输服务供应商及时签发正本运输单证。如发运通知或信用证要求运输服务供应商签发其他文件或证明，负责进出口的部门应及时联系运输服务供应商签发。

12.5.3 负责进出口的部门应将正本运输单证及其他跟单文件送交负责销售的部门并将报关单证明联送交财务部门。

12.5.4 负责进出口的部门应将报关单按照手册号进行归档。

13 保税货物的仓储管理

13.1 日常库存管理

13.1.1 所有保税货物，包括保税料件、半成品、成品，应做到专库存放，即划分出单独用于存储保税货物的仓库。即使没有条件单独规划出保税货物仓库，也应明确划定区域、标注显著标志，不得与非保税货物混放。

13.1.2 保税货物仓库应执行专人管理。

13.1.3 负责仓储的部门应合理利用仓容资源，对仓库实施分区管理，并将货物所在区域录入信息系统。

13.1.4 负责仓储的部门应制定有效的仓库管理办法，做到货物安全、存放整齐、查询便捷、管理高效。

13.1.5 负责仓储的部门应建立出入库人员登记制度。

13.1.6 负责仓储的部门应对料件、半成品、成品、废料分别设置出入库台账，所有保税货物的出库、入库、结存、废料回收和处理都应及时登记相应的库存台账。

13.1.7 负责仓储的部门应定期盘点保税货物仓库内的货物情况。

13.1.8 办结海关手续之日起 3 年内，仓储部门应妥善保存相关台账，以备核查。

13.1.9 保税货物属海关监管货物，未经海关核准并未按规定办理有关手续，负责仓储的部门及其他任何人均不得出售、销毁、处理、转让或移作他用。

13.1.10 负责仓储的部门应配合海关派员进库对货物存储情况进行检查，并提供便利。

13.1.11 负责仓储的部门应定期将盘点情况向海关汇报。

14 手册管理

14.1 日常管理

14.1.1 应定期检查手册管理系统中手册列表。

14.1.2 如负责销售或采购的部门业务发生变化，应及时通知负责进出口的部门，负责进出口的部门根据变化情况决定是否进行手册变更。

14.1.3 对核销期不满 2 个月的手册，应检查手册管理表，确认该手册所有涉及的销售订单完成情况。视具体情况确定延期或者核销：

——如已完成，或负责销售的部门确认在未来一个月内可完成的，应对该手册进行核销。

——如未完成，且负责销售的部门确认在未来一个月内仍无法完成的，应对该手册进行延期。

14.1.4 负责进出口的部门应提前准备手册核销或者延期的资料。

14.1.5 手册核销前，负责进出口的部门应做好手册数据和资料的存档，应自海关批准手册核销之日起，保存 3 年，并应：

——备份手册备案数据；

——复印归档所有报关单。

14.2 变更

14.2.1 如需按规定向商务主管部门申请手册变更批准，负责进出口的部门应持进出口合同向商务主管部门申请变更《加工贸易业务批准证》。

14.2.2 负责进出口的部门应通过海关信息系统向海关申报手册变更申请。

14.2.3 负责进出口的部门应将商务主管部门签发的《加工贸易业务批准证》变更证明及相应《备案清单》、进出口变更合同、变更申请表、手册及海关规定提交的其他单证递交海关，向海关申请办理手册变更审核和签发银行保证金台账变更联系单。

14.2.4 海关签发银行保证金台账变更联系单后，负责进出口的部门应向银行申请办理变更保证金台账。

14.2.5 银行签发保证金台账变更通知单后，负责进出口的部门应将银行保证金台账变更通知单交海关，向海关申请办理电子化手册的核发。

14.3 延期

14.3.1 如需按规定向商务主管部门申请延期批准，负责进出口的部门应持延期交货合同向商务主管部门申请加工贸易合同变更。

14.3.2 负责进出口的部门应通过海关信息系统向海关申报手册延期变更申请。

14.3.3 负责进出口的部门应将商务主管部门签发的加工贸易合同变更备案情况审批表、延期交货合同、延期申请表、手册及海关规定提交的其他单证递交海关，向海关申请办理办理手册延期审核和签发银行保证金台账变更联系单。

14.3.4 海关签发银行保证金台账变更联系单后，负责进出口的部门应向银行申请办理变更保证金台账。

14.3.5 银行签发银行保证金台账变更通知单后，负责进出口的部门应将银行保证金台账变更通知单交海关，向海关申请办理电子化手册的核发。

14.4 核销

14.4.1 负责进出口的部门应通过海关信息系统向海关申报手册核销申请。

14.4.2 负责进出口的部门应将核销报告、料件进口和成品出口的报关单核销联、核销申请表、手册及海关规定提交的其他单证递交海关，向海关申请办理手册核销审核。

14.4.3 如海关拒绝手册核销，负责进出口的部门应按海关的要求进行整改后，再次申请办理。

14.4.4 海关签发银行保证金台账核销联系单后，负责进出口的部门应向银行申请办理核销保证金台账。

14.4.5 银行签发银行保证金台账核销通知单后，负责进出口的部门应将银行保证金台账核销通知单交海关，向海关申请办理核销银行保证金台账。

14.4.6 负责进出口的部门应在内部管理系统中关闭该手册，并在手册管理表中进行标注。

附　录　A
（资料性附录）
加工贸易业务流程图

加工贸易业务流程图见图 A.1。

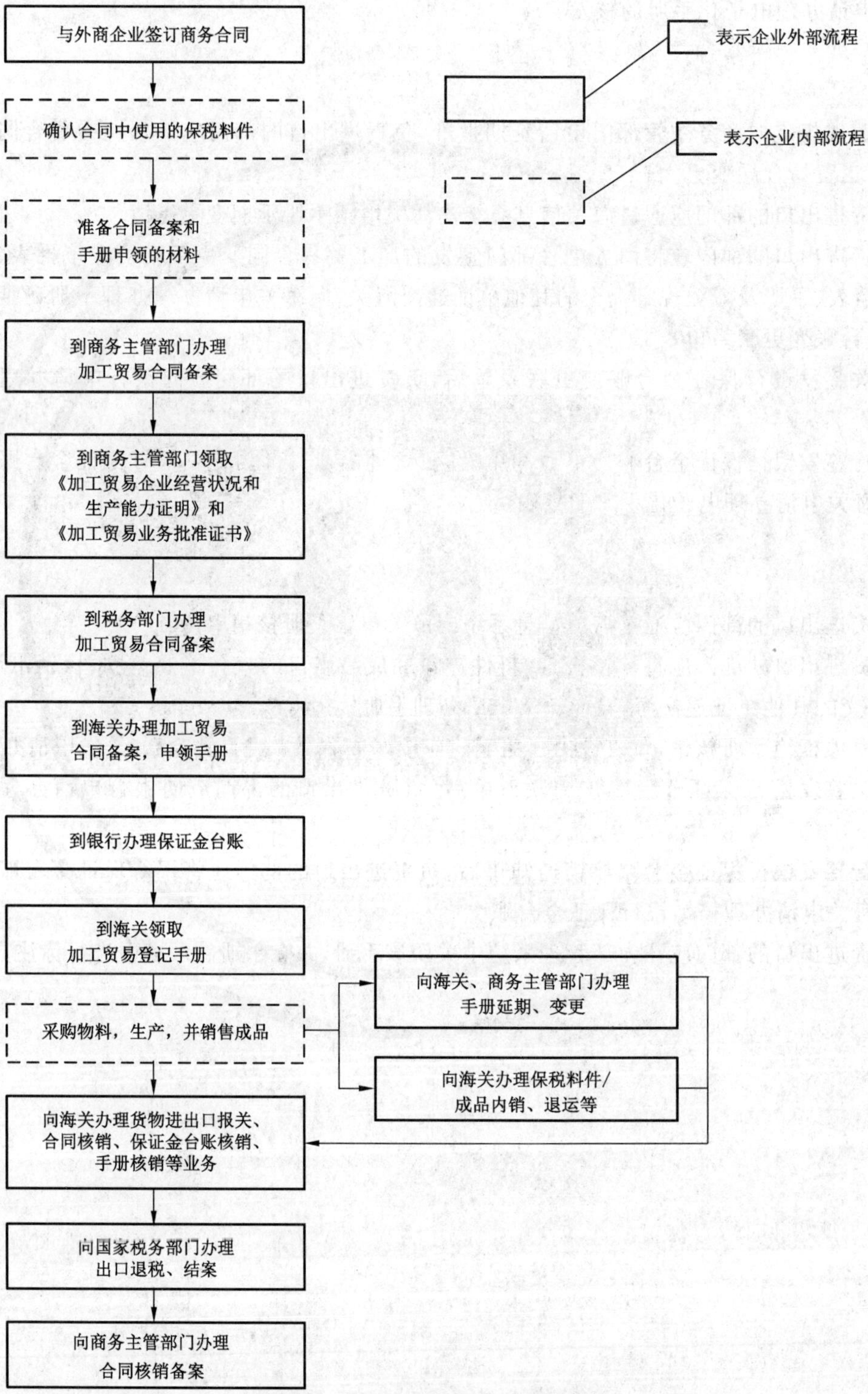

图 A.1　加工贸易业务流程图

参 考 文 献

[1] GB/T 26319 国际货运代理单证标识符编码规则

[2] GB/T 28530 国际货运代理系列单证 单证数据项

[3] GB/T 28532 承运人标识符编码规则

[4] 中华人民共和国海关加工贸易企业联网监管办法(海关总署第150号令)

[5] 关于推广加工贸易银行保证金台账电子化联网管理工作有关问题(海关总署公告2010年第5号)

[6] 中华人民共和国海关对加工贸易货物监管办法(中华人民共和国海关总署令第168号)

[7] 对外贸易经济合作部关于印发《加工贸易审批管理暂行办法》的通知(〔1999〕外经贸管发第314号)

ICS 03.100.01
A 01

中华人民共和国国家标准

GB/T 30347—2013

国际货运代理危险货物运输服务质量要求

Requirement on services of dangerous goods transportation for international freight forwarders

2013-12-31 发布

2014-07-01 实施

中华人民共和国国家质量监督检验检疫总局
中国国家标准化管理委员会 发布

前　言

本标准按照GB/T 1.1—2009给出的规则起草。

本标准由中华人民共和国商务部提出并归口。

本标准起草单位：江苏远东物流有限公司、上海宝霖国际危险品物流有限公司、上海新景程国际物流有限公司、厦门通程物流有限公司、四川锦程国际货运代理有限责任公司、深圳市华信行物流有限公司、义乌市金隆国际货运代理有限公司、民生国际货物运输代理有限公司、重庆美联国际物流（集团）有限公司、重庆会通华联物流有限公司、中国远洋运输（集团）总公司、中国外运长航集团有限公司、中国海运（集团）总公司、锦程物流（集团）有限公司、中钢国际货运有限公司、重庆市国际货运代理协会、新疆托木尔货运代理有限公司等。

本标准主要起草人：何瀚伟、林忠、廖解宝、刘爱淳、陈峥、陈智勇、裴蕾、任中伟、曾真、廖林杰、刘露、王文、包红武、刘军、杨希江、金旭峰。

国际货运代理危险货物运输服务质量要求

1 范围

本标准规定了国际货运代理从事危险货物运输服务的服务质量及服务流程控制的要求。

本标准适用于国际货运代理及其相关的企业,亦可作为对企业进行规范与管理的依据。

2 规范性引用文件

下列文件对于本文件的应用是必不可少的。凡是注日期的引用文件,仅注日期的版本适用于本文件。凡是不注日期的引用文件,其最新版本(包括所有的修改单)适用于本文件。

GB 190 危险货物包装标志

GB 6944—2012 危险货物分类和品名编号

GB 11806 放射性物质安全运输规程

GB 12268 危险货物品名表

GB 15603 常用化学危险品贮存通则

GB 18265 危险化学品经营企业开业条件和技术要求

GB/T 22151 国际货运代理作业规范

GB/T 22154—2008 国际货运代理服务质量要求

GB/T 26318 物流网络信息系统风险与防范

GB/T 26319 国际货运代理单证标识符编码规则

GB/T 26320 国际货运代理信息交换规范

GB/T 26321 国际货运代理业务数据元

GB/T 28530 国际货运代理系列单证 单证数据项

GB/T 28532 承运人标识符编码规则

GB/T 28831 国际货运单证缮制规范

GB/T 28832 国际货运单证缮制质量要求

GB/T 28836 国际物流企业信用评价指标要素

GB/T 28837 木质包装检疫处理服务质量要求

GB/T 28839 进出境货物木质包装申报规范

GB/T 29621 危险货物国际运输单证规范

GB/T 30057 国际货运代理合同规范

GB/T 30349 集装箱货运代理服务规范

GB/T 30838 契约承运人服务质量要求

JT 397 危险货物集装箱港口作业安全规程

JT 617 汽车运输危险货物规则

JT 618 汽车运输、装卸危险货物作业规程

JT 672 海运危险货物集装箱安全技术要求

关于危险货物运输的建议书 规章范本(UN Recommendations on the Transport of Dangerous Goods—Model Regulations)

3 术语和定义

下列术语和定义适用于本文件。

3.1

危险货物(也称危险物品或危险品) dangerous goods

具有爆炸、易燃、毒害、感染、腐蚀、放射性等危险特性,在运输、储存、生产、经营、使用和处置中,容易造成人身伤亡、财产损毁或环境污染而需要特别防护的物质和物品。

[GB 6944—2012,定义 3.1]

3.2

安全 security

采取的措施和防范手段,尽量减少可能危及人或财产的危险货物失窃或非正常使用。

3.3

危险货物的标志 symbols of dangerous goods

由危险货物的标记、图案标志(标签)和标牌所组成的。标记是指标注在包装危险货物外表的简短文字或符号。包括危险货物的完整学名、联合国编号、海洋污染物标记等。图案标志是指以危险货物运输规则中规定的色彩、图案和符号绘制成的菱形标志。标牌是指放大的图案标志,适用于如集装箱等较大的运输单元。

4 服务质量保证体系

服务质量保证体系的建立、完善和运行,应符合 GB/T 22154—2008 中第 4 章的规定。

5 基本服务质量要求

5.1 业务组织与管理应合理、有效、相互衔接,并符合 GB/T 22151 的规定。

5.2 业务操作流程应规范,并符合防范、控制和规避风险的要求。

5.3 委托/托运审查应依规依法、细致、全面。

5.4 订舱/托运的事项、责任主体、授权范围应清晰、明确。

5.5 危险品申报应合法、准确、及时。

5.6 货物接收应通知明确、手续完整、核查细致、记录准确。

5.7 仓储及装运应合法、安全、谨慎、标志清楚。

5.8 其他基本服务质量要求,应符合 GB/T 22154—2008 的规定。

6 内部控制

6.1 安全管理

6.1.1 应建立安全管理体系,加以实施和保持,并持续改进其有效性。

6.1.2 应设置安全管理部门,配备相应的安全管理人员,明确管理职责和权限,对从事危险货物运输活动的人员、设施、仓储及运输过程进行安全管理。

6.1.3 应确保为安全管理体系的建立、运行、保持和改进提供必要的人力、技术、基础设施、专项技能培训和财力资源。

6.1.4 安全规定应遵照附录 A 的要求。

6.2 服务评价、服务质量的监督和服务改进

应符合 GB/T 22154—2008 的规定。

6.3 危险货物运输服务岗位要求

6.3.1 应设立专门岗位，专职负责危险品托运/订舱的审查和供应商的评估工作。

6.3.2 应建立危险品托运/订舱确认、服务供应商选择等的授权审批制度并有效执行。

6.3.3 应制定各岗位相应的管理制度，明确各岗位的业务分工、操作流程、管理内容和相应责任。

6.3.4 应对危险货物运输服务岗位人员进行职业背景评估，并建立个人信息资料记录。

6.4 危险货物运输服务岗位人员要求

6.4.1 应取得相应的从业资格证书。

6.4.2 应熟悉有关危险货物的国际公约、法律、法规和规章制度，熟练掌握危险货物运输业务知识，熟悉危险货物申报作业程序。

6.4.3 应掌握有关危险货物操作的相关知识，定期参与企业、监管部门或机构、行业中介组织的业务培训。

6.4.4 应遵守相关的法律、法规、规章制度以及监管部门、机构或行业中介组织的各项要求，恪守职业道德和执业纪律规范。

6.4.5 应配合监管部门或机构的监管工作，接受或协助相关的调查、稽查，落实监管部门或机构对货运代理企业的管理措施。

6.5 培训

按照附录 B 的规定。

6.6 危险货物资料

6.6.1 应根据业务需要，保有最新的国内外有关危险货物的法律法规标准等资料，如 IMDG Code、RID、ICAO TI、IATA DGR、ADR、GHS 等的最新版本资料。

6.6.2 收集并保有有关危险货物运输的基础信息资料、案例分析和操作指南等。

6.7 信息化与档案管理

6.7.1 信息化与档案管理应符合 GB/T 22154—2008 的规定。

6.7.2 信息系统与信息交换应符合 GB/T 26318、GB/T 26320 的规定。

6.7.3 单证标识符、单证数据项和承运人标识符应符合 GB/T 26319、GB/T 26321、GB/T 28530 和 GB/T 28532 的规定。

7 资信控制

7.1 应参照 GB/T 28836、GB/T 30057 和 GB/T 30838 的规定。

7.2 与客户沟通、联系时，不得有以下行为：

——协助客户伪造、修改、隐瞒货物名称及其他信息；

——协助客户伪造、修改相关申报文件；

——协助客户冒用他人的相关申报文件进行申报；

——向客户提供不符合危险品衬垫、加固、堆放标准的装载建议；

——其他违反货运代理职业操守的行为。

7.3 向实际承运人订舱、申报，或向监管部门或机构申报时，不得有以下行为：

——对客户提供的货物名称进行修改或隐瞒；

——伪造或修改客户提供的危险品申报材料；

——未通知客户或未获得客户授权，擅自回复承运人、监管部门或机构的质询；

——拒绝或拖延提供承运人、监管部门或机构要求提供的相关申报材料；

——其他违反货运代理职业操守或监管部门、机构规定的行为。

8 业务流程控制

8.1 接受委托/托运

8.1.1 资格审查

8.1.1.1 在接受委托/托运前，应对客户的身份资料、经营性质及规模、分类管理的等级、以往诚信守法记录以及客户提供资料等的真实性、合法性情况进行合理审查，并符合 GB 18265 的规定。

8.1.1.2 应参照 GB/T 30057 的规定，对合同进行评审。

8.1.2 委托/托运初步审查

8.1.2.1 如客户托运的货物为危险货物，委托书/托运单上应列明危险货物的发货人、收货人、货物名称、品名、等级、危险品编号、性质、规格、数量、件重、净重、总重、体积、包装情况、发运日期、起运港/地和目的港/地、运费支付方式以及其他特殊要求(如温度控制、积载要求等)，并提供危险货物安全技术说明书、产品材料安全数据表(Material Safety Data Sheet，MSDS)、出境危险货物运输包装使用鉴定结果单(或提供出入境货物包装性能检验结果单并委托货运代理向检验检疫主管部门代办申请)。

8.1.2.2 在接受委托/托运前，应与客户确认是否可准确、及时提交相关的危险货物申报文件。可应客户要求，提供文件的样本格式供客户参考。

8.1.2.3 在接受委托/托运前，应对委托书/托运单中所列明的货物名称和其对应危险品编号的准确性和合理性进行审查，如货物名称应使用正确的化学学名或技术名称，而不是商品俗名。参照 GB 190、GB 6944—2012 和 GB 12268。

8.1.2.4 如客户托运的货物虽未申报为危险品，但在委托书上或货物包装上显示的货物名称为化工品时，应向危险货物运输服务岗位人员确认该化工品的化学属性或危险性。如不能明确，应要求客户到指定的危险品鉴定机构进行鉴定，并提交鉴定报告。

8.1.2.5 在接受委托/托运前，应取得承运人是否可接受所指定的危险货物运输的确认。得到确认后，方可提交危险货物运输服务岗位人员进行审查。

8.1.2.6 如涉及的危险品运输须由货运代理或承运人提供特殊运输设备(如特殊的集装箱箱型)或运输工具时，应在接受委托/托运前，确认可在客户指定的运输时间内提供足够的适运、适货的运输设备(如空集装箱)和运输工具。

8.1.3 危险品运输服务岗位人员审查职责

8.1.3.1 在客户完整提交委托书/托运单或相关的危险品申报文件后，危险货物运输服务岗位人员：

——应落实相关运输区段所适用的有关危险品的法律、法规和应由客户或货运代理进行危险品申报的程序；

——应审查所有文件上所列的货物名称、等级、危险品编号、件数、重量、包装等是否相互一致，货物名称和危险品编号与适用的危险货物相关的法律、法规是否相符；

——应审查申报文件,包括包装证明文件,核实所采用的检验标准应符合适用的危险品法律、法规的规定;

——应审查危险货物技术证明书上是否有品名、别名、分子式、性能、运输注意事项、急救措施、消防方法等内容,供港口、船舶装卸、运输危险货物时参考;

——如存在两种或两种以上不同运输方式,或途径不同国家所适用的危险货物运输法律法规不同,应采用从严遵守、分开申报的方式进行处理;

——对托运人提供的证明文件,除核对其与托运单记载内容是否一致外,还应重点审核证明文件签发人的资格、要求加盖的监管部门或机构的印章、出运日期应在申报文件的有效期内等。

8.1.3.2 应根据承运人对危险品运输的相关要求,配合承运人提醒客户进行自查,并视需要协助承运人向客户了解危险货物的特性。

8.1.3.3 应提醒客户重视危险货物的包装要求和包装完整性,避免在同一集装箱内装入不相容的货物,提供衬垫加固指导。

8.1.4 单证缮制与审核

8.1.4.1 应按承运人的要求填制订舱/托运申请,按监管部门或机构的要求填制危险品申报单,各种单证的内容应相互符合,达到传达与提交运输货物的危险性有关资料的要求。

8.1.4.2 应符合《关于危险货物运输的建议书 规章范本》中有关票据以及 GB 11806、GB/T 28831、GB/T 28832 和 GB/T 29621 的规定,做到真实、准确、齐全、清楚。

8.1.5 出口订舱/托运

8.1.5.1 应向已取得危险货物运输经营资格的承运人办理订舱/托运,且承运人的经营范围应与所承揽/运的危险货物相符合。

8.1.5.2 按照承运人对危险货物订舱/托运时间的要求,提交订舱/托运申请和相关申报文件。订舱/托运申请上应列明发货人名称、收货人名称、货物名称、等级、危险货物编号、性质、数量、包装情况、净重和总重、体积、发运日期、起运港/地和目的港/地、运费支付方式以及其他特殊要求等。具体要求参见附录 C。

8.1.5.3 提醒承运人提供适合危险货物运输的集装箱等运输设备或运输工具。

8.1.5.4 应符合《关于危险货物运输的建议书 规章范本》第 5 部分有关托运程序和 GB/T 22151 的规定。

8.2 出口危险货物申报文件

8.2.1 应通知客户按时提供危险货物申报文件名称、原副件数量。

8.2.2 出口危险货物申报文件,参见附录 C。

8.2.3 按照监管部门或机构的要求进行危险货物申报,并将获得通过后的申报文件提交承运人。

8.3 接收货物

8.3.1 危险货物提交运输时,应遵守《关于危险货物运输的建议书 规章范本》的规定,并采取一定措施,保证将所托运危险货物的潜在危险性,充分地传达给运输过程中可能与该货物接触的所有人员。

8.3.2 应核实托运的货物与托运单及其证明文件上的说明一致,严格货物交接,做到点收点交,交付无误,签证手续完善。

8.3.3 受客户委托负责安排危险货物入库、装箱工作时,应根据危险货物的特性,提前谨慎选择合格的场站负责装箱。对场站的审查至少应包括:

——是否具备对应的危险品存储和处理资质;

——危险货物存储和装运的设备和设施情况；
——操作危险货物的能力和经验；
——安全记录和服务质量；
——收费标准。

8.3.4 选择好合格的场站后，应及时将场站的联系方式通知客户，以便客户及时送货。同时，还应书面通知场站有关客户的联系方式、货物名称、订舱细节、具体送货时间等。

8.3.5 提醒场站接收货物时应注意检查危险货物的包装情况，如：

——出现货物包装损坏，应及时通知客户进行处理。客户若坚持发运包装已损坏的货物，场站应向相关方汇报；场站或承运人认为货物包装损坏情况将影响货物的运输安全，应立刻通知客户停止该批货物的发运。
——货物包装与有关危险货物的包装规定不一致，应要求客户提供指定鉴定机构的包装试验报告或其他鉴定文件。

8.3.6 提醒场站接收的危险货物总净重不应超过场站资格审批的最高限额。

8.4 仓储及装运

8.4.1 提醒场站在装卸搬运化学危险物货前，应了解物货性质，预先做好准备工作，备齐相应的消防器材和急救用品；检查装卸搬运的工具，使其处于良好的工作状态。操作人员应根据不同货物的危险特性，分别穿戴合适的防护用具；进入危险货物货仓(舱)和集装箱前，应先通风，必要时应进行测定。

8.4.2 提醒场站应严格按照规定进行货物的隔离、衬垫、加固、堆放、积载、存储、装箱、收发。

8.4.3 提醒场站应严格按照规定进行装卸作业，轻装轻卸，防止货物撞击、重压、倒置，严禁摔甩、翻滚。使用的工具不得沾有与所装货物性质相抵触的污染物，不得损伤货物包装。

8.4.4 提醒场站应严格按照危险货物包装上的操作标签进行操作。在操作过程中出现意外情况，应通知客户并对货物的安全性重新评估，在未明确货物安全性的情况下，暂停发运。

8.4.5 提醒场站应确认承运人提供的集装箱或其他运输设备满足特定危险货物运输的条件。如不能满足适货要求，应要求场站进行评估，或可通过清洁等简单程序进行改善，或通知承运人进行更换。

8.4.6 如由货运代理提供集装箱或其他运输设备，应在客户装箱前做好清洗和检查工作，确保处于适货状态。

8.4.7 如场站或承运人认为客户提供的装箱方式存在不安全因素，应及时请求客户就以上装箱方式进行说明，必要时可请求到指定鉴定机构进行鉴定。如客户未能满足上述请求，应停止该批货物的发运。

8.4.8 提醒场站按危险货物的危险性强弱程度调整装卸顺序，最危险的货物应最后装货最先卸货。

8.4.9 提醒场站遇有雨、雪、雷电、空气过分潮湿等不良天气，应停止作业。如货物受潮，应通知客户并对货物的安全性重新评估；在未明确货物的安全性的情况下，应暂停发运。

8.4.10 提醒场站或客户按照规定，在外包装、集装箱或其他运输设备的合适位置上牢固粘贴对应的危险货物标记和标签。如集装箱或其他运输设备上存在其他货物标记和标签，应立刻祛除；所装的货物一旦泄漏将对海洋造成污染的，还应粘贴海洋污染标签。参照 GHS 的规定。

8.4.11 如订舱危险货物使用木质的衬垫、加固材料和包装，应符合 GB/T 28837 和 GB/T 28839 的规定。

8.4.12 提醒场站应按照承运人的要求，安排集港或送货。

8.4.13 应选用合适的运输工具，并按照货物性质和客户的要求安排运输计划。

8.4.14 危险货物完成集装箱装箱后，提醒场站及时向承运人提交集装箱装运危险货物装箱证明书等。

8.4.15 应符合《关于危险货物运输的建议书　规章范本》第 7 部分有关运输作业以及 GB 15603、JT 397、JT 617、JT 618、JT 672 和 GB/T 30349 的规定。

8.4.16 载运危险货物时，应遵守相应运输方式的各项规定和特殊要求。

8.5 进口危险品申报

危险货物起运前，应提前联系承运人、进境口岸监管部门或机构，确认该危险货物进口时应提交的申报文件，并通知客户。

9 关键风险识别与控制

9.1 应建立有效的风险防范机制，对可能遇到的风险进行预测、识别、分析、评估，并采取有效的应对措施，包括但不限于：

——对托运人进行安全评估，核实托运人身份，确认货物的安全性及其与单据信息的相符性；

——对货物的品名进行核对，检查货物的包装、标记、标签和运输文件，并判断是否为危险货物或隐含危险品。

9.2 应定期对业务流程、内部管理、外部环境等方面存在或可能存的风险进行梳理，并采取应对措施进行有效的风险控制。

9.3 可能造成危及运输工具、货物安全的风险，包括：

a) 错误申报

——客户错误申报危险货物可能存在的原因：

- 为减少仓储、包装、运输费用支出，未按危险货物进行申报；
- 对包装不符合运输要求的危险货物，未按危险货物进行申报；
- 对实际承运人拒绝承运的，或无法提供申报文件的危险货物，未真实申报；
- 对货物的危险属性认识不足，或提供的技术文件，存在错误申报。

——货运代理错误申报危险货物可能存在的原因：

- 对客户错误申报危险货物，或提供了错误的危险货物技术文件不知情；
- 协助客户错误申报危险货物；
- 为减少仓储、运输运费用支出，隐瞒客户未真实申报。

b) 未安全装运

——未按规定进行危险货物的隔离、衬垫、加固、堆放、存储、装箱。

——危险货物的包装出现破损。

——将性质不相容的危险货物装入同一集装箱。

c) 其他

——无危险货物标识，或标识错误、混乱，或标识运输过程中脱落。

——对危险货物控制措施的指示不准确，如对温度控制范围指示不准确。

9.4 可能影响货物正常出运的额外损失风险，包括：

a) 实际承运人对危险货物订舱(托运)另有要求的，导致未及时安排订舱/托运。

b) 未及时提请客户提供危险品申报文件或己方未及时安排危险品申报，导致申报延迟。

c) 未及时安排或提请实际承运人安排适货的运输工具、集装箱空箱或其他运输设备。

9.5 应对责任风险进行投保。

10 监督和评估

10.1 监督制度

应建立或要求实际承运人、仓储、货运站等物流服务提供商建立安全管理监督制度，定期检查安全

管理状况,主要包括:

——安全管理人员和工作人员职责落实和检查制度;

——安全设施运行检查制度;

——安全管理措施检查制度;

——安全目标绩效考核制度。

10.2 内部审核

应定期开展企业内部安全审核,审核间隔不应超过6个月,安全审核的主要内容包括:

——规定安全审核的准则、范围、频次和方法;

——制定审核计划;

——成立安全审核小组,实施安全审核;

——记录并分析安全审核中发现的问题,提出改进建议,形成安全审核报告;

——对责任部门采取改进措施的有效性进行验证。

10.3 安全评估

应定期对货运代理自身或实际承运人、仓储、货运站等物流服务提供商的安全管理进行评估,完善安全管理制度,改进安全管理过程。安全评估间隔不应超过12个月,评估的主要内容包括:

——安全培训计划执行状况;

——仓储安全质量目标考核结果;

——内、外部安全质量审核结果;

——行政主管部门、承运人、代理人及货主对仓储、运输及其他安全质量的反馈信息;

——仓储、运输及其他安全事件的预防和纠正措施落实情况;

——以往安全评估的跟踪措施。

11 改进

11.1 持续改进

应定期收集并利用危险品运输、仓储等方面的操作和案例等安全质量信息,对危险货物运输安全管理状况进行分析和评估,采取预防和纠正措施,持续改进管理质量。

11.2 纠正措施

11.2.1 应采取纠正措施,消除隐患,避免再次发生安全事故。

11.2.2 应在工作文件中规定以下方面的要求,并组织实施:

——评审安全事故并分析其产生的原因;

——评价安全事故不再发生的措施需求;

——实施所需的纠正措施;

——记录所采取措施的结果;

——评审纠正措施的有效性。

11.3 预防措施

11.3.1 应采取预防措施,以防止发生操作或安全事故。

11.3.2　应在工作文件中规定以下方面的要求，并组织实施：

——识别潜在的问题及其原因；

——评价预防措施的需求；

——实施所需的预防措施；

——记录所采取措施的结果；

——评审预防措施的有效性。

附 录 A
(规范性附录)
安全规定

A.1 一般规定

A.1.1 所有从事危险货物运输的人，均应考虑与他们的责任相称的运输危险货物的安全要求。

A.1.2 发货人只能将危险货物交给有适当身份的承运人。

A.1.3 转运场地，如机场仓库、铁路货运编组站和其他临时存放地点，应有适当的安全保证、照明，并在可能的情况下禁止一般公众进入。

A.2 安全培训

A.2.1 附录 B.1.2a)、b)或 c)中对个人规定的培训，也应包括安全意识的内容。

A.2.2 安全意识培训应讲明安全危险的性质，认识到安全方面的危险，解决和降低这种危险的方法，以及在安全受到破坏的情况下须采取的行动。培训应包括了解与个人的责任相应的安全计划(根据情况)和在执行安全计划方面他们的责任。

A.2.3 这种培训应在从事有关危险货物运输时提供或经过核实，并应定期进行再培训。

A.2.4 所有接受安全培训的记录，均应由雇主保管，如雇员或主管机关提出要求，应向其提供。雇主保管培训记录的时间期限，应由主管机关确定。

A.3 安全计划

A.3.1 从事有严重后果的危险货物运输的承运人、发货人和其他人(包括基础设施管理人)，应采取、执行和遵守至少达到 A.3.2 中规定要点的安全计划。

A.3.2 安全计划应至少包括以下主要内容：

——明确的安全责任分工，交给胜任和符合条件的人，有履行其责任的相应权力；

——运输的危险货物或危险货物类型的记录；

——查检正在进行的作业，评估容易发生的问题，根据情况可包括运输方式之间的转换、临时转运储藏、搬运和分发等；

——清楚的措施规定，包括培训、政策(包括在高危险情况下的对策、对新雇员/聘用的核实等)、操作规程(如在已知的情况下选择/使用路径、接触临时储运的危险货物、与不安全基础设施的距离等)、用来降低安全危险的设备和资源等；

——对安全危险、违反安全的问题或安全事故，行之有效和最新的报告和处理程序；

——评估和检查安全计划的程序、定期审查和更新计划的程序；

——计划中确保运输信息安全的措施；

——采取安全措施，尽可能限制运输资料的分发。(这方面的措施不应排除《关于危险货物运输的建议书 规章范本》第 5.4 章要求的运输票据的规定)

A.3.3 承运人、发货人和收货人应相互合作，并与有关当局合作，交换危险信息、采取适当的安全措施，并对安全事故做出反应。

A.4 安全应急预案

A.4.1 应建立应急管理机制，识别和分析可能发生的紧急情况和安全事故，进行风险评估，制定相应的应急预案。

A.4.2 应建立突发事件报告制度和内外部沟通制度。

A.4.3 应建立应急组织机构和应急队伍，明确人员职责，训练员工掌握紧急状态安全处置流程。

A.4.4 应落实应急所需的设备设施和应急物资等资源。

A.4.5 企业制定的应急预案应规定流程和方法，流程和方法的内容主要包括：

——收集可能导致突发事件的相关信息；

——事件预警；

——应急预案启动；

——应急处置；

——后置处理；

——应急流程的评估与改进。

A.4.6 应公示应急处置程序及应急处置部门的有效通讯方式。

A.4.7 应针对发生的突发事件启动相应的应急预案，应急处置后，评估应急预案的适用性和有效性，并实施改进。

附 录 B
（规范性附录）
培 训

B.1 一般规定

B.1.1 从事危险货物运输的人员，应受过与所承担责任相应的有关危险货物要求方面的培训。工作人员在上岗前应接受 B.1.2 所要求的培训并应包括附录 A.2 中对危险货物安全的具体培训要求。对尚未接受所要求的培训者，应在受过培训人员的直接监督下从事有关工作。

B.1.2 凡从事诸如危险货物分类；危险货物包装；为危险货物作标记或贴标签；编制危险货物运输单据；提供或接受危险货物运输；在运输中搬运或经手危险货物；为危险货物包件作标记或揭示牌，或将包件装上或卸下运输车辆、散装货物容器或货运集装箱；或以其他方式直接参与主管当局所确定的危险货物运输的个人，应受过以下培训：

a) 一般认识/熟习培训：
   - 每个人都应接受培训，熟悉了解危险货物运输要求的一般规定；
   - 此种培训应包括危险货物类别的说明；标签、标记、揭示牌和容器、隔离和配装的要求；危险货物运输单据的目的和内容的说明；和可得的应急措施文件的说明。

b) 具体职能培训：每个人应经过适用于该个人所从事职能的危险货物运输要求的专门培训。

c) 安全培训：为预防万一发生泄漏和在工作中可能遇到的危险，每个人都应接受下述培训：
   - 避免事故的办法及程序，诸如正确使用包件装卸设备和适当的危险货物存放办法；
   - 可得的应急措施资料及如何利用这一资料；
   - 各类危险货物存在的一般性危险及如何避免暴露于这些危险，包括酌情使用个人防护服装及设备；
   - 在危险货物意外泄漏的情况下应立即采取的程序，包括该个人负责采取的任何应急程序以及应遵循的个人防护程序。

B.1.3 根据本附录所接受的培训，应由雇主保管培训记录，如雇员或主管机关提出要求，应向其提供。雇主保管培训记录的时间期限，由主管机关确定。

B.1.4 危险货物运输岗位上的人员，在其受雇用之时应对其进行 B.1.2 要求的培训或核实已受过这种培训，并定期辅以主管当局认为适当的再培训。

B.2 定期培训

B.2.1 除遵守 B.1 规定外，还应组织从业人员定期进行培训，包括：

——组织所有危险货物市场开发人员进行危险货物普及知识的培训；

——安排危险货物申报员参加危险货物监管部门或机构或行业中介组织的上岗培训；

——安排危险货物服务岗位人员参加公司、危险货物监管部门或机构或行业中介组织的危险货物专业知识培训；

——安排高级管理人员参加危险货物管理培训。

B.2.2 企业安全管理人员和仓储运输从业人员接受安全培训的时间应符合所建立的安全质量管理体系要求。

B.2.3 企业应选择有资质的安全培训机构和教师进行培训，并对培训的有效性进行验证。

B.2.4 企业应保存培训相关记录，建立从业人员的培训档案。

B.3 培训内容

除满足附录 A.2 和 B.1 外，培训内容还应包括：

——安全相关的国际公约、法律、法规、规章制度和标准；

——仓储运输相关的国际公约、法律、法规、规章制度和标准；

——公共卫生安全法律法规和相关标准；

——治安和消防法律法规；

——安全操作规程；

——常见危险货物具体特性和装载注意事项、隔离常识等先进的储运安全管理经验；

——风险防范知识与安全防范措施；

——应急预案的内容和处置方法；

——典型事故案例分析。

附　录　C
（资料性附录）
出口危险品申报文件

C.1　海上运输

C.1.1　危险货物海上运输，应向船公司提供订舱申请、危险货物安全技术说明书、产品材料安全数据表（Material Safety Data Sheet，MSDS）、出境危险货物运输包装使用鉴定结果单复印件。

C.1.2　应向起运港所在海事局进行危险品申报。申报时一般应提交以下文件：

——船舶载运危险货物申报单；

——包装危险货物安全适运申报单；

——出境危险货物运输包装使用鉴定结果单；

——危险货物安全技术说明书；

——产品材料安全数据表；

——危险货物安全适运申报单；

——危险货物包装容器使用证书。

C.1.3　使用罐式集装箱进行海上危险品运输，申报时一般应提交以下文件：

——船级社检验证书；

——危险货物罐柜充罐安全适运申明单；

——罐式集装箱的检验合格证书；

——集装箱装运危险货物装箱证明书；

——危险货物安全技术说明书；

——产品材料安全数据表。

C.2　航空运输

C.2.1　危险货物航空运输，应向航空公司提供订舱申请、托运人危险品申报单、危险货物安全技术说明书、产品材料安全数据表、出境危险货物运输包装使用鉴定结果单。

C.2.2　应向实际承运人进行危险品申报。申报时应提交以下文件：

——出境危险货物运输包装使用鉴定结果单；

——危险货物安全技术说明书；

——产品材料安全数据表；

——托运人危险品申报单。

C.3　道路运输

C.3.1　危险货物公路运输，应向过境口岸的口岸交通运输管理站进行危险品申报，申报时应提交出境危险货物运输包装使用鉴定结果单。

C.3.2　公路运输或铁路运输，如运输的危险品为爆炸物品或需凭证运输的化学危险物品时，应向国内目的地所在县、市公安部门申请签发爆炸品准运证或化学危险品准运证。

C.3.3　按照监管部门或机构的要求进行危险品申报，并将获得通过后的申报文件提交承运人。

C.4 铁路运输

C.4.1 危险货物国际铁路联运，应向起运车站提交装载包装方案并报请国际铁路联运计划。

C.4.2 装载包装方案中应包括货物名称、性质、危险品编号、货物包装情况以及按《国际铁路运输危险货物规则》和《铁路危险货物运输管理规则》规定的包装、装载方案等。

C.4.3 装载包装方案和铁路联运计划应报铁路部门审核并向到达国、过境国铁路部门审批。

参 考 文 献

［1］ 1974年国际海上人命安全公约(International Convention for the Safety of Life at Sea,SOLAS)

［2］ 国际集装箱安全公约(Convention for Safe Containers,CSC)

［3］ 化学品统一分类和标签全球协调制度(Globally Harmonized System of Classification and Labelling of Chemicals,GHS)

［4］ 关于危险货物道路国际运输的欧洲协议(European Agreement Concerning the International Carriage of Dangerous Goods by Road,ADR)

［5］ 国际海上危险货物运输规则(International Maritime Dangerous Goods Code,IMDG Code)

［6］ 国际航空运输协会　危险品规则(International Air Transport Association-Dangerous Goods Regulations,IATA-DGR)

［7］ 国际民航组织　危险品航空安全运输技术指南(The International Civil Aviation Organization-Technical Instructions on the Safe Transport of Dangerous Goods by Air,ICAO-TI)

［8］ 国际铁路货物联运协定(Agreement Concerning International Carriage of Goods by Rail,CIM)

［9］ 国际铁路运输危险货物规则(Regulations Concerning the International Carriage of Dangerous Godds by Rail,RID)

［10］ 危险化学品安全管理条例(国务院2011年第591号令)

［11］ 放射性物品运输安全管理条例(国务院2009年第562号令)

［12］ 放射性物品道路运输管理规定(中华人民共和国交通部令2010年第6号)

［13］ 道路危险货物运输管理规定(中华人民共和国交通部2010年第5号令)

［14］ 水路危险货物运输规则(中华人民共和国交通部令1996年第10号)

［15］ 中国民用航空危险品运输管理规定(中国民用航空总局令2004年第121号)

［16］ 铁路危险货物运输管理规则(铁道部铁运[2008]174号)

［17］ 中华人民共和国海上交通安全法(1983年9月2日中华人民共和国主席令第七号公布)

［18］ 危险化学品事故应急救援预案编制导则(单位版)(安监管危化字[2004]43号)

［19］ 劳动防护用品配备标准(国经贸安全[2000]189号)

［20］ GB/T 4122.1　包装术语　第1部分:基础

［21］ GB/T 7694　危险货物命名原则

［22］ GB 12463　危险货物运输包装通用技术条件

［23］ GB 13392　道路运输危险货物车辆标志

［24］ GB 13690　化学品分类和危险性公示　通则

［25］ GB 15258　化学品安全标签编写规定

［26］ GB/T 16483　化学品安全技术说明书　内容和项目顺序

［27］ GB 17914　易燃易爆性商品储藏养护技术条件

［28］ GB 17915　腐蚀性商品储藏养护技术条件

［29］ GB 17916　毒害性商品储藏养护技术条件

［30］ GB 18218　危险化学品重大危险源辨识

［31］ GB 18564　汽车运输液体危险货物常压容器(罐体)通用技术条件

［32］ GB 20300　道路运输爆炸品和剧毒化学品车辆安全技术条件

［33］ GB 20592　化学品分类、警示标签和警示性说明安全规范　急性毒性

[34] GB/T 22153 国际货运代理通用交易条件
[35] GB 28644.1 危险货物例外数量及包装要求
[36] GB 28644.2 危险货物有限数量及包装要求
[37] AQ 4224 仓储业防尘防毒技术规范
[38] JB/T 4782 液体危险货物罐式集装箱
[39] JT 700 固体散装危险货物海运安全技术要求
[40] JTJ 011 道路危险货物运输技术规范
[41] JT/T 786 滚装船舶载运危险货物车辆积载与隔离技术要求
[42] MH/T 1019 民用航空危险品运输文件
[43] SN/T 2543 进出口危险货物标签
[44] SN T 3060 危险品风险管理通则

ICS 03.100.01
A 01

中华人民共和国国家标准

GB/T 30348—2013

国际展品运输服务质量要求

Requirment on services of international exhibit transportation

2013-12-31 发布

2014-07-01 实施

中华人民共和国国家质量监督检验检疫总局
中国国家标准化管理委员会
发布

前　言

本标准按照GB/T 1.1—2009给出的规则起草。

本标准由中华人民共和国商务部提出并归口。

本标准起草单位：福建金航国际货运代理有限公司厦门分公司、上海新景程国际物流有限公司、上海宝霖国际危险品物流有限公司、四川锦程国际货运代理有限责任公司、北京九星时代科技有限公司、深圳市华信行物流有限公司、义乌市金隆国际货运代理有限公司、江苏远东物流有限公司、杭州双马报关有限公司、民生国际货物运输代理有限公司、重庆美联国际物流(集团)有限公司、重庆会通华联物流有限公司、中国远洋运输(集团)总公司、中国外运长航集团有限公司、中国海运(集团)总公司、锦程物流(集团)有限公司、中钢国际货运有限公司、重庆市国际货运代理协会、新疆托木尔货运代理有限公司等。

本标准主要起草人：林忠、何瀚伟、陈峥、廖解宝、刘爱淳、裴蕾、任中伟、陈智勇、林晓炜、廖林杰、刘露、王文、包红武、陈东琪、刘军、杨希江、金旭峰。

国际展品运输服务质量要求

1 范围

本标准规定了国际展品运输的服务质量及服务流程控制的要求。

本标准适用于货运代理及其行业有关的企业,亦可作为对企业进行规范管理的参考。

2 规范性引用文件

下列文件对于本文件的应用是必不可少的。凡是注日期的引用文件,仅注日期的版本适用于本文件。凡是不注日期的引用文件,其最新版本(包括所有的修改单)适用于本文件。

GB/T 22151 国际货运代理作业规范

GB/T 22154—2008 国际货运代理服务质量要求

GB/T 26318 物流网络信息系统风险与防范

GB/T 26319 国际货运代理单证标识符编码规则

GB/T 26320 国际货运代理信息交换规范

GB/T 26321 国际货运代理业务数据元

GB/T 28530 国际货运代理系列单证 单证数据项

GB/T 28532 承运人标识符编码规则

GB/T 28831 国际货运单证缮制规范

GB/T 28832 国际货运单证缮制质量要求

GB/T 28836 国际物流企业信用评价指标要素

GB/T 28837 木质包装检疫处理服务质量要求

GB/T 28838 木质包装热处理作业规范

GB/T 28839 进出境货物木质包装申报规范

GB/T 30055 国际货运代理报关服务质量要求

GB/T 30056 国际货运代理拼箱服务质量要求

GB/T 30057 国际货运代理合同规范

GB/T 30838 契约承运人服务质量要求

3 术语和定义

下列术语和定义适用于本文件。

3.1

展[览]品 exhibits

用于展览会展示的货物,包括为了示范展览会展出机器或者器具所使用的货物,设置临时展台的建筑材料及装饰材料,宣传展示货物的资料等。

3.2

暂准进口 temporary admission

一种海关业务制度。按照该项制度,某些货物(包括运输工具)在运入关境时,可有条件地免纳进口各税并免受经济性质的进口禁止和限制，此项货物（包括运输工具）应为特定的目的进口并且应在特定的期限内按原状复出口（除因在使用中正常损耗外）。

3.3

暂时进境货物　goods temporary imported

为了特定的目的，经海关批准暂时进境，并在规定的期限内复运出境的货物（除因使用中正常的损耗外）。

3.4

暂时出境货物　goods temporary exported

为了特定的目的，经海关批准暂时出境，并在规定的期限内复运进境的货物（除因使用中正常的损耗外）。

3.5

进口关税　import duties

货物（包括运输工具）进口时或因参与和进口有关的活动所应征的关税及其他各税、国内税和海关规费，但不包括其数额与所提供的劳务成本相当的费用。

3.6

担保　surety

向海关保证履行某项义务并经海关接受的保证。

3.7

主管地海关　competent customs house

境内展览会、交易会、会议及类似活动所在地海关或者货物进出境地海关。

3.8

ATA 单证册　ATA carnet

根据《关于货物暂准进口的 ATA 报关单证册海关公约》规定而签发的，可确认货物（包括运输工具）并可以被接受作为报关单证和税费担保的国际性海关文件。

4　服务质量保证体系

服务质量保证体系的建立、完善和运行，应符合 GB/T 22154—2008 中第 4 章的规定。

5　基本服务质量要求

5.1　业务组织与管理应合理、有效、相互衔接，并符合 GB/T 22151 的规定。

5.2　业务操作流程应规范，并符合防范、控制和规避风险的要求。

5.3　制定的运输指南应完整、缜密，可让参展商或运输代理清楚了解应采取的步骤和承担的费用。

5.4　制定的物流服务方案应完整、安全、经济、适时。

5.5　货物装箱应安全、标志清楚，加固、衬垫合理。

5.6　报关报检应符合制度规定、材料齐全、手续完备，处理及时，并符合 GB/T 30055 和 GB/T 28839 的规定。

5.7　布展计划应科学、周全，具有可操作性。

5.8　单证缮制与签发应符合制度规定、材料齐全、手续完备，准确有效、处理及时，并符合 GB/T 28831、GB/T 28832 的规定。

5.9　其他基本服务质量要求，应符合 GB/T 22154—2008 的规定。

6 内部控制

6.1 服务评价、服务质量的监督和服务改进应符合 GB/T 22154—2008 的规定。
6.2 作业规范应符合 GB/T 22151 的规定。
6.3 信息化与档案管理应符合 GB/T 22154—2008 的规定。
6.4 信息系统与信息交换应符合 GB/T 26318、GB/T 26320 的规定。
6.5 单证标识符、单证数据项和承运人标识符应符合 GB/T 26319 、GB/T 26321、GB/T 28530 和 GB/T 28532的规定。

7 服务供应商评估与选择

对服务供应商评估与选择，应按 GB/T 28836 和 GB/T 30838 的规定。

8 提、运单风险控制

对提、运单风险控制，应按 GB/T 30838 的规定。

9 业务流程控制

9.1 出国境参展展品运输

9.1.1 前期筹划

9.1.1.1 通过展览所在国运输代理，熟悉展览所在国海关和检验检疫机构对进口货物的申报规定和流程、展览流程与安排、物流场站的服务能力、费用标准等情况，特别是展览所在国海关的最新规定。
9.1.1.2 按照展览会主办方的要求，设计并完善《运输指南》，参见附录 A。
9.1.1.3 向参展商发送《运输指南》，与其建立展品运输合作关系。
9.1.1.4 完善物流服务方案，包括运输及装卸、清关、临时存储、展位配送、布展以及回运货物的包装服务等。

9.1.2 合同订立

9.1.2.1 客户表达合作意向后，应提示客户提供展品清单，或进一步与客户明确参展货物的种类、名称、件数、体积、重量(毛重和净重)、价值、预计完成备货的时间、是否为危险货物和/或超限货物、是否需要回运以及其他特殊要求等。
9.1.2.2 根据客户的展品信息，与客户进行沟通并制定符合参展商需要的物流服务方案，包括展览会的名称、举办地点、举办日期；出口及展览所在国进口的报关报检方案，报关报检查所必需的单证及其提交时间；运输模式、运输线路、预计出运时间、预计到达时间；展品提货与保管；运输、包装等注意事项及保险建议；超限展品、危险品的提前确认；布展、展览管理、展品回收处理；回运安排等事宜。尤其在时间安排上应明确，包括：

——报关报检及展览会所必需的单证提交的时间；
——展品通过海运方式抵达的时间；
——展品通过空运方式抵达的时间；
——展品通过陆运方式抵达的时间；

——展品清关的时间；
——展品仓库集结的时间；
——运送展品至展台的时间；
——展品回运计划的时间。

9.1.2.3 对不同的展览方式，如巡回展，应制定相应的物流服务方案并予以说明和约定。

9.1.2.4 根据运输方案和服务项目以及服务提供商(如海外代理)报价，向客户提供运输(物流)费用和代垫项目报价。

9.1.2.5 报价单应明确各项费率的收费计算单位，包括收费计算单位的体积与重量换算比、机械设备(叉车、铲车)以及人力是否存在最低计费标准、正常工作时间以外或者节假日的收费标准等其他可能发生的意外情况时的费用标准。

9.1.2.6 制定物流服务方案和报价单时，应注意不同运输方式或运输设备对货物积载、计费的不同要求和规定；载运运输工具车厢、舱口或舱门的尺寸限制；装卸设备或展品搬运设备的起重负荷限制等。如：
——客户对预计出运日期、预计到达时间另有要求，应及时调整运输方案并重新进行报价。展品过早或延迟抵达可能产生额外费用，应予以提示；
——客户无法提供有关报关单证或另有要求，或回运安排暂不能确定，应及时调整出口和展览所在国的报关报检方案并重新进行报价；
——展览所在国不接受 ATA 单证册，应提示参展商提前确定出口报关方案，并办理有关申请文件；
——客户要求，应就包装、运输标志等细节进行说明；
——对珠宝、文物等贵重展品，应就防火处理、防火装置、防盗措施、安全守卫与检查制度进行说明。

9.1.2.7 客户接受运输方案和报价后，双方签订展品运输或物流服务合同。合同的签订，可参照 GB/T 30057的规定。

9.1.2.8 合同签订后，应及时通知客户展品的送货地址、出口和展览所在国进口报关报检应准备的单证以及提交的时间，并就展品的包装要求、运输标志进行提示。

9.1.3 出运安排

9.1.3.1 订舱

9.1.3.1.1 按照合同的约定，安排订舱。

9.1.3.1.2 优先安排直航路线，减少中转次数，降低运输过程中的不确定性因素。

9.1.3.2 装箱

9.1.3.2.1 按照展品清单，查询货物抵达情况。

9.1.3.2.2 提示仓库管理人员，在接收货物时应检查货物的数量、尺寸、重量等细节是否与展品清单相符；包装、衬垫、加固、防震、防雨防潮以及标识等是否初步符合展品运输的要求；是否存在破损情况；以及其他注意事项(如展品带有油箱和电瓶，应将油箱清空、电解液排放干净)。如有不符或货物包装损坏或残损，应通知并提示客户进行确认，或进行更换、处理。

9.1.3.2.3 应现场检查展品的包装情况是否初步符合参展运输的要求；运输标志或标签是否详细明确；警示标志是否清晰准确等，包括：
——展品包装应牢固。如展品需回运，展品包装应便于重复使用。如机器包装最好用较厚的木板包装，包装箱应用较厚的木板材料，并用螺丝组合固定的方法包装，螺栓最好位于包装箱的上面，避免用铁钉或螺丝钉箱。
——运输标志或标签应包含展会信息、参展商名称、展位信息、收货人信息、货物信息、件数、重量和其他特殊标记等。

——警示标志可包括“易碎”、“防潮”、“向上放置方向(↑)”等操作指示。有特殊要求的展品应在外包装上刷制警示标志,如大件货物需标明起吊线、“机器正面(FACE)”、“此面朝外”、“此面朝内”、“重心(The center of gravity)位置”。

9.1.3.2.4　包装、加固、衬垫等使用木质材料时,应注意其与包装相关的单证或声明是否相符。如是木质材料,应符合 GB/T 28837 和 GB/T 28838 的规定,严禁使用旧纸箱或旧木箱或已遭虫蚀或腐朽的木箱,所有木箱里外均不可有树皮。

9.1.3.2.5　装箱时应谨慎操作,做好衬垫加固工作:

——如贵重展品或因货量较大、品种繁杂,应详细记录装箱情况,必要时,可绘制装箱明细图;

——如适用,应符合 GB/T 30056 的规定。

9.1.3.3　报关报检

9.1.3.3.1　按照合同的约定,提示客户按时提交出口和展览所在国进口报关报检所需要的单证。参见附录 E。

9.1.3.3.2　收到客户提供的出口报关报检单证后,应审核是否满足报关报检的要求。审核内容可包括:

——单证是否齐全;内容、格式和份数是否完整符合要求。如展品需出具出口商检证书或出口许可证的、或某些食品、毛皮制品、植物等需出具检疫证书的;木质包装的展品需加施 IPPC 标识;回运货物需提供的 ATA 单证册;机动车展品需提供出口许可证、发动机号及底盘号等。

——需回运和不需回运的货物是否分开申报。

——各单证之间是否相符。

9.1.3.3.3　参展物出境检验检疫、暂时出境货物报关服务作业流程参见附录 B 和附录 C。

9.1.3.3.4　ATA 单证册的申请和填写要求、展品清单填写要求以及出口单证册通关注意事项,参见附录 D。

9.1.3.3.5　应配合海关对货物的查验,在货物出运前及时完成出口申报工作。

9.1.3.3.6　收到客户提供的展览所在国进口报关报检所需要的单证后,审核是否满足展览所在国进口报关报检要求。审核内容可包括:

——单证是否齐全,如原产地证明(如展览所在国海关有要求);内容、格式和份数是否完整符合要求。

——展品清单格式是否正确。

——展品清单是否包含了全部货物并如实申报,单货相符。

——货物的申报价值是否准确、合理,如样品、资料性文件是否申报了价值。

——需回运和不需回运的货物的申报方式是否正确,是否符合展览所在国海关的规定。

——各单证之间是否相符。

9.1.3.3.7　货物出运后,通知展览所在国运输代理(发货通知),将展览所在国进口报关报检所需要的各种单证快递给展览所在国运输代理。

9.1.3.3.8　如适用,代理报关、报检应符合 GB/T 30055 和 GB/T 28839 的规定,单证缮制应符合 GB/T 28831和 GB/T 28832 的规定。

9.1.3.4　装上载运的运输工具

9.1.3.4.1　按计划将货物装上载运的运输工具。

9.1.3.4.2　跟踪货物的最终装载情况。

9.1.3.4.3　签发或要求实际承运人签发提单或运单。如展览所在国的海关不接受展品使用分提单或航空分运单报关,应要求实际承运人直接签发提单或依其规定办理。

9.1.4　布展

9.1.4.1　掌握运输工具动态及货物流转信息，并协助展览所在国运输代理完成展品的进口申报工作。

9.1.4.2　根据参展商提供的展位图和布展具体要求，结合展品的到货情况，制定布展计划，包括布展时间、展品进出展场要求、展台管理与安全事项、特殊要求、空箱堆放及标识、撤展时间、费用控制、相关方的责任义务与服务质量要求等。

9.1.4.3　通知展览所在国运输代理，落实所需仓库、运输、搬运(机力、人力)等安排，以控制整个布、撤展工作。

9.1.4.4　督促展览所在国运输代理按照布展计划和展览会有关规定完成相关工作。如合同有约定，应派人进行现场监督；控制成本费用。

9.1.4.5　展品运输、临时仓储、送达过程中，与参展商、展会主办方或展馆等进行展品交接并做好记录。如出现展品损坏或丢失情况，应立即与展览所在国运输代理、参展商就以上情况进行确认，并做好记录。

9.1.4.6　应做好旧包装物的清点、临时储存和保管工作。

9.1.5　撤展回运

9.1.5.1　联系展会主办方，与参展商共同确定展品出馆时间，按照计划落实撤展事宜。

9.1.5.2　与参展商、展会主办方或展馆等确认回运展品的数量，以及是否备妥新包装材料等。

9.1.5.3　按计划将旧包装或空箱等运回展台，配合参展商对回运进行重新包装、标识，并按照展品回运清单与参展商进行清点交接。

9.1.5.4　协助展览所在国运输代理完成回运展品的回运工作，如临时仓储、报关报检、订舱、运输等。

9.1.6　回运进口申报

9.1.6.1　提示客户按时提交回运展品进口报关所需要的单证。

9.1.6.2　如果展品在离开展览所在国前发生留购、赠送、放弃或被盗等情况，应及时向展览所在国海关申报，办理相应的海关手续。

9.1.6.3　及时完成进口海关申报工作，并将回运展品交付给参展商。

9.1.6.4　应注意暂时出境货物复运进境的有效期限。如因特殊情况需要延长期限；或因不可抗力的原因受损，无法原状复运进境的、灭失或者失去使用价值的；或因不可抗力以外其他原因灭失或者受损的；或异地复运进境的暂时出境的货物，应按照海关规定办理相应的手续。

9.1.7　结算费用

9.1.7.1　客户费用结算

应按合同约定结算费用并使用规范票据，各项代垫费用应分开逐项列明。

9.1.7.2　展览所在国运输代理费用结算

应按合同约定与展所在国运输代理结算费用，各项代垫费用应分开逐项列明。

9.2　国内展会展品运输

9.2.1　制定展品运输指南

9.2.1.1　应联系展览会主办单位，了解展览会的有关信息，包括：

——展览会举办时间和地点；

——展馆介绍；

——参展展品的主要类别；
——展览会的开馆和布展安排；
——展览会的闭馆和撤展安排；
——参展商名单；
——参展商职责；
——海关对展览场所的监管情况；
——展览场所对运输工具、机力、运输线路的限制等情况；
——搭建施工申报手续及相关施工管理规定；
——展览会主办单位的收费标准，包括展具租赁费用；超限展品收费标准；特殊组装、二次移位、加班卸车等临时租用机力设备和人工收费标准；费用结算办法等；
——展览会主办单位对运输指南等服务项目的要求。

9.2.1.2 根据展览会的有关信息和中国海关、检验检疫部门的有关规定，制定参展展品进口和回运申报的可行性方案，特别要注意各种进口申报方式中需要的报关单证以及其他可能的进口许可证明。

9.2.1.3 根据进口和回运申报的可行性方案和可能的展品到达地，制定参展展品的国内运输路线方案。

9.2.1.4 根据运输路线方案和仓储、运输、报关报检能力，与相关服务供应商进行谈判和合同的签订。如适用，可参照 GB/T 30057 的规定。

9.2.1.5 根据运输路线方案和展览会时间要求，确定展品到达和提交相关报关报检单证的时间节点。

9.2.1.6 根据服务供应商收费标准和其他成本因素，确定各项服务的收费标准。

9.2.1.7 制定展览会的运输指南，参见附录 A。

9.2.2 运输指南发布和运输合同签订

9.2.2.1 与展览会主办方协商，通过其发布运输指南或争取作为展览会的独家运输代理，与展览会主办方签订运输代理合同。

9.2.2.2 与参展商所在国的其他运输代理联系，发送运输指南，并签订运输代理合同。

9.2.2.3 按照展览会主办方提供的参展商名录，与各参展商联系，发送运输指南，并签订运输代理合同。

9.2.2.4 如适用，合同签订可参照 GB/T 30057 的规定。

9.2.3 展品运输

9.2.3.1 与参展商联系，确认发货安排，提示按时发运，并提交相关单证。

9.2.3.2 联系服务供应商，办理海关备案和临时注册，做好报关、报检、仓储、运输等准备工作。对保税货物、暂准进出境货物、特定减免税货物的展品，应依照海关规定提前申请备案。进口 ATA 单证册备案说明，参见附录 D。

9.2.3.3 跟踪展品的运输动态，展品抵港/站后，安排换单、报关、报检。报关报检可参照 9.1.3.3.1 和9.1.3.3.2。

9.2.3.4 按海关规定办理进口关税及缴纳海关保证金，并按照海关要求将展品运到仓库保存。

9.2.3.5 参展物进境检验检疫、暂时进境货物报关服务作业流程，参见附录 C 和附录 E。

9.2.3.6 进境展览品在非展出期间应当存放在海关指定的监管场所，未经海关批准，不得移出。因特殊原因确需移出的，应当经主管地直属海关批准。

9.2.3.7 应为进驻展览场所执行监管任务的海关、商检人员提供办公场所和必需的办公设备及安排接送，为海关工作人员执行公务提供便利。

9.2.3.8 制定展品进馆计划，包括展位、机力、人力及进馆时间、次序。

9.2.3.9 与参展商和海关约定验货、开箱时间及布展事宜。

9.2.3.10 安排展品的进馆、开箱、验货，与参展商办理展品的交接手续，并保管好旧包装物。

9.2.3.11 安排现场人员在展会现场巡视，处理参展商在现场遇到的问题。

9.2.3.12 在展会结束前，应与参展商确认回运计划和回运费用。对于展会上销售或留购的展品，应确认相关费用和关税。

9.2.3.13 制定展品撤展计划，包括预约海关、回运展品的包装、撤展机力和人力、订舱、短途运输、临时仓储等。

9.2.3.14 组织现场办理撤展、搬运、旧包装物的返回，在海关验货结束后，封箱、再包装、展品运回仓库。

9.2.3.15 与参展商确认回运展品的到港信息，包括收货人、目的地等。

9.2.3.16 整理回运展品所需报关报检单据。

9.2.3.17 安排回运展品的订舱、短途运输、报关报检、装箱、发运。

9.2.3.18 回运展品发运后，通知参展商包括运输工具名称、发运时间、预计到达时间等细节，并将有关提单或运单寄送给参展商。

9.2.3.19 进境ATA单证册在进境后发生毁坏、灭失等情况的，或ATA单证册项下暂时进境货物申请延长期限超过ATA单证册有效期的，应按海关规定办理相应的手续。

9.2.4 海关核销

及时整理展品进出口的报关单证，到海关办理核销手续，退还保证金。

附 录 A
（资料性附录）
运输指南

A.1 展品运输事宜

包括展品的运输方式、时间、路线、发运地点、收货地点、抵达时间以及相关资料，包括收货人、通知人等。

A.2 时间安排

时间安排包括：

——报关报检及展览会所必需的单证提交的时间；

——展品通过海运方式抵达的时间；

——展品通过空运方式抵达的时间；

——展品通过陆运方式抵达的时间；

——展品清关的时间；

——展品仓库集结的时间；

——运送展品至展台的时间；

——展品回运计划的时间。

A.3 文件要求

A.3.1 展品清关所需的符合海关规定的单证，如展品暂时进口申报单、展品清单、商业发票、装箱单、提单、装运通知、包装声明、大型展品及展台平面图、委托书、危险品清单等。

A.3.2 发货通知和运输单证，包括提单、运单等相关资料的收货人要求及其他说明。

A.4 展品运输标志

展品运输标志，包括所有展品外包装需标明的内容，如企业名称、展会名称、参展商、展馆号码、展台编号、日期、货物名称、箱号/分箱号、重量、尺码、体积、件数、特殊标记。

A.5 展品包装

A.5.1 包装、衬垫、加固、防震、防雨防潮以及标识等要求，贵重展品的特殊包装要求。有特殊要求的展品应在外包装刷制“易碎”、“防潮”、“向上”等标记。大件展品应注明起吊线和重心位置。

A.5.2 对于可利用的包装的保管、复包装等。

A.5.3 木包装展品应及时提供相关证明材料，外包装上应有“IPPC”标识。

A.6 清关

A.6.1 海关的相关规定要求,如:

——展览会开幕前,所有展品均应在展览会开幕前办理清关手续:

- 应按要求填写随附展品清单,散发及放弃的展品要求单独分开填写;
- 未经海关许可,不能擅自打开展品的包装。

——展会过程中:

- 展品不能移出馆外;
- 参展商应看护好贵重展品,如有遗失,海关将照章征税;
- 散发消耗的小礼品,散发前参展商应事先征询海关同意(如需付关税)。

——展览会结束后:

- 根据海关规定,参展商应在展览会闭幕前提供展品回运、售出、消耗、散发、放弃的说明;
- 小册子、图表、录音带、录像带需在展览会开幕前十天提供样本,其内容经海关审查同意后才能散发;
- 宣传品(如塑料袋,钥匙扣等低价值小礼品)原则上在展览会开幕前征得海关同意可免税散发,单位价值高的小礼品如计算器、手表等需征税后才能散发;
- 参展商应提供展品清单及展品销售合同以备海关查验,查验过程中如发生人力、机力等相关费用,由参展商支付;
- 向海关申报手提展品。

A.6.2 展品清单应真实、准确、详尽,展品清单内容包括:

——展品名称、装饰品、布展材料、宣传海报(照片)及相关材料;

——宣传册、杂志及其他印刷材料;

——参展所需办公设备;

——电影、录像带、录音带、幻灯片(注明主题、使用语言、长度、播放时间等资料);

——自带食品、饮料、酒、香烟等。

A.6.3 其他需申报的物品,包括:

——所有宣传册、电影、录像带、录音带、幻灯片、光盘等备份资料;

——所有赠品及消耗品。

A.7 大件展品及危险品

A.7.1 对大件展品的尺码或重量的约定,并提供大型货物清单及展台平面图。

A.7.2 按危险品运输相关规定,提供危险品等级鉴定书、危险品清单及其他单证。

A.8 展品交接

展品交接的程序、单证及签收人。

A.9 保险

A.9.1 与展品运输、仓储相关的险种、保险金额、保险费、保险期限等。

A.9.2 责任险的最高赔偿限额等。

A.10 收费标准

各项收费标准，包括：

——各种运输方式的往返运价；

——费用收取的体积与重量的换算比；

——港口或车站至展台间运输及其他收费标准，如每公斤或每立方米的收费标准、最低收费标准、开箱费、仓储费等；

——超限展品收费标准，如超出不同重量和尺码范围的附加收费标准；

——特殊组装、二次移位、加班卸车等临时租用机力设备和人工收费标准以及最低收费；

——早于或晚于规定时间到货的附加收费标准；

——特殊运输工具的装卸以及租用装卸设备的收费标准；

——危险品等特殊物件的收费标准；

——免费仓储时间以及超出免费仓储时间的仓储费标准；

——集装箱计费标准，如：1×20′集装箱按 23 m^3 计费；1×40′集装箱按 46 m^3 计费；最低计费标准，如 1 m^3 或 1 t，择大计费；

——逾期支付运输费用加收手续费的规定；

——使用机械的费用计算；

——海关验货费的计费标准；

——换单费的计费标准；

——其他事项。

A.11 费用结算

包括费用和垫付费用的结算方式、付款的时间地点、汇率、账户等。

A.12 注意事项

如运输代理及相关人员的联系方式、特殊展品的注意事项、展品自运的注意事项、展品回运的通知和注意事项、特殊要求或未尽事宜等。

附　录　B
（资料性附录）
参展物出入境检验检疫作业流程图

参展物出入境检验检疫作业流程图，参见图 B.1。

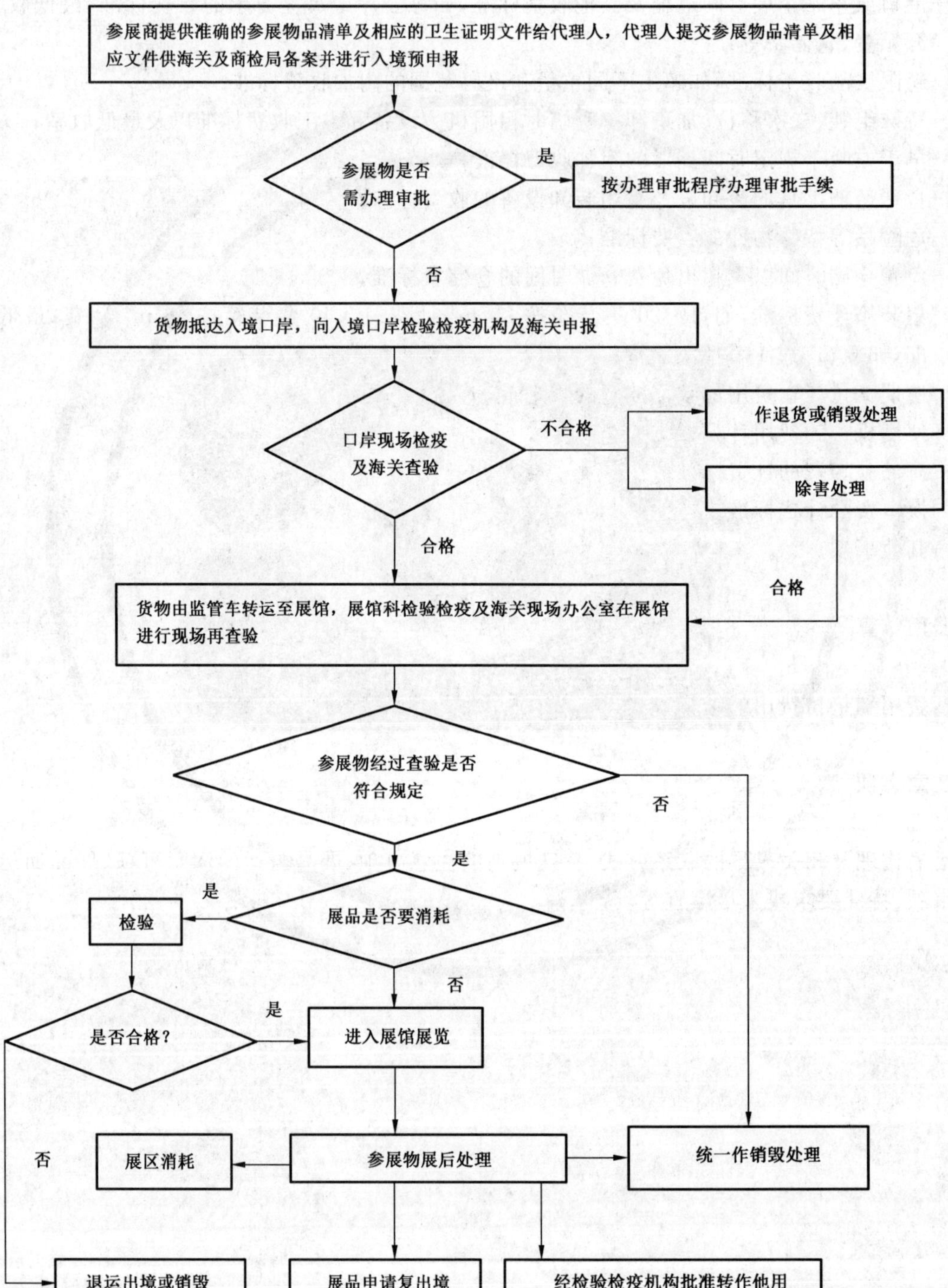

图 B.1　参展物出入境检验检疫作业流程图

附 录 C
（资料性附录）
暂时出境货物报关服务作业流程图

暂时出境货物报关服务作业流程图，参见图C.1。

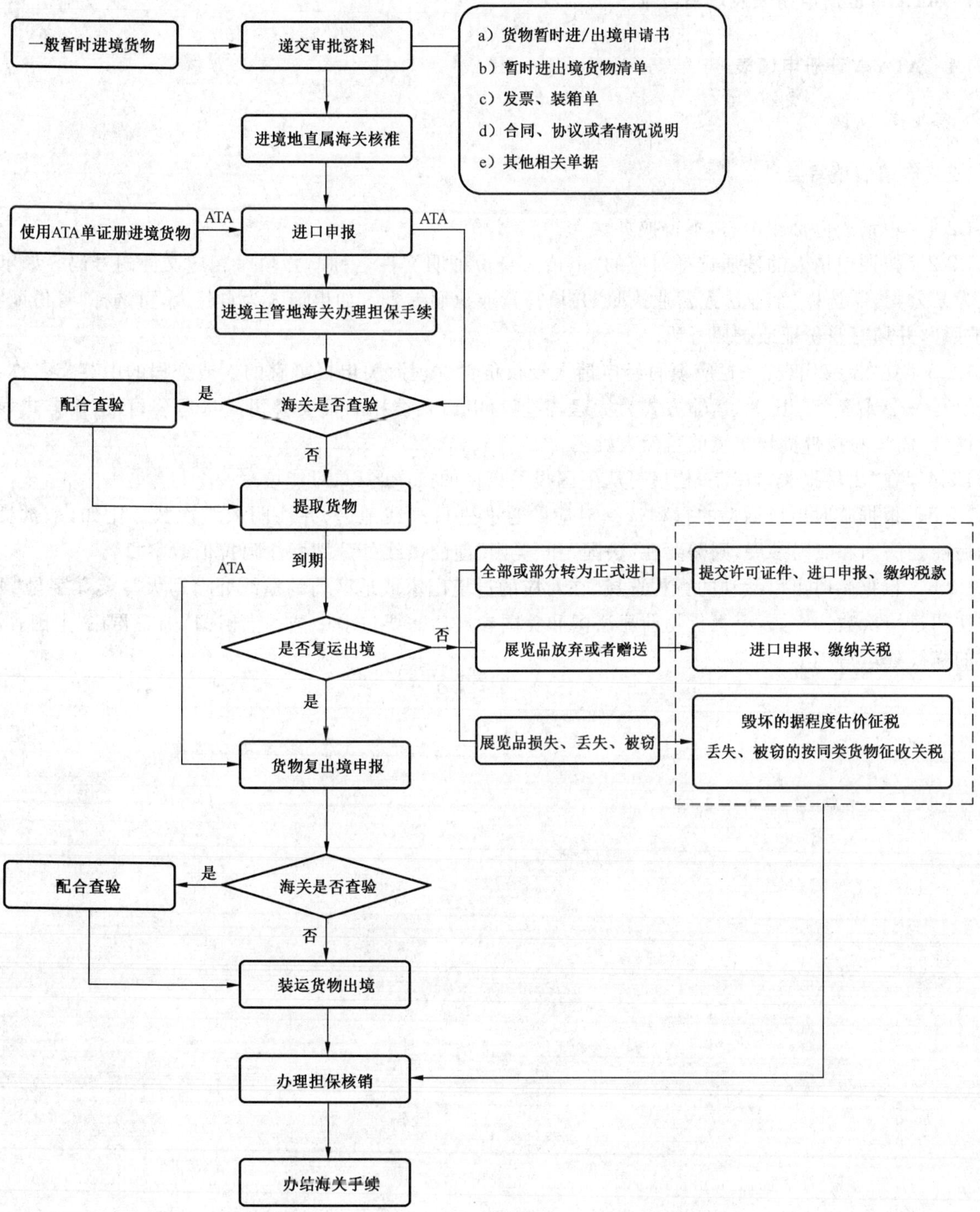

图C.1 暂时出境货物报关服务作业流程图

附　录　D
（资料性附录）
ATA 单证册申请表、展品总清单

D.1　ATA 单证册申请表及填写要求

D.1.1　ATA 单证册申请表

参见图 D.1。

D.1.2　申请表填写要求

D.1.2.1　申请表应打印填写，不得换页。

D.1.2.2　按照申请人的性质选择对应的“申请人身份证明文件名称”，并填写相应文件的号码。如申请人为某公司，需选择“企业法人营业执照”并填写营业执照编号。如申请人为自然人，可选择“身份证”或“护照”，并填写身份证或护照号码。

D.1.2.3　在“授权代表”一栏应填写经申请人授权负责办理海关申报事宜的人或公司的中英文名称，可以填写一个或多个。比如，运输方式为货运，需填写申请人委托的报关公司或货运公司；运输方式为随身携带，需填写携带货物出境的自然人姓名。

D.1.2.4　在“出境报关口岸”一栏填写从中国报关离境的口岸名称，只能填写一个口岸。

D.1.2.5　根据临时出口活动的行程选择对应的暂准进口国或地区，并注明入境次数。比如，一批货物先后前往法国和美国参展，则需要在“法国”和“美国”前的横线处分别标注阿拉伯数字“1”。

D.1.2.6　根据临时出口活动的行程选择，在对应的过境国家或地区前的横线处填写大写英文字母“T”，并注明过境次数。比如，一批货物前往法国和美国参展后需要过境中国香港回国，则需要在“中国香港”前的横线处填写“T1”。

中国国际商会ATA单证册申请表

一、申请人基本情况

1. 申请人名称：××××国际贸易有限公司
   Holder's Name：×××× International Trade Co.，Ltd.
   申请人地址：北京市西城区××路××号
   Address：No. ××. ××Rode, Xicheng District, Beijing
2. 申请人身份证明文件名称： √企业法人营业执照 □事业单位法人证书 □社会团体法人登记证书 □身份证 □护照 □其他
   申请人身份证明文件号码： ××××××××××××××××××
3. 授权代表： ××××货运代理有限公司
   Authorized Representatives： ×××× Freight Forwarding Co.，Ltd.
4. 联 系 人： 张×× 电话： 010-×××××××× 传真： 010-××××××××

二、单证册基本情况

1. 货物用途
   □展览会和交易会 （名称、地点、组织者）
   □专业设备 √商业样品 □其他
2. 预定从中国离境日期 2010-××-×× ， 出境报关口岸 北京
3. 运输方式：√货运 （□水路运输 √航空运输 □汽车运输 □铁路运输 □其他） □随身携带
4. 在拟暂准进口的国家和地区前面横线处注明预计进口的次数
   在拟过境的国家和地区前面横线处写“T”，并标明预计过境的次数

	阿尔及利亚（DZ）		直布罗陀（GI）		卢森堡（LU）		斯洛伐克（SK）
	安道尔（AD）		希腊（GR）		马其顿（MK）		斯洛文尼亚（SI）
	澳大利亚（AU）	T1	中国香港（HK）		马来西亚（MY）		南非（ZA）
	奥地利（AT）		匈牙利（HU）		马耳他（MT）		西班牙（ES）
	比利时（BE）		冰岛（IS）		毛里求斯（MU）		斯里兰卡（LK）
	保加利亚（BG）		印度（IN）		摩洛哥（MA）		瑞典（SE）
	加拿大（CA）		爱尔兰（IE）		荷兰（NL）		瑞士（CH）
	克罗地亚（HR）		以色列（IL）		新西兰（NZ）		泰国（TH）
	塞浦路斯（CY）		意大利（IT）		挪威（NO）		突尼斯（TN）
	捷克（CZ）		科特迪瓦（CI）		波兰（PL）		土耳其（TR）
	丹麦（DK）		日本（JP）		葡萄牙（PT）		英国（GB）
	爱沙尼亚（EE）		韩国（KR）		罗马尼亚（RO）	1	美国（US）
	芬兰（FI）		拉托维亚（LV）		俄罗斯（RU）		塞尔维亚（RS）
	法国（FR）		黎巴嫩（LB）		塞内加尔（SN）		白俄罗斯（BY）
	德国（DE）		立陶宛（LT）		新加坡（SG）		蒙古（MN）
	智利（CL）		伊朗（IR）		巴基斯坦（PK）		乌克兰（UA）
	黑山（ME）		摩尔多瓦（MD）				

三、单证册签发后交付办法

1 √自取 2 □挂号 3 □特快专递

四、签发单证册期限

1 □五个工作日 2 √两个工作日（加急）

五、担保

1 货物总值： RMB××××××.00
2 担保形式： （1）√现金/支票 （2）□信汇/电汇 （3）□银行保函 （4）□贸促会认可的书面保证

六、保证

我作为ATA单证册持有人，保证货物总清单上的内容真实无误。我承诺在任何暂准进口国和地区海关规定的期限内将这些货物复出口，在中国海关规定的期限内将这些货物复进口回中国，并遵守ATA公约、伊斯坦布尔公约和有关公约/附约的规定、中国和其他国家和地区的海关规章和要求，以及中国国际商会制定的使用ATA单证册的各项规定。

我承诺，接到中国国际商会的索赔请求后，在十个工作日内无条件支付因ATA单证册项下货物未在规定期限内复出口、或未遵守ATA公约、伊斯坦布尔公约和有关公约/附约的规定、中国或国外海关的有关规章或要求而产生的所有税款和其他费用，以及中国国际商会因签发和调整单证册所支付的任何专业费用或其他费用。我承诺对中国国际商会为此同有关商会、海关或其他组织进行协商或处理的结果承担全部责任。我同意，将交纳的担保用以赔付中国国际商会因上述情况而被要求支付的任何税款或费用。

我承诺，在旅行结束后十五天内，将ATA单证册退还给中国国际商会或其授权的签证机构，并留一份复印件存档。

我确认，如及时将使用过的ATA单证册交还给中国国际商会或其授权的签证机构，并且经其核定使用正确，则中国国际商会或其授权的签证机构将及时有条件核销ATA单证册，并退还担保。

申请人签字：________________
申 请 日 期： ____年____月___日
申请单位盖章：

图 D.1 中国国际商会 ATA 单证册申请表

D.2　展品总清单及填写要求

D.2.1　展品清单

参见图 D.2。

D.2.2　展品总清单填写要求

D.2.2.1　ATA 单证册货物总清单的格式由国际商会统一制定，申请人不得随意更改。

D.2.2.2　清单第 1 栏用于填写货物项号，项号由数字“1”开始，由申请人根据货物实际情况自行编制。每一项货物均需对应一个项号。同类且同价值的货物可以合并使用同一个项目。

D.2.2.3　清单第 2 栏用于填写货物品名、标记及号码，需要中英文对照填写。请根据每项货物的实际情况，对货物的商标、型号、出厂序列号、颜色或尺寸等识别特征进行详细的描述。

D.2.2.4　清单第 3 栏用于填写每项货物对应的数量，数量单位请用英文描述。

D.2.2.5　清单第 4 栏用于填写每项货物对应的重量或体积，只需任选其中一项填写，相应单位需用英文描述。

D.2.2.6　清单第 5 栏用于填写每项货物对应的申报总价，货币单位需用英文描述。比如，第 1 项货物，对应的数量为 10 件，货物单价为 10 元人民币，则在清单第 5 栏处应填写“RMB100”。

D.2.2.7　清单第 6 栏用于填写每项货物对应的原产国，需用国际标准国家代码填写。申请人可在货物总清单的“code”页面查询相应国家代码。比如，中国为 CN，美国为 US 等。

D.2.2.8　清单第 7 栏为海关签注栏，申请人不得随意填写。

A.T.A.CARNET　　GENERAL LIST/总清单　　ATA单证册

Item No./项号	Trade description of goods and marks and numbers, if any/货物品名、标记及号码	Number of Pieces/件数	Weight or Volume/重量或体积	Value*/价值*	**Country of origin/**原产国	For Customs Use/由海关填写 Identification marks/鉴别标记
1	2	3	4	5	6	7
1	CASE1 PROTECTED DATA CAPSULE 数据保护容器	1 set	42 kgs	RMB 8 000	CN	
	TOTAL:	1 set	42 kgs	RMB 8 000		
	SAY TOTAL VALUE IN RMB IS EIGHT THOUSAND ONLY.					
TOTAL or CARRIED OVER/总计或转下页						

*Commercial value in country/Customs territory of issue and in its currency,unless stated differently.

*指以单证册签发国/关境货币表示的商业价值，除非标明为它国货币。

**Show country of origin if different from country/Customs territory of issue of the Carnet,using ISO country codes.

**如果原产国非单证册签发国/关境，请用国际标准化组织的国家编码标明原产国。

图 D.2　总清单图示

D.3 出口单证册通关注意事项

D.3.1 通关前的准备

D.3.1.1 检查单证册绿色封面的右下角是否有签证机构的签字和盖章。

D.3.1.2 持证人在单证册绿色封面右下角“持证人签字”处签字。如果持证人非自然人，需要加盖单位公章。

D.3.1.3 检查 ATA 单证册内各项报关单据的数量和种类与货物预计通关的次数和顺序是否吻合。

D.3.1.4 核对货物总清单中的内容与实际货物情况是否一致。

D.3.2 通关注意事项

D.3.2.1 货物从中国出口时，请核对出口地海关在 ATA 单证册绿色封面的左下角“海关验证”栏内是否已经签字盖章。如果没有中国海关的签字盖章，单证册无效。

D.3.2.2 单证册内黄色出口/复进口存根以及黄色出口报关凭证和复进口报关凭证均由中国海关签注填写；白色进口/复出口存根以及白色进口报关凭证和复出口报关凭证由国外海关签证填写；蓝色过境存根和过境报关凭证由过境国或地区海关或国内转关地海关签注填写。所有凭证在由海关签注完毕后，将被海关撕下留存；所有存根在经海关签证后，仍需保留在单证册内。

D.3.2.3 持证人在进出各个口岸海关时，应主动出示单证册，办理海关手续。如果单证册上海关的签注不完整，或将因此引起索赔而无法及时核销和办理退保手续。

D.3.2.4 中国海关一般给予出口单证册项下货物 6 个月的复进口有效期。如果货物无法在规定期限内复运回国，应在复进口有效期到期前至少 1 个月向出口地海关申请延长复进口期限至单证册有效期。如果货物在单证册有效内无法复运回国，应向签证机构申请续签单证册。

D.3.2.5 中国海关允许出口单证册项下货物异地、分批复进口。

D.3.2.6 单证册项下货物在国外旅行时需遵守当地法律法规，并按照临时进口国或地区海关规定的复出口期限(由海关在单证册白色进口存根处标明)将货物原状复出口，否则将会引起索赔。如果需要延长复出口期限，应征得临时进口国或地区海关许可。

D.3.2.7 每次办理海关签注手续后，应及时核对海关在存根联上的签注与实际申报是否一致。如有填写含糊或不正确的地方，应及时向海关提出更正，以免事后引起争议或索赔。

D.3.2.8 如果单证册项下货物在国外发生留购、赠送、放弃或被盗等情况，应及时向当地海关申报，办理相应海关手续，并要求海关在复出口存根联上签注对货物的处理意见。

D.3.2.9 奥地利、荷兰、马来西亚、塞尔维亚、西班牙、法国、新加坡、瑞士和美国的海关对复出口签证不正常的单证册征收调整费。如果前往上述国家，应特别注意复出口时是否已获得海关的复出口签注。

D.3.2.10 应在使用过程中妥善保管单证册，以免损毁或丢失。如果单证册丢失，应及时联系签证机构申请补签单证册。

D.3.3 进口单证册备案说明

根据中国海关规定，所有进口 ATA 单证册均需由中国国际贸易促进委员会/中国国际商会进行电子备案，并向口岸海关发送电子数据后，单证册持证人或其代理人方可向中国海关进行申报。

如进口 ATA 单证册项下货物为随身携带入境，办理电子备案手续时，单证册持证人或其代理人需要向中国国际贸易促进委员会/中国国际商会提交 ATA 单证册正本。如进口 ATA 单证册项下货物由货运渠道入境，单证册持证人或其代理人需要向中国国际贸易促进委员会/中国国际商会提交 ATA 单证册正本及运单。

附 录 E
（资料性附录）
暂时进境货物报关服务作业流程图

暂时进境货物报关服务作业流程图，参见图 E.1。

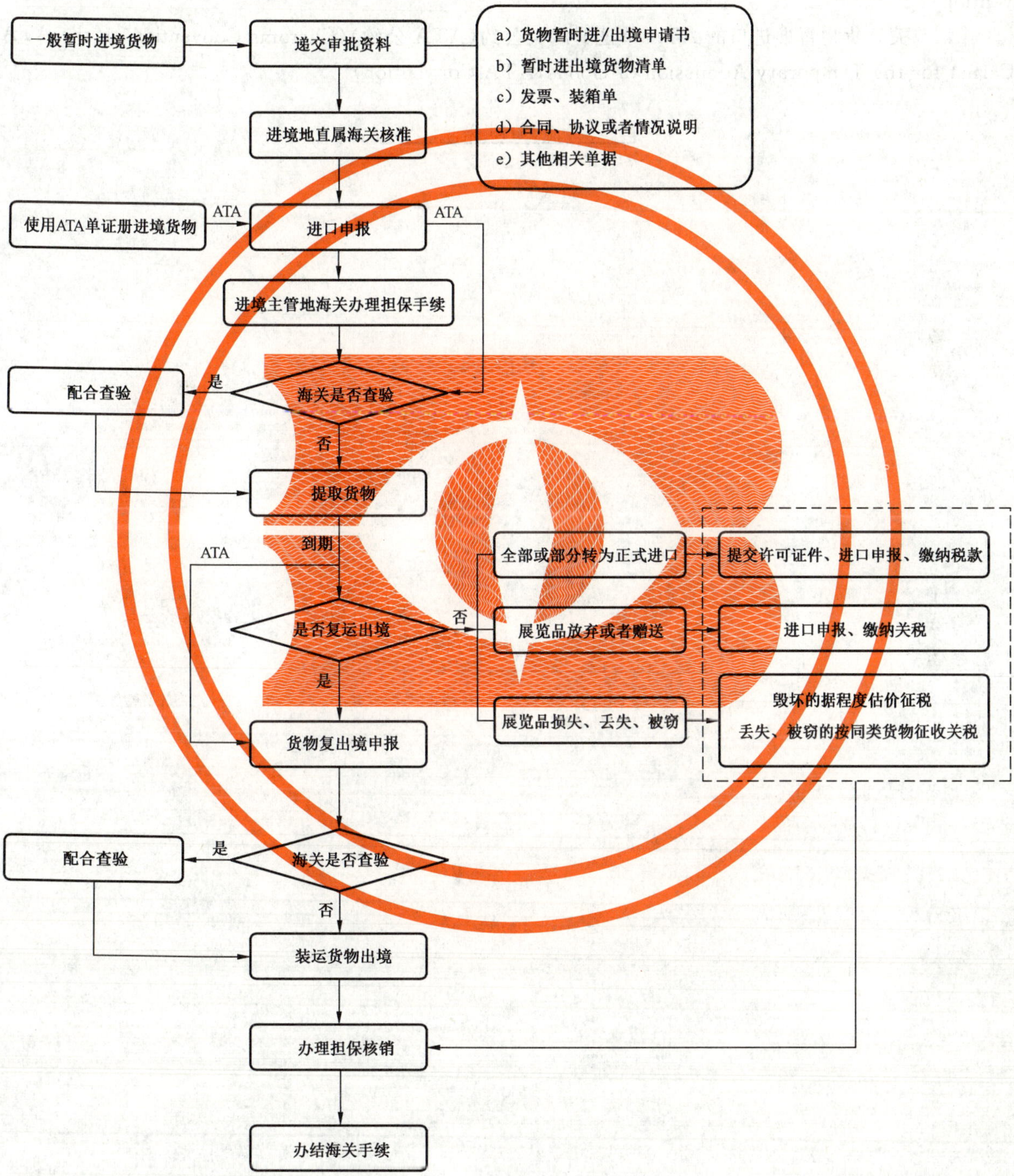

图 E.1 暂时出境货物报关服务作业流程图

参 考 文 献

［1］ 中华人民共和国海关暂时进出境货物管理办法(中华人民共和国海关总署令第157号)
［2］ 出国(境)文物展览展品运输规定(国家文物局 2001年7月30日)
［3］ 货物暂准进口公约(伊斯坦布尔公约)(Convention on Temporary Admission, Istanbul Convention)
［4］ 关于货物暂准进口的ATA单证册海关公约(ATA公约)(Customs Convention on the ATA Carnet for the Temporary Admission of Goods, ATA Convention)

ICS 03.100.01
A 02

中华人民共和国国家标准

GB/T 30349—2013

集装箱货运代理服务规范

Norms of container services on international freight forwarders

2013-12-31 发布 2014-07-01 实施

中华人民共和国国家质量监督检验检疫总局
中国国家标准化管理委员会 发布

前　言

本标准按照 GB/T 1.1—2009 给出的规则起草。

本标准由中华人民共和国商务部提出并归口。

本标准起草单位：深圳市联合纵横国际货运代理有限公司、上海新景程国际物流有限公司、上海宝霖国际危险品物流有限公司、国富通信息技术发展有限公司、四川锦程国际货运代理有限责任公司、厦门通程物流有限公司、义乌市金隆国际货运代理有限公司、江苏远东物流有限公司、杭州双宇物流有限公司、民生国际货物运输代理有限公司、重庆美联国际物流（集团）有限公司、重庆会通华联物流有限公司、中国远洋运输（集团）总公司、中国外运长航集团有限公司、中国海运（集团）总公司、锦程物流（集团）有限公司、中钢国际货运有限公司、重庆市国际货运代理协会、新疆托木尔货运代理有限公司等。

本标准主要起草人：林忠、何瀚伟、胡素芳、冯建萍、陈峥、廖解宝、高爽、陈智勇、曾真、任中伟、景洪德、刘露、王文、包红武、陈东琪、刘军、杨希江、金旭峰。

集装箱货运代理服务规范

1 范围

本标准规定了集装箱货运代理在进出口货运服务方面的业务流程和服务规范。

本标准适用于国际货运代理及其行业有关的企业。

2 规范性引用文件

下列文件对于本文件的应用是必不可少的。凡是注日期的引用文件，仅注日期的版本适用于本文件。凡是不注日期的引用文件，其最新版本(包括所有的修改单)适用于本文件。

GB/T 22151 国际货运代理作业规范
GB/T 22154 国际货运代理服务质量要求
GB/T 26318 物流网络信息系统风险与防范
GB/T 26319 国际货运代理单证标识符编码规则
GB/T 26320 国际货运代理信息交换规范
GB/T 26321 国际货运代理业务数据元
GB/T 28530 国际货运代理系列单证 单证数据项
GB/T 28532 承运人标识符编码规则
GB/T 28831 国际货运单证缮制规范
GB/T 28832 国际货运单证缮制质量要求
GB/T 28833 国际物流责任保险投保、索赔规则
GB/T 28839 进出境货物木质包装申报规范
GB/T 30055 国际货运代理报关服务质量要求
GB/T 30056 国际货运代理拼箱服务质量要求
GB/T 30057 国际货运代理合同规范
GB/T 30347 国际货运代理危险货物运输服务质量要求
GB/T 30838 契约承运人服务质量要求
JT 672 海运危险货物集装箱安全技术要求

3 术语和定义

GB/T 22151、GB/T 22154、GB/T 28832、GB/T 30838、GB/T 30057、GB/T 30056 和 GB/T 30055 界定的术语和定义适用于本文件。

4 一般要求

4.1 业务组织与管理应合理、有效、相互衔接，并符合 GB/T 22151 的规定。

4.2 业务操作流程应规范，并符合防范、控制和规避风险的要求。

4.3 报关报检应符合制度规定、材料齐全、手续完备，处理及时，并符合 GB/T 30055 和 GB/T 28839 的规定。

4.4 信息化与档案管理应符合 GB/T 22154 的规定。

4.5 信息系统与信息交换应符合 GB/T 26318、GB/T 26320 的规定。

4.6 单证标识符、单证数据项和承运人标识符应符合 GB/T 26319 、GB/T 26321、GB/T 28530 和 GB/T 28532 的规定。

4.7 单证缮制与签发应符合制度规定、材料齐全、手续完备、准确有效、处理及时，并符合 GB/T 28831、GB/T 28832 的规定。

4.8 拼箱作业应符合 GB/T 30056 的规定。

5 出口货运服务

5.1 报价

5.1.1 应定期、及时向合作的承运人收集合作路线/航线的运行时间表/班期表、运力状态、操作要求等信息，并进行整理。

5.1.2 收到客户的询价要求后，应及时根据起止地(或航线)、货类、箱型、箱量、发运期等要求，选择合适的承运人，并向客户报价。

5.1.3 报价中应至少包括起止地(或航线)、运费及附加费的费率、运输条款、运费的有效期。

5.2 接受委托/托运

5.2.1 客户发运货物前，应提供书面的委托书。

5.2.2 委托书/托运单应明确：

——发货人；

——通知人；

——收货人；

——委托范围；

——起运期要求(可明示对承运人、运输工具名称、航/班/车次的要求；或仅说明对起运日期、运输方式或运输工具要求、运输时间要求等，由货运代理选择)；

——起运地和目的地；

——运输标志；

——货物名称；

——货物数量(可明示对集装箱箱型及数量的要求；或仅提供货物数量，由货运代理根据货物特性及装箱规范进行安排)；

——运输条款；

——运费条款；

——运输单证签发要求；

——费用数额及结算方式；

——特约事项。

5.2.3 对于冷藏货物，委托书/托运单上还应对预冷温度、设定温度、通风等要求予以明确。

5.2.4 对于危险品货物，委托书/托运单上还应明确危险货物的名称、等级、危险货物编号以及相关的危险货物文件等，参照 GB/T 30347 的规定。

5.2.5 对于框架箱、开顶箱，应在委托书/托运单上明确货物的包装类型、包装尺寸、毛重等内容。

5.2.6 对于特殊航线或特殊货物，应在委托书/托运单上明确因航线、货物特性等原因所要求的内容。

5.2.7 如客户需要承运人出具相关文件，或对集装箱状态、集装箱装载位置或其他有特殊要求，也应在委托书/托运单上予以明确。

5.2.8 对操作惯例或委托书/托运单上仍存在一些未明确的事项，应请求客户及时确认。

5.2.9 接受委托/托运后，应按要求及时与承运人联系，确认是否可以提供满足委托书/托运单要求的箱型、箱量、舱位，特别是针对危险、冷藏、超限货物。确认可以满足后，在评估委托书/托运单的其他相关内容后，确认可以接受委托/托运的，应书面通知客户预计配载的运输工具名称、航/班/车次、开航日、箱型、箱量等信息。

5.3 订舱/运输安排

5.3.1 接受委托/托运后，应根据承运人、当地运输惯例、客户在委托书/托运单上的要求，及时向承运人提交订舱或托运的申请，要求安排适当的运输工具。

5.3.2 订舱或托运的申请应包括：

——发货人；

——通知人；

——收货人；

——运输工具名称、航/班/车次(或仅说明对起运日期、运输时间要求等，由承运人安排)；

——起运地、目的地；

——运输标志；

——货物名称、数量、件数；

——集装箱数量、类型；

——运输条款；

——运费条款；

——特约事项。

5.3.3 递交订舱或托运的申请后，应督促承运人及时对申请进行确认，如使用特殊箱型，还应督促运输工具承运人、车/场站预留或调运空集装箱，确保货物按时发运。

5.3.4 接到确认后，应及时与承运人明确运输单证编号以及集装箱设备交接单证、集装箱封志的领取方式，并及时书面通知客户运输单证编号、运输工具名称、航/班/车次、预计起运/开航日、箱型、箱量等信息。

5.3.5 如客户自行安排集港(站)前的短途运输或港(站)区内装箱，应及时通知客户领取集装箱设备交接单证(如船公司集装箱设备交接单)、集装箱封志的方式，或代为领取并通知客户免费用箱期限、重箱回场的场站名称，以便客户及时安排提取空集装箱。如客户自行安排报关报检，应及时通知客户提交货物通关放行通知的最后期限，以便客户按时完成申报工作。

5.4 短途运输

5.4.1 应根据客户在委托书/托运单中的要求，按照货物特性、装箱和当地报关报检安排等情况，结合承运人规定的免费用箱期限、提交货物通关放行通知最后期限，及时安排货物集港前的短途运输的车辆。

5.4.2 应在承担短途运输的承运人提箱前，及时向其转交集装箱设备交接单证、集装箱封志，或通知其领取集装箱设备交接单证、集装箱封志的方式，由短途运输的承运人代为领取。

5.4.3 应通知短途运输承运人有关客户的备货地址、联系人及联系方式、运输时间、货物名称、箱型、箱量、运输工具名称、航/班/车次，以及委托书/托运单上申明的其他特殊要求。

5.4.4 安排好短途运输事宜后，应及时通知客户有关短途运输车辆的车牌号和驾驶人员联系方式。

5.5 货物装箱

5.5.1 安排好短途运输事宜后，应及时通知客户做好货物装箱准备，并告知客户有关短途运输承运人允许装箱工作占用的车辆等待时间。如因货物特性对装箱有特殊要求的,还应及时通知客户相关的注意事项。

5.5.2　如应客户要求安排场站装箱时,应根据货物特性、装箱和当地报关报检安排等情况,结合承运人规定的提交货物通关放行通知最后期限,合理安排送货时间和装箱,并及时通知客户相关事宜。

5.5.3　应按承运人的要求并根据货物特性、场站操作能力等,合理安排场站装箱事宜,及时告知客户有关装箱场站的名称及联系方式、货物名称、货物数量、运输单证编号、货物预计送达时间、预计装箱的箱型及箱量、运输工具名称、航/班/车次等信息,以及委托书/托运单上申明的特殊要求。

5.5.4　应根据装箱安排,通知场站领取集装箱设备交接单证,提前提取或准备空箱,并预留装箱场地。

5.5.5　安排好场站后,应及时通知客户场站名称及联系方式、运输单证编号等信息。

5.5.6　应提醒场站确认承运人提供的集装箱是否满足适货、适运的要求。如不满足,应要求场站进行评估,或可通过清洁等简单程序进行解决,或通知承运人进行更换。

5.5.7　应及时跟踪货物的送货、装箱等进展情况。如场站在接收货物或装箱过程中,发现或发生货损货差,应及时通知客户有关货损货差情况,做好相应的记录并按照客户要求进行处理。

5.5.8　货物装箱时,应遵守入出境集装箱、货物、废旧物品卫生检疫的规定。

5.5.9　危险货物装箱时,应符合 GB/T 30347 和 JT 672 的规定并要求,包括:

——作业场所要选在避免日光照射、隔离热源和火源、通风良好的地点;要有足够的面积和必要的设备,以便发生事故时,能有效地处置;

——装载爆炸品、氧化性物质等危险货物时,装货前箱内要仔细清扫,防止箱内因残存灰尘、垃圾等杂物而产生着火、爆炸的危险;

——要检查危险货物的容器、包装、标志是否完整,与运输文件上所载明的内容是否一致;

——使用固定危险货物的材料时,应注意防火要求和具有足够的安全系数和强度;

——对用纸袋、纤维板和纤维桶包装的危险货物,遇水后会引起化学反应而发生自燃、发热或产生有毒气体,应严格进行防水检查;

——不得采用抛扔、坠落、翻倒、拖拽等作业方式,避免货物间的冲击和磨擦;

——不得将性质相抵触的货物载于同一箱内;

——应按危险货物的危险性强弱程度调整装卸顺序,最危险的货物应最后装货最先卸货;

——应按规定使用正确的危险货物类别标志,并粘贴于外部明显地方。

5.5.10　冷藏货装箱时,应提请客户和场站注意:

——检查冷藏设备是否能正常运转;

——如客户要求预冷,应按照客户要求的预冷温度进行预冷;

——应选用合适的衬垫材料,以免堵塞通风管和通风口;

——箱顶与货物顶部一定要留出空隙,使冷气能有效地流通;

——按客户要求的设定温度设置箱内温度。

5.5.11　超尺寸、超重货物的装载时,应提请客户和场站注意:

——装载超尺寸、超重货物时,应充分考虑全程运输的宽度和高度限制,特别是陆路运输线路允许的宽度、高度以及装卸设备和运输工具的限制;

——装载超尺寸、超重货物时,应注意集装箱的重心平衡;

——装载超尺寸、超重货物时,应对货物进行加固和绑扎。

5.5.12　装载用罐式集装箱运输的液体货物时,应提请客户和场站注意:

——应根据货物的特性,安全装箱;

——在装载时如需要加温或降温,则应考虑装货卸货地点应具备所需温控的条件。

5.5.13　场站完成货物装箱后,应根据装箱情况及时准备或更新装箱单、发票、运输单证信息等资料。

5.5.14　货物装箱后,应及时通知承运人最新的运输单证信息,确认箱号、箱量及货物数量等,以便承运人及时向海关进行舱单预申报。

5.6 报关报检

5.6.1 货物装箱后，应提请客户及时安排货物的报关报检。

5.6.2 如应客户要求安排报关报检的，应提请客户按时提交报关报检文件，并根据当地报关报检状况、承运人规定的提交货物通关放行通知最后期限，安排货物的报关报检。

5.6.3 货物完成报关报检后，应及时将货物的海关放行通知交付承运人或其指定的代理人。

5.6.4 应符合 GB/T 30055 和 GB/T 28839(如适用)中的相关规定。

5.7 装上运输工具的通知

5.7.1 货物完成报关报检后，应提醒运输工具承运人按时将货物装上指定的运输工具。

5.7.2 应及时联系承运人，跟踪货物装上运输工具的情况并及时通知客户。

5.8 费用结算

5.8.1 货物装上运输工具之后，应及时将所发生的费用情况通知客户。

5.8.2 应按照合同或委托书/托运单上的约定，与客户结算费用并使用规范票据，各项代垫费用应分开逐项列明。

5.8.3 应按照与承运人的运价协议，及时与承运人结算运费，避免对客户造成损失。

5.8.4 应符合 GB/T 30057 和 GB/T 30838(如适用)中的相关规定。

5.9 运输单证及其他文件

5.9.1 在正本运输单证签发前，应及时缮制运输单证副本交客户校验。客户确认无误后，才应签发或通知承运人签发正本运输单证。

5.9.2 应按照委托书/托运单上的相关要求进行运输单证签发或通知承运人签发。

5.9.3 如委托书/托运单上要求承运人出具其他相关文件的，应及时制作文件副本交客户校验。客户确认无误后，应通知承运人签发。

5.9.4 如按委托书/托运单上要求安排报关报检的，应及时跟踪相关退税、核销证明等文件的退回情况。在收到相关退税、核销证明等文件后，应核对是否和报关资料相符。

5.9.5 应按照合同或委托书/托运单上的约定，及时将正本运输单证及相关文件交付给客户。

5.9.6 单证标识符、单证数据项和承运人标识符应符合 GB/T 26319、GB/T 28530 和 GB/T 28532 的规定；单证缮制应符合 GB/T 28831 和 GB/T 28832 的规定。

5.10 意外情况

5.10.1 报关报检

5.10.1.1 如客户在承运人要求的提交货物通关放行通知最后期限之前未能完成货物申报手续时，应提请客户及时告知。如按委托书/托运单上要求安排报关报检，但未能在承运人要求的提交货物通关放行通知最后期限前完成货物申报手续时，应及时通知客户。

5.10.1.2 货物未能按时完成申报手续的，应及时联系承运人，了解最近的可行船期/航班/车次以及相应舱位情况，并向客户反馈以协商解决办法。客户如需延期继续发运的，应及时向承运人重新订舱/托运，尽快发运以减少因延期造成的损失。

5.10.1.3 如未能及时完成货物申报手续的，应客观地向客户解释未及时完成申报的原因，并在此基础上与客户协商相关额外费用的承担办法。

5.10.2 运输单证更改

5.10.2.1 正本运输单证签发后，如客户要求更改运输单证的，应及时对要求进行评估，或联系承运人进行确认。

5.10.2.2 确认可满足客户运输单证更改要求的，应及时通知客户，并告知相关的改单费用以及担保条件或其他规定要求。如适用，应符合 GB/T 28831 的规定。

5.10.2.3 在收回全套正本运输单证后，货运代理或承运人应按规定及时更改或重新签发全套运输单证。

5.10.3 目的地变更

5.10.3.1 货物装上运输工具之后，客户要求变更货物目的地的，应及时联系承运人进行确认。

5.10.3.2 确认运输过程可满足客户变更目的地要求的，应及时通知客户变更目的地的流程及相关费用等，并要求客户提交全套运输单证。

5.10.3.3 在收回全套正本运输单证后，货运代理或承运人应及时重新签发运输单证。如适用，应符合 GB/T 28831 的规定。

5.10.4 退关、退运

5.10.4.1 货物装上运输工具之前，客户要求停止报关、装载上运输工具的，应及时通知承运人取消订舱/托运。

5.10.4.2 应及时告知客户有关退关决定之前已发生的费用、承运人规定的退舱/退运费用、退运过程中将发生的费用等，并协助客户做好货物退关、拆箱、退运等工作，减少客户因退关造成的损失。

5.10.4.3 应及时与客户协商上述费用的承担办法。如客户未能及时结算所应承担的费用的，可依据合同或有关法律规定，酌情处理并请求客户及时结算。

6 进口货运服务

6.1 报价

可参照 5.1 的规定。

6.2 接受委托/托运

可参照 5.2 的规定。

6.3 订舱/运输安排

6.3.1 可参照 5.3 的规定。

6.3.2 如与承运人事先已就指定航线或货物签订运价协议，订舱申请时应明确该运价协议号。

6.3.3 应通过客户通知发货人有关运价协议号和承运人的发运代理，要求按照当地的航运惯例及时进行订舱确认。

6.3.4 应督促承运人及其发运代理及时告知订舱进展情况。如订舱出现重大变更，应及时联系承运人及其发运代理了解变更原因，并转告客户。

6.3.5 在确认货物装上运输工具后，应通知客户有关运输单证编号、运输工具名称、航/班/车次、启航/开航及预计到达的日期、箱型、箱量等信息。

6.4 到港(站)通知

6.4.1 货物到港(站)前,应根据当地报关报检状况及时通知客户货物预计到港(站)日期。

6.4.2 到港(站)通知中还应包括:

——承运人、港(站)对进口货物的有关规定,包括港(站)的免费堆存期及超期堆存的费用标准、承运人的免费用箱期及超期用箱的费用标准、货物在港(站)堆存的位置等;

——换单代理的名称和联系方式;

——到付费用。

6.5 费用结算

6.5.1 可参照5.8的规定。

6.5.2 应按照委托书/托运单的要求,及时与港/站以及相关的合作方结算费用。

6.6 换取提货单

货物到港后,应及时与承运人或其指定代理联系,换取提货单。

6.7 报关报检

6.7.1 如应客户要求安排报关报检的,应告知客户有关海关和检验检疫机构对进口货物申报的规定、申报的项目、滞报金标准等信息,并提请客户在货物到港(站)前提交正本运输单证、报关报检文件,并进行有效审核。审核的内容包括报关文件是否齐全,文件内容是否相符,特别是提货单与申报文件上的运输单证编号、集装箱编号、运输工具名称及航/班/车次、货物名称及件数、重量、价格等是否相符,填写是否规范等。

6.7.2 应及时联系承运人,跟踪货物到港情况。货物到港(站)后应尽快安排进口换单手续。

6.7.3 应及时备妥文件并进行申报。

6.7.4 如海关、检验检疫部门需进行货物查验,应及时通知客户,并告知可能发生的费用情况。

6.7.5 应提请客户及时准备好进口关税或减免税证明。

6.7.6 货物完成进口申报后,应及时通知客户。

6.7.7 应符合GB/T 30055和GB/T 28839(如适用)中的相关规定。

6.8 短途运输

6.8.1 如应客户要求安排货物运至工厂的短途运输,应根据货物特性、箱型、箱量、预计进口申报完成时间,及时安排短途运输的运输工具。

6.8.2 应事先通知客户预计完成进口申报时间,并协商确定预计运输的时间。

6.8.3 应通知短途运输承运人有关客户要求的货物交付地点、联系人及联系方式、运输单证编号、货物名称、箱型、箱量、运输单证编号、运输工具名称、航/班/车次、预计运输时间,以及委托书/托运单上申明的特殊要求。

6.8.4 货物完成进口申报后,应及时向短途运输承运人转交提货单,并要求尽快安排运输。

6.8.5 安排好短途运输后,应及时通知客户有关短途运输工具的车牌号和驾驶人员的联系方式等信息。

6.9 货物拆箱

6.9.1 如应客户要求安排场站拆箱的,应根据承运人要求、货物特性、箱型、箱量、预计进口申报完成时间、场站操作能力等，合理安排或委托货物拆箱场站拆箱事宜，及时告知场站有关客户名称及联系方式、承运人、运输单证编号、货物名称、箱型、箱量、运输工具名称、航/班/车次，以及委托书/托运单上申明的特殊要求。

6.9.2 安排好场站后，应及时通知客户预计完成进口申报时间、场站名称及联系方式。

6.9.3 应及时通知场站预计完成进口申报时间，以便场站提前落实提货手续、预留拆箱场地。

6.9.4 完成进口申报后，应及时向场站转交提货单，通知场站尽快安排提货、拆箱。

6.9.5 应及时联系客户，就下一步货物转运、储存等进行安排。

6.9.6 应符合 GB/T 30056 中的相关规定。

6.10 意外情况

6.10.1 舱单更改

6.10.1.1 如发现报关报检文件与提货单相关内容不符的，或货物报关前如客户需更改运输单证主要内容的，应通知客户及时与发货人联系，要求办理舱单更改事宜。

6.10.1.2 应及时跟踪承运人的舱单更改情况。舱单更改后，应及时进行申报，避免或减少可能发生的费用。

6.10.2 货损货差

6.10.2.1 提货或拆箱后，如发现货损、货差情况，应立刻进行取证，通知客户并按照其要求进行处理。

6.10.2.2 如适用，应参照 GB/T 28833 的规定。

参 考 文 献

[1] 中华人民共和国国境卫生检疫法实施细则(中华人民共和国国务院令第574号)

ICS 03.100.20
A 10

中华人民共和国国家标准

GB/T 30350—2013

电视收视率调查准则

Television audience measurement guidelines

2013-12-31 发布　　2014-07-01 实施

中华人民共和国国家质量监督检验检疫总局
中国国家标准化管理委员会　发布

前　言

本标准按照GB/T 1.1—2009给出的规则起草。

本标准由中国广播电视协会提出。

本标准由全国市场、民意和社会调查标准化技术委员会(SAC/TC 320)归口。

本标准主要起草单位:中国广播电视协会、中国标准化研究院、中央电视台、中国传媒大学、央视-索福瑞媒介研究有限公司、上海广播电视台、湖南广播电视台、中国信息协会市场研究业分会、中国广告协会。

本标准主要起草人:张莉、冯卫、虢亚冰、柯惠新、郑维东、杜国清、徐立军、朱涛、王旭波、丁俊杰。

引　言

电视收视率调查数据在我国电视媒体及相关行业的经营运作中，发挥着重要作用。为保证电视收视率调查按照科学、规范的流程开展，保障电视收视率调查的公正、透明、安全和准确，需要对电视收视率调查进行标准化。

本标准起草中参照了欧洲广播联盟(European Broadcasting Union)和欧洲受众研究组织(GEAR)共同发布的《全球电视受众测量指南》(Global Guidelines for Television Audience Measurement)，和中国广播电视协会电视受众研究委员会组织制定的《中国电视收视率调查准则(试行)》。

本标准规定的电视收视率调查的流程都是经过核查和使用的，可以为调查研究公司提供指导，使他们能以统一和透明的方式为客户提供研究数据和服务。同时，本标准的目的还在于推动电视收视率调查数据的正确使用，有效保障数据使用者、被调查者(样本户)和调查服务提供者的合法权益，推动中国电视事业健康有序发展。本标准倡导数据采集和数据处理方法的改进，以提高电视收视率调查技术、方法和解决方案对新媒体环境下多终端收视行为的监测和报告能力。本标准的应用目前仅限于传统电视收视率调查，在新的调查技术、方法和解决方案发展成熟并在行业中获得广泛认可时，本标准将适时对相关内容做出修订。

本标准的另一目的和目标是把 GB/T 26315、GB/T 26316 中的质量要求应用于电视收视率调查。本标准旨在补充和配合使用 GB/T 26315、GB/T 26316 标准。

电视收视率调查准则

1 范围

本标准规定了电视收视率调查样本抽取、数据采集、数据处理、数据报告、数据使用和配合调查全部过程的基本规范。

本标准适用于电视收视率调查服务的提供者(即电视收视率调查公司或机构),样本户,以及包括电视节目播出机构、节目供应商、广告主、广告代理公司、媒介购买公司、政府相关机构、设备制造商和学术研究机构等在内的数据使用者。

2 规范性引用文件

下列文件对于本文件的应用是必不可少的。凡是注日期的引用文件,仅注日期的版本适用于本文件。凡是不注日期的引用文件,其最新版本(包括所有的修改单)适用于本文件。

GB/T 19001 质量管理体系 要求

GB/T 26315—2010 市场、民意和社会调查 术语

GB/T 26316—2010 市场、民意和社会调查 服务要求

3 术语和定义

GB/T 26315—2010 界定的以及下列术语和定义适用于本文件。为了便于使用,以下重复列出了GB/T 26315—2010 中的某些术语和定义。

3.1

电视收视市场 TV viewing market

电视频道和它的观众共同组成的市场。

注:本标准中"电视"是指在电视机终端上收看的,采用模拟电视信号、数字电视信号或者 IPTV 信号传输的电视。在电脑、手机或者平板电脑等终端上收看视频内容,由于目前尚未有成熟的调查方法,暂不列入本标准规定范畴。

3.2

电视收视率 TV rating

电视收视市场的总体观众中,收看某频道或其节目的个人所占的比例。

3.3

电视家庭户 television household

任何拥有可收看的电视机的家庭,不包括集体户。

3.4

总体 population; universe

由所关注的全部个体组成的集合。

[GB/T 26315—2010,定义 5.2.1]

3.5

样本 sample

从总体中抽取的抽样单元构成的集合。

[GB/T 26315—2010,定义 5.2.6]

3.6

固定样组 panel

从总体中采用一定方法抽取的，在一定时间段内连续提供调查情况记录的被调查者群体。

注：特定的电视市场及其固定样组通常称为收视率调查网。

3.7

样本户 sample household

从总体中抽取的、用于进行电视收视率调查的电视家庭户。

4 总则

4.1 透明性

电视收视率调查服务提供者应对所有数据使用者公开调查方法及流程。

必要时，电视收视率调查服务提供者和数据使用者可向第三方技术咨询机构（如由相关行业专家和学者组成的专家委员会）寻求支持，以保证持续沟通并达成一致意见。

必要时，使用者和第三方中立机构组成审核小组，依据本标准对电视收视率调查服务提供者进行审核。

4.2 适用性

电视收视率调查服务在设计上应覆盖全国或者需要调查的目标区域，尽可能满足各个数据使用者不同层次的需要。

4.3 有效性与可靠性

电视收视率调查方法应经过试验和验证，并通过评审。评审小组应由电视收视率调查提供者、使用者和第三方中立机构组成。

电视收视率调查方法应能保证调查结果的有效性和可靠性。其中"有效"是指电视收视率调查系统能够达到它的测量目的；"可靠"是指电视收视率调查系统多次单独调查的结果能够得出基本一致的结论。

电视收视率调查应确保提高应答率，以保证数据有效性和可靠性。

4.4 公正性

电视收视率调查服务提供者在电视收视率调查过程中应秉持公平、公正的态度，不得因资本关系、价格关系或其他社会关系，影响电视收视率调查的公正性。

4.5 安全性

电视收视率调查应遵循知情和自愿原则；电视收视率调查的内容应符合社会伦理，避免所采集的信息产生误导或者其他可能的伤害。

4.6 职业操守

电视收视率调查服务提供者应遵循诚实信用的原则，遵守公认的商业道德。

电视收视率调查服务提供者应拒绝不诚实、低于行业最低运作标准的调查要求。

电视收视率调查服务提供者不主动以任何形式收集、获取及公开其他电视收视率调查服务提供者拥有的附有版权声明或以其他保密制度加以限制交流的信息。

5 样本抽取

5.1 调查总体界定

5.1.1 一般性要求

电视收视率调查总体的界定,应考虑三方面要素:

——目标区域;

——电视家庭人口;

——年龄下限。

5.1.2 目标区域

电视收视率调查应对所要开展电视收视率调查的目标区域进行明确界定。

电视收视率调查的目标区域可依据行政区划进行界定,例如全国、省或地区;也可根据数据使用需求,界定为具有某种特征的类型区域市场,如城市和乡村收视市场,或者覆盖多个行政区划的跨区域市场,如31个省会和直辖市市场。

5.1.3 电视家庭人口

由于电视收视率调查为连续性调查,要求被调查者保持收视环境的相对稳定性,电视收视率调查的样本宜为拥有可收看电视机的常住家庭户人口;没有电视机的家庭户人口、集体宿舍居住人口,以及流动人口通常被排除在电视收视率调查总体之外。

5.1.4 年龄下限

电视收视率调查应对其样本户个体成员设定有自主选择收视行为能力的年龄下限。

电视收视率调查中被调查者的年龄下限通常设置为4岁及以上人群。

5.2 基础研究

5.2.1 目的

基础研究的主要目的包括:

——识别调查总体最新的人口及家庭特征,以及包括电视设备拥有、电视频道覆盖和电视信号接受方式等在内的与电视收视相关的信息;

——为抽取固定样组提供抽样框;

——为固定样组配额的确定及样本轮换提供依据。

5.2.2 执行周期

每个电视收视率调查网均应在保证信息及时更新的前提下,确定基础研究的执行周期。

基础研究宜每年一次,并在每年的同一时间执行或在连续滚动的基础上执行,以保证相关总体信息得以及时更新。

对于电视收视市场结构相对稳定的中小型城市调查网络,其基础研究可每两年执行一次。

5.2.3 样本量

固定样组初建时,基础研究的样本量宜为固定样组样本量的10倍左右;其后年度基础研究的样本量可减至固定样组样本量的3倍或以上。

5.2.4 调查内容

基础研究调查内容包括但不限于：

——正在使用电视机的数量以及摆放位置；

——电视机设备技术情况，如：电视机类型、声音效果、图像效果、荧屏尺寸等；

——电视收视习惯及收视程度；

——遥控器、数字电视机顶盒(单向或双向)、录像机、电视游戏机、影碟机以及任何其他与电视机相接的设备拥有情况；

——所有能接收到的国内外的电视频道；

——电视信号接收状态，如：室内外地面电视接收天线、有线(模拟信号、数字信号或者 IPTV 信号)、碟型卫星天线等；

——家庭电话和个人电脑拥有情况，及互联网接入状况；

——其他主要家庭耐用品拥有情况；

——具体的家庭和个人人口信息资料，如：性别、年龄、婚姻状况、教育水平、职业状况和收入水平等。

5.2.5 调查方式

基础研究的部分关键调查内容应由访问员亲自核实，宜采用入户面访的方式，不建议使用电话访问或其他调查方式。

5.2.6 应答率

5.2.6.1 应答率宜采用公式(1)计算：

$$RS=\frac{SV}{SV+QR+\alpha\times UQ}\times 100\% \qquad\cdots\cdots(1)$$

式中：

RS——应答率；

SV——成功访问户数；

QR——符合要求但拒绝访问户数；

α ——分摊系数(根据已接触的家庭户中符合与不符合户数比例估算获得)；

UQ——不知道是否符合要求无访问户数。

5.2.6.2 基础研究应确保获得高的应答率，以保证样本的代表性和调查数据的符合性。

5.3 样本户抽取

5.3.1 一般性要求

电视收视率调查应为严格的概率抽样，以保证样本对总体的代表性。

抽样设计应具有高的抽样效率，即在相同的样本量条件下，采取措施降低抽样误差、提高调查精度；抽样方案应具有很强的可操作性，便于调查的实施。

5.3.2 抽样框

5.3.2.1 电视收视率调查服务提供者应尽可能确保抽样框的完备性和高质量，即：

——抽样框应尽可能完整覆盖所有调查对象；

——抽样框所提供的信息应尽可能准确；抽样框信息如果存在缺失，应寻求其他方法补充，并对抽样框信息缺失带来的影响做出统计评估和处理；

——抽样框所提供的应该是最新的信息，不宜超过两年。

5.3.2.2 电视收视率调查抽样框的确定应使用最新出版的、权威的、高质量的数据资料。例如由各级政府系统或其他公立机构所提供的人口统计资料。

5.3.3 抽样方法

电视收视率调查应采用概率抽样。

电视收视率调查宜采用多阶段抽样、概率与规模成比例抽样和系统抽样相结合的复合概率抽样方法。对于以全国或全省为目标区域的电视收视率调查，或在其他总体内部收视差异较大的情况下，还应当结合分层抽样方法，根据与收视水平相关的指标先对总体进行分层。

5.3.4 不符合样本

电视收视率调查总体应排除如下可能存在的不符合样本：

——媒介及广告从业人员和媒介调研从业人员；

——在家庭户中平均每周居住3晚及以下的家庭成员；

——已经接受非同一家机构或个人委托提供收视信息的样本户。

5.3.5 抽样方案

电视收视率提供者应设计抽样方案，并将抽样方案文件化。新设计的抽样方案和根据电视收视率基础调查结果修改的抽样方案应提交评审，并保持记录。抽样方案的评审活动应有电视收视率使用者和抽样调查统计的技术专家参加，应评审抽样方案的科学性、符合性、适宜性以及可操作性。

5.3.6 抽样执行

电视收视率服务提供者的抽样执行应有完整的质量记录文件，整个抽样过程应接受审核。

5.4 固定样组

5.4.1 样本户选择

5.4.1.1 固定样组样本户应按照随机原则抽取，采用可靠的概率样本设计，确保样本随机地来自于总体。

5.4.1.2 同时，固定样组样本户选择还应进一步综合考虑配额控制调整，保证样本组的一些关键特征变量与总体分布保持一致。

5.4.1.3 固定样组样本应是所选择的人口和家庭户总体的代表性样本，而不能存在不符合抽样设计的人为偏差。

5.4.2 固定样组控制

5.4.2.1 固定样组控制可有效弥补固定样组设计所带来的误差。通过对固定样组样本户信息的收集，可建立最初固定样组的选择指标，也可获得固定样组轮换的控制指标。

5.4.2.2 应根据不同调查区域的实际情况选择控制指标。控制指标主要包括与收视水平高度关联的、已知的一些总体分布特征；此外，控制指标还应包括一些常用的基本人口变量。

5.4.2.3 固定样组控制指标通常包括但不限于：

——家庭成员的数量；

——家里有无小孩；

——家里电视机的台数；

——家庭主要收入来源者或某一特征人员的年龄；
——社会经济地位变量(例如:城乡、职业等)；
——少数民族社区及其分布情况；
——方言；
——电视信号接收方式,通过有线(包括模拟信号和数字信号)、卫星或者一般室内外天线。

5.4.2.4 用于估计控制指标的原始数据应来自人口普查数据、较大规模的人口抽样调查数据、基础研究数据。

5.4.3 固定样组样本量

5.4.3.1 固定样组样本量主要由电视收视率调查所要求的精确度决定;此外,还应考虑调查总体中个体的差异程度,对总体中子群体的分析需求,被调查的频道数量及渗透率,所采用的抽样方法,以及所投入的资金、人力和时间等因素,据此:
——一个全国标准调查网的固定样组样本量至少应达到6 000户；
——一个省级标准调查网的固定样组样本量至少应达到600户；
——一个中等规模以上地市级调查网的固定样组样本量至少应达到300户；
——一个中等规模以下地市级及县级调查网的固定样组样本量至少应达到100户；
——样本量少于100户的独立电视收视率调查网不应用于商业用途。

注:本标准中有关固定样组规模的规定系针对现阶段市场通行的收视率调查的规定;随着数字电视技术的成熟和普及,采用回路数据等新技术进行的大样本收视率调查,其固定样组规模需另行界定。

5.4.3.2 根据市场发展程度和市场需要,电视收视率调查服务提供者应在与服务使用者协商的前提下,不断追求扩大样本量。

5.4.3.3 在跨区域电视收视率调查(如全国标准网和省级调查网)中,电视收视率调查服务提供者应在与服务使用者协商的前提下,尽可能覆盖更广泛的区域,以提高数据的代表性。

5.4.4 样本户配合度

5.4.4.1 采取措施获得样本户高配合度是获取高质量电视收视率调查数据的重要和必要条件。

5.4.4.2 在固定样组组建和轮换时,电视收视率调查服务提供者应采取包括激励和培训等在内的各种机制,尽可能提高固定样组样本户招募的成功率。

5.4.4.3 在固定样组维护期,电视收视率调查服务提供者应采取包括酬谢和培训等在内的各种机制,保证固定样组样本户按要求配合电视收视率调查。

5.4.5 酬谢机制

5.4.5.1 样本户酬谢是对样本户合作表达谢意的一种方式,有效的样本户酬谢机制可以提高样本户的合作质量。

5.4.5.2 电视收视率调查服务提供者应明确所有酬谢方式,并向样本户做出说明。

5.4.5.3 电视收视率调查服务提供者可依据不同地区的情况选择酬谢方式,如礼品或礼金等形式,对样本户进行酬谢。

5.4.5.4 酬谢机制要讲究成本效益,任何酬谢手段不应影响收视行为;应避免采用过高的酬谢方式,如大额资金(或同等价值的物品和服务),来提高样本户的应答率或影响样本户的收视行为。

5.4.6 维护和更新

5.4.6.1 应根据实际情况,对由下述各种因素造成的固定样组的变更进行评估,并制定方案:
——样本户搬迁导致撤换户；

——样本户主动要求撤换户；

——样本户低质量的合作导致的强制性撤换户；

——为达到固定样组的控制标准而导致的强制性撤换户；

——由于样本户的身份被公开而导致的强制性撤换户；

——因样本合作将达到系统规定的样本户最大年限而导致的强制性撤换户。

样本户合作期满或者因为其他原因而终止调查合作的，不应重复启用。

5.4.6.2 除大规模的强制性撤换户之外，测量仪系统的年度更新率宜在15%～25%之间；由于日记卡系统需合作人员填写大量信息，易造成样本户疲劳，合作周期不宜过长，宜为1年左右，最长不应超过2年。

5.4.6.3 电视收视率调查服务机构应保持一定量的冗余样本，备用样本户规模宜不低于在调查样本户规模的10%。

5.4.6.4 电视收视率调查固定样组的维护应建立记录，加以保持，并可审核。

6 数据采集

6.1 收视行为测量的基本内容

6.1.1 电视收视率调查应记录样本人员在所抽中地址所有用于收看模拟或数字电视频道的电视机上发生的所有收视行为。这种行为是：

——在任何用于收视的电视机上发生的收视行为；

——在一天24 h中任何时段发生的收视行为；

——通过家中任何一台电视机收看任何一个频道(包括模拟频道和数字电视频道)、任何一个节目的所有收视行为。

6.1.2 电视收视率调查还宜对家中电视机除收看电视节目以外的所有其他用途进行监测，比如节目回放，节目点播，收看图文电视、光盘或录像带，进行电脑连接或玩视频游戏等。

6.2 收视测量方法

6.2.1 一般要求

电视收视率调查可采用人员测量仪法或日记卡法采集数据。

在社会经济相对发达的市场，宜采用人员测量仪法；在社会经济相对落后，支付能力相对较弱的市场，可暂采用日记卡法；在条件允许的情况下，采用日记卡法的市场应逐步向测量仪法转变。

在诸如数字电视回路数据等新调查技术成熟，其调查方案和执行标准获得行业公认时，电视收视率调查宜采用新的调查方法。

电视收视率服务提供者应对数据收集调查方案进行文件化，组织对数据收集方案进行评审，并依据数据收集方案对执行过程进行审核。

6.2.2 人员测量仪法

6.2.2.1 人员测量仪是一种能够同时测量样本户家里正在收看的电视频道信息和收视人员信息的仪器。收视人员的信息需要通过样本户的配合，以手控器等方式确定谁在看电视；而频道信息则是通过安装在电视机上的仪器自动获得。

6.2.2.2 人员测量仪应容易掌握和使用，并能够满足：

——对所有家庭成员的调查需求；

——对所有访客的调查需求；

——对所有频道的调查需求。

6.2.2.3 人员测量仪的设计和应用应符合客观测量收视的要求，不应影响或改变样本的收视行为。

6.2.2.4 人员测量仪应能精确识别样本个人的收视行为；对个人收视行为的测量宜精确到秒。

6.2.2.5 人员测量仪应采用适用的技术方案解决对模拟和数字电视的测量：

——在对模拟电视测量时，人员测量仪可采取直接频率测量(DFM)等方式，通过测量电视机的本振频率确认样本收看的频道。

——在对数字电视测量时，人员测量仪可在DFM技术基础上，进一步通过对数字电视机顶盒SI CODE的获取以确认样本收看的频道；或可通过匹配技术(包括音频匹配技术和图像匹配技术)，以后台数据库比对的方式确认样本收看的频道。

6.2.2.6 人员测量仪应在每天特定的时间段内，将搜集的记录收视行为的人员信息和电视频道信息，通过电话线或者无线传输等方式传送到指定服务器。

6.2.3 日记卡法

6.2.3.1 日记卡法是指由样本户中所有符合条件的成员，将每天收看电视的频道、时间段随时记录在日记卡上，以获取电视观众收视信息的方法。

6.2.3.2 在运用日记卡法进行调查时，应向样本户提供能够记录所有样本人员收视行为的日记卡，以及相对应的频道信息提示卡。

6.2.3.3 日记卡调查建议以15 min为一个时间单位；15 min内最小累计收看某频道/节目达8 min及以上，记录为收视。

6.2.3.4 日记卡调查所使用的频道信息提示卡应包含目标调查市场同级别及以上的电视频道名称及台标信息；下一级或更低市场级别频道可与录像、碟片等一起归入其他；目前，数字电视付费频道归入其他，可根据数字电视发展的实际情况，适时调整。

6.2.3.5 频道信息提示卡不应带有任何倾向性，以避免对某些频道形成有利或者不利的影响。

6.3 质量控制

6.3.1 一般要求

质量控制过程对于获得有效可靠的收视数据至关重要。

质量控制过程应有相关的技术文件。在该技术文件中，应对有关质量控制的要点做出规定，并对所有使用者公开。

质量控制过程应严格杜绝电视收视率调查过程中可能出现的舞弊行为，不得使用虚假或不符合样本进行项目研究。

6.3.2 过程要求

6.3.2.1 质量控制过程

质量控制过程包括但不限于如下内容：

——现场工作复核；

——信息系统控制；

——家庭结构和电视设备拥有情况变化控制；

——收视行为记录情况监控；

——数据编辑及合理性检验；

——固定样组样本特征监测；

——数据处理过程检验；

——测量仪时钟检查；
——数据传输通讯设备检测；
——原始文件保存；
——保密性；
——同步调研。

6.3.2.2 现场工作复核

现场工作复核要运用于日记卡资料收集的整个过程以及测量仪系统的抽样设计、样本户选择、安装和维护的整个过程，包括基础研究项目或其他相关研究。电视收视率调查服务提供者至少应对每位现场工作人员20%的工作任务进行独立的复核和验证。若发现现场工作人员的工作不符合要求，应采取措施予以纠正并防止再次发生。应建立和保持复核记录，策划统计分析记录，持续改进现场工作质量。

6.3.2.3 信息系统控制

所有运用于数据加工和传输的程序、软件以及相关改动，在被运用于生产流程之前，都应经过授权使用、测试，经过评审并获得批准。所有程序和软件应全面存档，包括在审核过程中某些细节上的变化。计算机程序、软件和数据应该有足够的物理或电子的安全保护措施。

6.3.2.4 家庭结构和电视设备拥有情况变化控制

应指导样本户及时报告家庭结构变化和电视及相关设备的增减情况。应对测量数据进行日常监测，以发现未被及时报告的变化信息。应对上述样本户信息进行周期性调查核实，以保证收视数据的准确性。一旦发现样本户中存在未被监测的设备，应暂停使用该户数据，直到该样本户的所有收视设备均被监测。

6.3.2.5 收视行为记录情况监控

应检测样本户个体成员是否按规定进行操作，以准确记录其收视行为。新招募或中断后继续合作的样本户的收视记录，需经过试运行并检测合格后，方可用于正式生产电视收视率数据。

对于样本户个体成员在操作过程中的失误或疏忽，电视收视率调查服务提供者可通过如下方法进行检测：

——在数据监测的同时进行调查；
——固定样组内的同步调研；
——其他内部的或独立的审核。

6.3.2.6 数据编辑及合理性检验

应使用规范化的流程用以调查是否有明显的无收视行为、极端收视行为或其他不合理收视行为的样本户个体成员；但调查机构对极端或非正常收视行为样本户个体成员的跟踪不能影响其收视行为。

6.3.2.7 固定样组样本特征监测

应运用规范和系统的检查，监测固定样组样本人口和地理特征与调查总体之间的偏差，以确保偏差控制在允许的范围内。

6.3.2.8 数据处理过程检验

应对报告生产过程中所运用的归并、编辑以及数据处理过程进行周期性检查，并向所有使用者公开所使用的方法。

6.3.2.9 测量仪时钟检查

应每日对测量仪时钟进行检查和校验，以确保测量仪时钟的准确性。

6.3.2.10 数据传输通讯设备检测

应每日检测样本户用于数据传输的通讯设备的功能，尽可能避免因数据传输通讯设备故障导致的数据缺失。

6.3.2.11 原始文件保存

对有关研究方法的重要原始文件，如固定样组记录、已填写的日记卡，以及在生产过程中由于未满足质控要求而被清理的数据，应在正式收视报告发布后至少保存 6 个月。原始收视数据宜长期保存。

6.3.2.12 保密性

应对样本的姓名、联系方式和地址保密，不得向数据使用者公开；在研究机构内部，上述信息应基于“须知原则”，配合最小权限实施控制措施，仅限于有工作需要的人员接触；对其他有必要接触上述信息的外部机构或人员，如有线电视公司和通讯公司，电视收视率调查服务提供者应与其签订严格的保密协定。

6.3.2.13 同步调研

对电视收视率调查系统的有效性以及固定样组的合作效果应至少每年进行一次较大样本或全样本同步调研，以证实调查系统是否能获得有效的测量结果。

注：同步调研是指通过电话回访等方式，采集一定比例或者全部固定样组人员的即时(电话接通前的时刻)收视行为信息，并与通过日记法或者测量仪法采集回来的同一样本人员同日期时段收视行为信息进行比对，以核算样本人员调查配合度及评估收视数据质量。

7 数据处理

7.1 一般要求

电视收视率调查数据检查和处理的规则和流程应规范化、文件化，并经过评审批准，对所有数据使用者公开；数据使用者或其代表机构有权对数据检查和处理规则提出质询。

电视收视率调查服务提供者不得在数据处理过程中采取任何作弊行为，例如采用错误数据或编造数据等。

7.2 数据复录检查

日记卡法电视收视率调查应对日记卡的录入结果进行复录检查，该检查应形成文件化的程序，该程序应说明采取全检还是抽样检查；抽样检查应编制抽样方案，以及判定符合的标准，该检查应持续记录并保存，对执行检查的过程应含有验证过程以确定检查是有效的。此外，还应定期进行审核，以确定该复录检查过程是否有效。复录检查应设定错误率上限并审核，每个报告周期的复录结果应定期公布。

7.3 数据清理

7.3.1 数据清理应有明确而系统的处理流程，该流程应在电视收视率调查的执行手册中有充分的说明，并向所有使用者公开。

7.3.2 需进行数据清理的情况包括但不限于：

——测量仪调查出现错按手控器的收视；

——测量仪时钟错误；

——出现数据编辑规则中确定的收视不合理值。

7.4 数据缺失处理

7.4.1 数据缺失应有明确的、规范的处理方法，持续记录并保存，对所有数据使用者公开。

7.4.2 在测量仪法调查中，对缺失数据的处理应考虑但不限于：

——对调查中出现无效频道的处理；

——对样本户个体成员未按手控器的情况的处理；

——对数据未回传的处理；

——对测量仪数据溢出(收视记录超出测量仪存储容量)的处理；

——对样本户出现收视设备变化的处理。

7.4.3 在日记卡法调查中，对缺失数据的处理应考虑但不限于：

——对遗漏/缺失日记卡的处理；

——对因被访者数天不在家而产生的空白日记卡的处理。

7.5 数据加权

7.5.1 数据加权适用于以下情况：

——对因抽样系统设计而产生的样本之间的不等概率进行校正；

——对由非抽样误差导致的样本结构与总体结构的偏差进行校正。

7.5.2 加权变量必须是显著影响观众收视行为的指标；这些指标宜采用客观变量，并且是稳定的、可获得的。

7.5.3 加权方法和过程应文件化，并加以保存。加权后的数据应标识或记录，防止加权数据与未加权数据出现非预期的混淆。

7.5.4 加权方案应符合科学有效的原则，并向所有数据使用者公开；数据使用者或其代表机构有权对数据加权方案提出质询。

8 数据报告

8.1 抽样误差说明

建立在抽样调查基础上的收视数据存在抽样误差，应在收视数据报告中给予说明。

8.2 频道体现

电视收视率调查报告及软件宜与目标调查市场同级别及以上的频道单独进行报告；对于目标调查市场内下一级或更低市场级别的频道则可汇总列入“其他频道组”进行报告。

当“其他频道组”收视份额趋势性增加至对所调查收视市场有明显影响时，应对其他频道的收视结构进行进一步的分析，并决定是否将其中收视较高的频道的数据分离出来。

8.3 特殊报告

8.3.1 不满足单独列出条件的频道数据以及整体抽样范围内部分调查区域的收视数据，未得到数据使用各方或其代表机构允许，不得对外发布。

8.3.2 当数据使用者需要对样本量较小的数据进行研究分析时，对于样本量小、代表性弱的数据应在报告中标明谨慎使用的提示。

8.4 最小分析样本

当样本中实际收看样本个数小于30时，收视分析系统应预以样本量过小警示提醒。当样本中实际收看样本个数小于5时，电视收视率分析软件不宜对此类数据进行分析，以防止由于抽样误差相对实际电视收视率数值过大，而导致对数据的不准确解读。电视收视率分析软件应在所有分析报告中提示实际收看样本个数。

8.5 数据提供

8.5.1 电视收视率数据可以纸质报告或电子文档的形式提供，内容包括但不限于：

——收视记录；

——节目信息；

——样本背景资料。

8.5.2 电视收视率报告体现的主要收视指标（主要指标参见附录A）应包括但不限于：

——到达率；

——收视时长；

——电视收视率；

——市场占有率；

——观众构成；

——观众集中度；

——观众忠实度。

8.6 软件提供

电视收视率调查服务提供者应向数据购买方按约定提供数据，且宜提供用于数据分析的客户端软件。客户端数据分析软件应满足电视收视率系列指标计算的基本规则和要求（参见附录A），并能够提供按时段、按频道、按节目和按照观众群的多维度数据分析模板，以及与广告媒介计划和评估有关的分析功能等。

8.7 数据及报告生成的速度

8.7.1 测量仪法电视收视率调查，应在第二天提供时段收视数据和节目监播数据。

8.7.2 日记卡法电视收视率调查，宜根据日记卡收取的周期，在收取日记卡后1周内提供时段收视数据和节目监播数据。

9 质量管理

9.1 组织和职责

电视收视率调查服务提供者应采用质量管理体系，该体系应包括本标准的全部要求，并符合GB/T 19001和GB/T 26316的相关要求。

电视收视率调查服务提供者的高层管理者职责：

——向客户承诺确保服务质量（包括质量方针和质量目标的声明）；

——负责建立、实施和持续改进质量管理体系；

——确保将质量管理体系形成适宜的文件；

——确保为实施该质量管理体系提供充足的资源和信息；

——专设一位有足够权力负责整个体系的质量负责人，其职责是组织内部审核以确定本标准得以有效贯彻。

调查服务提供者应将其组织结构，包括与服务完成和质量控制的有关人员的职责，形成文件。

按本标准要求制定的，为完成不同任务所设立的程序、指令和方法应形成文件，加以持续实施，并可审核。

调查服务提供者应保持客观性和独立性。

调查服务提供者的管理层应确保，与提供服务有关的人员都熟悉那些对他们工作有影响的国内及国际适用的伦理和职业守则、相关的法规和文件化的程序与方法。

9.2 样本户保密性

电视收视率调查服务提供者和样本户应签订保密协议，电视收视率调查服务提供者应向样本户承诺保护其私人信息。保密信息应安全存放。

9.3 文件要求

收视调查的文件要求如下：

——应新建并保存记录和文件(可以是纸质或电子版的)，使之成为可追溯的证据。

——除了唯一的项目标识外，每个原始记录，应有唯一标识以便追溯和确保被检索到。

——记录应安全存放、便于使用并按规定的期限进行保留(如：由计算机备份文件)。

——应对所有文件进行版本控制，以便能清楚识别有效版本。

——应使用更新的防病毒软件对所有电子文件进行病毒检查。

9.4 能力和培训

电视收视率调查服务提供者应制定适当程序，以确保组织内各部分的执行人员及质量管理体系中各项具体任务的执行人员具备相关的能力和经验，或者通过接受适当培训能够胜任其所承担的任务。

电视收视率调查服务提供者应针对不同岗位职责和工作类型编制培训活动文件，以确定当前和潜在的培训要求。

9.5 评审质量管理体系的有效性

电视收视率调查服务提供者应有效地监视和管理确定的电视收视率调查流程及其质量管理体系：

——分析研究流程和质量管理体系的作用或功能；

——建立适宜质量监控过程，包括监视和检验；

——对发现的不符合情况，应分析原因并采取纠正和预防措施；

——记录已采取的措施以防止类似问题的再次发生；

——确定所采取的措施对问题的解决是有效的。

电视收视率调查服务提供者应按预先计划的时间周期进行内部审核，以确定质量管理体系正常运行。

为了改进服务质量，调查服务提供者应定期对客户满意度进行测量和分析。

电视收视率调查服务提供者应开展质量策划、监控、评审和内部审核，以及分析质量统计数据等质量活动，确保电视收视率调查服务持续进步。

10 样本合作

10.1 电视收视率调查为自愿合作调查，电视收视率调查服务提供者应征得样本户同意方可进行调查。

10.2 电视收视率调查服务提供者应就保密、样本保护事宜向样本户书面承诺；电视收视率调查服务提供者不得泄露样本户资料；电视收视率调查不应影响样本户的日常生活和隐私。

10.3 电视收视率调查服务提供者在对样本户进行电视收视率调查之前，应向样本户声明：

——电视收视率调查样本户有义务就所属收视设备变化和地址变更通知电视收视率调查服务提供者。

——电视收视率调查样本户有义务按照电视收视率调查公司的操作指引配合电视收视率调查。

样本户同意上述声明后，应书面声明配合调查；在调查的各个阶段，样本户的合作必须是完全自愿的；样本户在与某特定电视收视率调查公司合作期间，不应与任何其他机构(包括其他调查公司、电视台和广告公司等)或个人以任何方式进行与电视收视率调查相关的合作。

10.4 电视收视率调查样本户在调查合作期间，其收视行为不应受任何机构(包括调查公司、电视台和广告公司等)及个人的人为影响和干扰，样本户有义务保证收视行为的自主性。

11 数据使用

11.1 一般要求

电视收视率数据为电视媒体产业各方所共同使用；任何使用电视收视率数据的主体应尊重电视收视率调查的客观性、中立性和公正性，不得采用任何有偿或无偿的手段，影响或干扰电视收视率调查的正常秩序。

11.2 适用主体

数据使用规则适用于以下提供、购买或使用电视收视率数据的主体：

——电视收视率调查公司；

——电视节目播出机构；

——电视节目供应商；

——广告代理公司；

——媒介购买公司；

——广告主；

——其他使用数据的机构(包括政府有关部门、学术研究机构、研究公司、行业组织等)。

11.3 数据交易

11.3.1 电视收视率数据交易应遵循公平公开和互惠互利的原则，基于市场规则进行定价和交易。

11.3.2 电视收视率调查服务提供者有义务向数据购买方就所购买的产品和服务的调查方法、调查范围和调查周期进行说明。

11.3.3 调查服务提供者不得采用财物或其他手段进行商业贿赂，以期数据使用者购买其调查数据。

11.3.4 电视收视率调查服务提供者应确保良好的服务水平，保持合理的质量价格比。不得串通抬高价格，损害数据使用者或者其他社会公共利益，也不得为压低成本而提供质量较低的数据服务。

11.4 数据分析及应用

11.4.1 电视收视率数据使用者在运用电视收视率数据时，应秉承客观、全面的原则，避免对电视收视率数据的误用和滥用。电视收视率调查提供者应对电视收视率数据使用方进行全方面的培训，以保证数据使用者正确使用电视收视率。

11.4.2 电视收视率数据使用者应参照附录A中所提供的通用电视收视率计算准则进行收视数据处理和分析。

11.4.3 电视收视率数据使用者应知晓电视收视率调查为抽样调查，调查结果存在抽样误差，应正确看待不同抽样调查结果之间存在的差异。

11.4.4　电视收视率数据使用者应尊重数据的客观性和完整性。在数据使用过程中有必要对如下信息做出明确说明：

——数据来源；

——数据的时期范围；

——数据的市场范围。

数据使用者不得以任何方式模糊或歪曲数据的时期和市场范围，以误导市场或公众。数据使用者不得有意散布没有数据支持的有关电视收视率的结论。

11.4.5　数据使用者基于电视收视率调查机构提供的原始数据自行进行的数据分析结果，不得以电视收视率调查机构的名义发布。

11.4.6　数据使用者应自觉维护健康公平的竞争环境，尊重数据的客观、真实性。严禁通过任何手段获取电视收视率调查样本户的信息；严禁通过任何手段干扰样本户的正常收视行为。

11.4.7　数据使用者宜建立用户委员会作为其代表机构，该机构的职责包括但不限于：

——讨论并规范电视收视率调查机构关于电视收视率数据调查的流程和方法，如调查区域的确定、样本选取的方法、数据采集的方法和数据处理的方法等；

——就可靠方便的数据提供者法提出建议；

——确定电视收视率调查机构必须遵循的质量控制原则；

——将数据使用者对于产品、服务的需求通知电视收视率调查机构；

——促进电视收视率调查机构与数据使用者的交流；

——加强数据使用者之间的经验交流，以提高电视收视率数据的整体使用水平。

附 录 A
（资料性附录）
电视收视率分析常用指标及通用电视收视率计算规则

A.1 到达率

A.1.1 到达率

指在特定时段内的符合到达条件的接触总人数占总体电视推及人口的百分比。其中到达条件通常是“至少收看了1分钟”，计算见公式(A.1)：

$$\text{Rch}=\frac{\sum_{i=1}^{n}C_i^P \times w_i}{U_t}\times 100\% \qquad \cdots\cdots(\text{A.1})$$

式中：

Rch ——到达率；

C_i^P ——第 i 个在特定时段 P 接触的人；

P ——特定时段；

w_i ——第 i 人的权重；

U_t ——总体推及人口。

A.1.2 到达千人

指在特定时段内的符合到达条件的接触总人数，以千人来表示。计算见公式(A.2)：

$$\text{Rch}(000)=\frac{\sum_{i=1}^{n}C_i^P \times w_i}{1\,000} \qquad \cdots\cdots(\text{A.2})$$

式中：

Rch(000)——到达千人；

C_i^P ——第 i 个在特定时段 P 接触的人；

P ——特定时段；

w_i ——第 i 人的权重。

到达率和到达千人是在时间上的纵向累积指标，考察特定时间段内观众收看某一频道或栏目（或某一广告计划所能覆盖）的不重复的人数（或占观众总规模的百分比），反映了接触媒介的受众规模和媒介计划传播的广泛性。

A.1.3 有效到达率

对于一项广告插播计划而言，到达率通常设定的到达条件是看过1次就算到达。在实际的广告投放效果评估中，人们通常认为，如果观众仅看过1次并不能对广告形成有效的认识和印象，这样就提出了有效到达的概念。

有效到达率被表示为“N＋到达率”，指至少看过 N 次某广告的目标观众的百分比（或千人）。对于不同的广告，“N”的设定是不同的，在实际工作中，“3＋到达率”是被经常用到的有效到达率。

A.1.4 平均到达率

指在特定时段内平均每天的符合到达条件的接触总人数占总体电视推及人口的比例。到达条件通常是"至少收看了1分钟",使用者可以改变收看的最小分钟数或收看时间在整个时段中的最小百分比来自行定义到达条件。计算见公式(A.3):

$$\text{AvRch}=\frac{\sum_{i=1}^{n}C_i^P\times w_i}{D\times U_t}\times 100\% \quad\cdots\cdots(A.3)$$

式中:

AvRch ——平均到达率;

C_i^P ——第 i 个在特定时段 P 接触的人;

P ——特定时段;

w_i ——第 i 人的权重;

D ——总天数;

U_t ——总体推及人口。

平均到达率与到达率的区别在于,平均到达率将每天到达的人数之和平均分配给了所计算日期的每一天,不区分每天的到达人口是否有重复;而到达率则是所计算日期长度内的完全累计,剔除了天与天之间的重叠部分。

A.1.5 平均到达千人

指在特定时段内平均每天的符合到达条件的接触总人数,以千人表示。计算见公式(A.4):

$$\text{AvRch(000)}=\frac{\sum_{i=1}^{n}C_i^P\times w_i}{D\times 1\,000}\quad\cdots\cdots(A.4)$$

式中:

AvRch(000)——平均到达千人;

C_i^P ——第 i 个在特定时段 P 接触的人;

P ——特定时段;

w_i ——第 i 人的权重;

D ——总天数。

A.1.6 边际到达率

指在媒介计划中,去掉某条广告插播或某个载体而损失的到达千人占总体推及人口的百分比。计算见公式(A.5):

$$\text{ExcRch}=\frac{\text{Cov}_{\text{gvwv}}-\text{Cov}_{\text{gvwov}}}{U_t}\times 100\% \quad\cdots\cdots(A.5)$$

式中:

ExcRch ——边际到达率;

Cov ——到达总人数(千人);

gvwv ——含指定载体的整体媒介计划;

gvwov ——含指定载体的同一套媒介计划;

U_t ——总体推及人口。

A.1.7 边际到达千人

指在媒介计划中,去掉某条广告插播或某个载体而损失的到达率,以千人表示。计算见公式(A.6):

$$\mathrm{ExcRch(000)} = \mathrm{Cov}_{\mathrm{gvwv}} - \mathrm{Cov}_{\mathrm{gvwov}} \quad \cdots\cdots (A.6)$$

式中：

ExcRCH(000)——边际到达千人；

Cov ——到达总人数(千人)；

gvwv ——含指定载体的整体媒介计划；

gvwov ——含指定载体的同一套媒介计划。

边际到达率的意义与经济学上边际贡献的意义类似，从损失的角度反映了指定载体(广告插播)对整个媒介计划的作用和贡献。

A.2 人均日收视时长

人均日收视时长是观众日平均收视时长与总体电视推及人口的比值，可针对特定频道或时段进行计算。计算见公式(A.7)：

$$\min = \frac{\sum_{i=1}^{n} \min_i \times w_i}{D \times U_{\mathrm{t}}} \quad \cdots\cdots (A.7)$$

式中：

min ——人均日收视时长(分钟)；

$\min_i$——第 i 人的收视分钟数；

w_i ——第 i 人的权重；

D ——总天数；

U_{t} ——总体推及人口。

当上式中的“总体推及人口”被换成“总体收视人口”时，该指标就是平均每天每个实际观众的人均收视时长了。

A.3 电视收视率

A.3.1 收视千人

针对某特定时段(或节目)，平均每分钟的收视千人数。计算见公式(A.8)：

$$\mathrm{Rtg(000)} = \frac{\sum_{i=1}^{n} \min_i \times w_i}{\mathrm{Dur}_{\mathrm{t}}} \quad \cdots\cdots (A.8)$$

式中：

Rtg(000)——收视千人；

$\min_i$ ——第 i 人的收视分钟数；

w_i ——第 i 人的权重；

$\mathrm{Dur}_{\mathrm{t}}$ ——指定目标时段的总时长。

A.3.2 电视收视率

指针对某特定时段(或节目)，平均每分钟的收视人数占推及人口总体的百分比。计算见公式(A.9)：

$$\mathrm{Rtg} = \frac{\sum_{i=1}^{n} \min_i \times w_i}{\mathrm{Dur}_{\mathrm{t}} \times U_{\mathrm{t}}} \times 100\% \quad \cdots\cdots (A.9)$$

式中：

Rtg ——收视率；

min_i ——第 i 人的收视分钟数；

w_i ——第 i 人的权重；

Dur_t ——指定目标时段的总时长；

U_t ——总体推及人口。

电视收视率反映的是在特定时段收看某一频道或某一节目的人数在总体推及人口中的百分比。当观众被锁定为总体推及人口的一部分时(如 4～14 岁的儿童)，电视收视率就是人们通常所说的目标观众电视收视率。

A.4 市场占有率

指特定时段内收看某一频道或某一节目的人数占同一时段所有收看电视的人数的百分比。也即是特定时段内某一频道的电视收视率占所有频道的总电视收视率的百分比。计算见公式(A.10)：

$$\text{Shr}=\frac{\text{Rtg}_c}{\text{Rtg}_{\text{TTV}}}\times 100\% \qquad \text{(A.10)}$$

式中：

Shr ——市场占有率；

Rtg_c ——目标频道收视率；

Rtg_{TTV} ——同时段总体收视率。

该指标考察的是收看某一频道(节目)的人数占当时所有收看电视的人数，数值越大，表明该频道(节目)在该时段的市场竞争力就越强。

A.5 观众构成

指对于特定频道(或节目)，目标观众平均每分钟的收视人数占参照观众平均每分钟收视人数的百分比。参照观众通常为所有电视观众。计算见公式(A.11)：

$$\text{TgSat}=\frac{\sum_{i=1}^{t}\text{min}_i\times w_i}{\sum_{i=1}^{\text{Rt}}\text{min}_i\times w_i}\times 100\% \qquad \text{(A.11)}$$

式中：

TgSat ——观众构成(%)；

min_i ——第 i 人的收视分钟数；

w_i ——第 i 人的权重；

t ——目标观众；

Rt ——参照观众。

该指标考察的是特定频道(或时段/节目)的收视观众结构，回答了“谁在看该频道(节目)，平均看了多长时间”的问题。

A.6 观众集中度

指对于特定时段(或节目)，目标观众(如 15～34 岁人群)电视收视率与参照观众(如 4 岁以上所有人)电视收视率的比值。目标观众电视收视率和参照观众电视收视率对应同一时段和同一频道,两组观众均可自定义。计算见公式(A.12):

$$TgAfin=\frac{Rtg_{t}}{Rtg_{rt}}\times 100\% \qquad \cdots\cdots(A.12)$$

式中:

TgAfin——观众集中度;

Rtg_{t}——目标观众收视率;

Rtg_{rt}——参照收视率。

观众集中度表示的是目标观众相对于参照观众的收视集中程度,以此来反映目标观众对特定频道(节目)的收视倾向,回答"谁更爱看这个频道(节目)"的问题。

A.7 观众忠实度

A.7.1 忠实度

指特定频道(时段/节目)的电视收视率与到达率的百分比值。计算见公式(A.13):

$$L\%=\frac{Rtg_{c}}{Rch_{c}}\times 100\% \qquad \cdots\cdots(A.13)$$

式中:

$L\%$——观众忠实度;

Rtg_{c}——目标频道收视率;

Rch_{c}——目标频道观众到达率。

A.7.2 平均忠实度

指特定频道(时段/节目)电视收视率与平均到达率的百分比值。计算见公式(A.14):

$$AvL=\frac{Rtg_{c}}{AvRch_{c}}\times 100\% \qquad \cdots\cdots(A.14)$$

式中:

AvL——平均忠实度;

Rtg_{c}——目标频道观众收视率;

$AvRch_{c}$——目标频道观众平均到达率。

上述两个指标的区别在于忠实度以考察日期内总到达率为参照,而平均忠实度则以平均每天的到达率为参照。两指标值的变化幅度都在0~100%之间,数值越大,则表明观众对该频道(时段/节目)的忠诚程度越高。

A.8 接触度

A.8.1 接触度

指特定载体所到达的人次,以千人次表示。"接触"的条件从属于到达率的设定条件,通常设定为"接触1分钟以上"为到达。计算见公式(A.15):

$$Cont(000)=\frac{\sum_{i=1}^{n}C_{i}^{v}\times w_{i}}{1\ 000} \qquad \cdots\cdots(A.15)$$

式中：

Cont(000)——接触度；

C_i^{v} ——指第 i 个接触指定载体的人；

w_i ——第 i 人的权重。

“载体”可以对应为特定的时段，特定的节目，以及广告插播计划中的特定载体。

A.8.2 累计接触度

指多个载体所到达的总人次，以千人次表示，也即多个载体的接触度之和。“接触”的条件与接触度的定义一致。计算见公式(A.16)：

$$\mathrm{AcCont(000)} = \sum_{\mathrm{v}} \sum_{i=1}^{n} C_i^{\mathrm{v}} \times w_i \qquad \cdots\cdots (\mathrm{A.16})$$

式中：

AcCont(000)——累计接触度；

v ——载体；

C_i^{v} ——指第 i 个接触指定载体的人；

w_i ——第 i 人的权重。

A.9 平均暴露频次

指在广告排期或载体计划中每条插播被观众平均收看的次数。计算见公式(A.17)：

$$\mathrm{OTS} = \frac{\mathrm{AcCont(000)}}{\mathrm{Rch(000)}} \qquad \cdots\cdots (\mathrm{A.17})$$

式中：

OTS ——平均暴露频次；

AcCont(000) ——累计接触度；

Rch(000) ——到达千人。

平均暴露频次经常用于广告投放计划传播深度的评估。

A.10 毛评点

毛评点即总收视点，是指在广告媒介计划中，特定时期内某一广告数次插播的电视收视率之和。计算见公式(A.18)：

$$\mathrm{GRP} = \frac{\mathrm{AcCont(000)}}{U_{\mathrm{t}}} \times 100\% = \sum_{i}^{n} \mathrm{Rtg}_i = \mathrm{Rch} \times \mathrm{OTS} \qquad \cdots\cdots (\mathrm{A.18})$$

式中：

GRP ——毛评点；

AcCont(000)——累计接触人次；

U_{t} ——总体推及人口；

Rtg_i ——第 i 次广告收视率；

Rch ——到达率；

OTS ——平均暴露频次。

毛评点是衡量广告媒介计划最主要的量化测评指标之一。

A.11 千人成本

指在广告媒介计划中，载体每到达一千人次的受众量所需要花费的成本，以货币单位表示。计算见公式(A.19)：

$$CPM = \frac{Cost}{Rtg(000)} \qquad \cdots\cdots (A.19)$$

式中：

CPM ——千人成本；

Cost ——广告成本；

Rtg(000)——收视千人。

千人成本可用于评估广告投放的经济效益，适用于不同市场广告投放成本效益的比较。

A.12 收视点成本

指每得到一个电视收视率百分点所需要花费的成本，也称为每毛评点成本，以货币单位表示。计算见公式(A.20)：

$$CPRP = \frac{Cost}{GRP} \qquad \cdots\cdots (A.20)$$

式中：

CPRP ——收视点成本；

Cost ——广告成本；

GRP ——毛评点。

该指标与千人成本一样，也是反映广告成本效益的指标，适用于同一市场广告成本效益的比较。

ICS 03.080
A 10

中华人民共和国国家标准

GB/T 30351—2013

搬家服务规范

Moving service specification

2013-12-31 发布

2014-07-01 实施

中华人民共和国国家质量监督检验检疫总局
中国国家标准化管理委员会 发布

前　言

本标准按照 GB/T 1.1—2009 给出的规则起草。

本标准由全国服务标准化技术委员会(SAC/TC 264)归口。

本标准起草单位：广东省标准化协会、广州道路运输行业协会、佛山市南海区计量标准化协会。

本标准主要起草人：张如喜、杨晓燕、陈小闺、郑琼冰、庞启雄。

搬家服务规范

1 范围

本标准规定了搬家服务的术语和定义、机构人员及设施设备要求、服务过程要求、服务质量投诉、处理与改进。

本标准适用于搬家服务企业(以下简称企业)及其工作人员。

2 规范性引用文件

下列文件对于本文件的应用是必不可少的。凡是注日期的引用文件,仅注日期的版本适用于本文件。凡是不注日期的引用文件,其最新版本(包括所有的修改单)适用于本文件。

GB/T 17242 投诉处理指南

3 术语和定义

下列术语和定义适用于本文件。

3.1

打包 packing

对所搬运物品进行保护性措施的活动。

3.2

搬家服务合同 moving service contract

搬家服务企业与客户关于服务内容和要求所签订的书面文件。

4 机构人员及设施设备要求

4.1 机构及人员

4.1.1 企业内部应设置与搬家服务要求相适应的机构,并规定相应的职权和相互关系。各岗位应有明确的职责。

4.1.2 企业应建立如人力资源管理、财务管理、回访等方面的规章制度。

4.1.3 企业应建立搬家服务工作文件。工作文件应包括搬家服务合同(以下简称合同)、搬运单、服务记录、结算凭证等,工作文件中各项记录的内容应真实、详细,能够反映企业和客户之间的交易过程,并保存备查。

4.1.4 企业应制订对工作人员的教育、培训和技能目标的计划。培训计划应与搬家服务业务相匹配。

4.1.5 工作人员应经培训后上岗。工作人员在提供服务过程中应态度热情、礼貌,使用礼貌用语。操作特殊设备的人员应持证上岗。

4.2 设施设备

4.2.1 企业应有固定的营业场所。营业场所应明示企业营业执照等资质证件,标识易识别。

4.2.2 企业应具有经营所需的通讯、办公设备。

4.2.3 企业应有其经营用的运输工具停放场及设备摆放处。

4.2.4 企业应配备搬运作业所需的运输工具，所用运输工具应整洁、证照齐全、年检合格。

4.2.5 搬运作业所用车辆应是厢式结构、干燥、防水，应能保证搬运物的安全性。

4.2.6 企业应配备如平板手推车、小叉车等装卸设备，装卸设备应保养良好。

4.2.7 企业应配备如毛毯、绳子等打包设备及材料。所用打包材料应清洁、尺寸适当、强度结实。

5 服务过程要求

5.1 前期服务

5.1.1 前期服务包括业务接洽、评估报价、签订合同。

5.1.2 企业应提供与客户业务接洽沟通的渠道，包含面洽或通过网络、电话、短信、信函等形式。

5.1.3 业务接洽应由专人接待或接听，记录，了解，解答并登记有关信息。登记记录的内容包括：客户名称、联系人、联系电话、搬家类型、搬运方式、搬运物的主要类别及数量、搬运物所在地址和交付地址、要求实施搬运服务的具体时间、特殊物品搬运的约定等。

5.1.4 评估报价可以根据客户电话（或网络）提供的信息与要求，进行评估后电话报价，或根据客户要求进行实地调查，评估后报价。

5.1.5 报价时，工作人员应先与客户确认是否有特殊物品搬运，再对客户要求的搬家服务将产生的服务费用进行报价。

5.1.6 企业应根据和客户沟通后所确定的结果，与客户签订合同。合同的各项要件应填写完整。

5.1.7 合同的格式条款应符合法律规定，体现公平、公正的原则，文字表述应真实、简洁、易懂。合同的内容应包括：

——企业的名称、地址和联系人、联系电话；

——客户的名称、地址和联系人、联系电话；

——搬运服务实施的具体时间和完成期限约定；

——搬家类型（家庭或单位）；

——搬运方式；

——搬运物的所在地址和交付地址；

——搬运物的主要类别和数量；

——构成搬运服务的细节；

——有关的保险及赔偿规定等；

——与客户约定的特殊物品的搬运服务要求、价值或双方约定的责任；

——服务费用及结算方式；

——服务费用外的其他费用结算，诸如停车费、高速公路通行费等；

——其他增值服务项目；

——违约责任。

5.2 搬运作业

5.2.1 搬运作业包括作业派工、搬运过程、交付结算。

5.2.2 搬运作业应由搬运作业组来完成，搬运作业组应有一名作业组负责人负责每次搬运作业的全过程管理，并由其指定具体工作人员负责每个工作环节。

5.2.3 作业派工：

a) 企业应根据合同内容制订搬运单，调度安排，落实适用的运输工具、车辆、装卸设备、打包设备及材料和人员；

b) 搬运单至少一式三份，其内容应包括：

 1) 企业的名称、地址、联系人、联系电话；
 2) 客户的名称、地址、联系人、联系电话；
 3) 搬运物的主要类别和数量，如有特殊物品或需要加以特别保护的搬运物应予注明；
 4) 搬运物的所在地址和交付地址；
 5) 搬运服务实施的具体作业时间安排表和完成期限约定；
 6) 交付或工作完成声明；
 7) 客户签署栏；
 8) 对该次服务的评价意见(提供选择项供客户选择)；
 9) 备注栏。

c) 作业组接到搬运单后，作业组负责人应和客户联系，应对搬运单内容进行确认。在出发前应对运输工具、装卸设备、打包材料进行检查、维护，确保安全、无故障；

d) 作业组应按合同规定，按时到达客户所在地；

e) 作业组负责人将搬运单交客户签字，双方确认后，作业组应按客户签署后的搬运单进行搬运作业。

5.2.4 搬运过程：

a) 作业组应预先做好搬运物的防护工作，采取必要的防护措施，准备打包或其他防护物品，在搬运过程中应避免搬运物损伤，并应注意对墙壁、地面、门框、电梯间的保护，避免造成污染和损伤；

b) 作业组对装车的搬运物要合理摆放，并采取加固措施，避免超载和搬运物在运输过程中受损；

c) 作业组应在物品搬运至交付地址后，按客户要求放置到指定位置，不得乱堆乱放，应将搬运中产生的垃圾进行清扫和处理；

d) 搬运过程中如有需要追加的项目，作业组负责人应与客户沟通，得到客户确认并在搬运单备注栏上补项后方可继续进行搬运作业。

5.2.5 交付结算：

a) 搬运作业完成后，由作业组负责人陪同客户检查验收，确认搬运物是否按合同要求按时、悉数、安全搬抵交付地址，客户验收无异议后应签署确认。客户若拒绝签署确认，作业组负责人应在搬运单等有效单据上注明拒收的原因和时间，并签名；

b) 验收完成后，双方按合同规定结算服务费用。企业应向客户出具规范的结算票据，提供搬运结算清单。

5.3 售后服务

在搬运作业完成后，企业应根据回访制度对客户进行回访，征求客户意见，改进服务质量。

6 服务质量投诉、处理与改进

6.1 投诉受理

6.1.1 企业应建立服务质量投诉机制，制定投诉受理程序。

6.1.2 企业应按照 GB/T 17242 的要求设置投诉受理部门，定期或不定期收集各方反馈意见和建议，并建立反馈意见档案。

6.1.3 企业应对客户提出的投诉做出答复和处理。

6.2 投诉处理

6.2.1 企业的工作人员不能在合同约定时间内到达视为违反合同(遇不可抗力因素影响的情况除外),应按有关法律法规和合同约定对客户进行赔偿。

6.2.2 因企业原因导致无法履行合同的,应当向客户返还定金,并向客户做出赔偿,赔偿办法按有关法律法规和合同约定执行。因客户原因无法履行合同的,如已收定金可不予退还或按合同约定处理。

6.2.3 因企业责任,造成搬运物在搬运过程中损坏或丢失的,企业应根据搬运物的新旧程度和当时的市场价格折价予以赔偿,物品的新旧程度和当时的市场价格折价由双方协商或法定机构裁定。

6.2.4 企业对客户的投诉应积极对待、及时处理,并保留书面记录。

6.3 持续改进

6.3.1 企业应开展顾客满意度调查。

6.3.2 企业应密切与当地消费者委员会联系,对消费者委员会接受和反馈的投诉信息应高度重视,及时处理,并给消费者委员会和投诉者以答复。

6.3.3 企业宜设立服务质量监督员制度,聘请消费者委员会、媒体和社会有关热心人士为服务质量监督员,定时或不定时召开服务质量监督员座谈会,听取他们的意见和要求。

6.3.4 企业应建立服务质量持续改进机制,每年应结合年终工作总结或其他活动,对服务质量进行总结、检查,发现薄弱环节和存在问题,根据提升服务质量的工作目标,制定规划和改进措施并真正付诸实施,促进服务质量的不断提升。

ICS 91.120.25
P 15

中华人民共和国国家标准

GB/T 30352—2013

地震灾情应急评估

Assessment of earthquake disaster situation in emergency period

2013-12-31 发布　　　　2014-07-01 实施

中华人民共和国国家质量监督检验检疫总局
中国国家标准化管理委员会　发布

前言

本标准按照GB/T 1.1—2009给出的规则起草。

本标准由中国地震局提出。

本标准由全国地震标准化技术委员会(SAC/TC 225)归口。

本标准起草单位:中国地震局工程力学研究所、天津市地震局、新疆维吾尔自治区地震局、中国地震应急搜救中心、河北省地震局、云南省地震局、中国地震局地球物理研究所、福建省地震局、中国地震灾害防御中心。

本标准主要起草人:林均岐、苗崇刚、黎益仕、孙柏涛、袁一凡、王公学、宋立军、孙景江、杜晓霞、郭恩栋、张令心、张勤、郭迅、余世舟、周光全、胡伟华、刘爱文、刘如山、黄宏生、李亦刚、王东明、刘金龙。

引　言

灾情信息是政府抗震救灾决策部署的重要依据。地震发生后,在短时间内快速地进行灾情调查与评估(灾情应急评估),及时为政府提供决策部署必需的、符合实际的灾情信息,是地震应急工作的首要任务。为提供适合于灾情应急评估简便易行的方法,统一地震灾情应急评估工作,制定本标准。

本标准是在充分归纳总结近20年来我国地震灾情评估方法研究和现场实践,特别是在2008年汶川8.0级地震和2010年青海玉树7.1级地震现场工作经验和教训的基础上制定的。本标准与GB/T 18208.3—2011《地震现场工作　第3部分:调查规范》、GB/T 18208.4—2011《地震现场工作　第4部分:灾害直接损失评估》的相关内容协调配套,但是对时限性的要求不同,本标准更加侧重于快速、动态的灾情获取和评估。

地震灾情应急评估

1 范围

本标准规定了在地震发生后，对地震灾情进行应急评估的内容、方法、程序和技术要求。

本标准适用于重大和特别重大地震灾害的灾情应急评估。一般和较大地震灾害可参照使用。

2 规范性引用文件

下列文件对于本文件的应用是必不可少的。凡是注日期的引用文件，仅注日期的版本适用于本文件。凡是不注日期的引用文件，其最新版本(包括所有的修改单)适用于本文件。

GB/T 17742　中国地震烈度表

GB/T 18208.4—2011　地震现场工作　第4部分：灾害直接损失评估

GB/T 24335　建(构)筑物地震破坏等级划分

GB/T 24336　生命线工程地震破坏等级划分

3 术语和定义

下列术语和定义适用于本文件。

3.1

地震灾情　earthquake disaster situation

地震的灾区范围、等级，以及地震造成的人员伤亡、建筑和生命线工程破坏、地质灾害、次生灾害和对社会影响的基本情况。

注：改写 GB/T 18207.1—2008，定义 7.1。

3.2

灾区范围　disaster area

地震直接造成人员伤亡、工程结构破坏、环境破坏的区域。

注：相当于地震烈度Ⅵ度及Ⅵ度以上的区域。

3.3

灾区等级　grade of disaster area

在灾区范围内，以行政区为单元，综合考虑人员伤亡、经济损失、房屋破坏程度、地震地质灾害等指标确定的灾害程度级别。

3.4

极灾区　extreme earthquake disaster area

一次地震中遭受灾害直接损失最严重的区域，不包括对社会经济无直接影响的地震地质灾害区域。

注：改写 GB/T 18208.4—2011，定义 3.6。

3.5

有感范围　earthquake felt area

以地震时少数人有感(相当于地震烈度Ⅲ度)为边界圈定的区域。

3.6

救援区域 search and rescue area

需要对受困人员实施搜寻和施救的区域。

3.7

救援目标 search and rescue site

需要对受困人员实施搜寻和施救的垮塌建筑和场所。

3.8

灾区人数 population in earthquake stricken area

地震灾区范围内的人口数量。

3.9

极震区 meizoseismal area

一次地震破坏或影响最重的区域。

[GB/T 18207.1—2008,定义 3.8]

4 基本规定

4.1 评估内容

地震灾情应急评估应包括以下内容：

a) 灾区范围和灾区等级；

b) 人员伤亡与受灾人口；

c) 房屋建筑破坏程度及分布；

d) 生命线工程破坏程度及其功能影响；

e) 地震地质灾害；

f) 地震次生灾害；

g) 地震社会影响。

4.2 评估步骤

地震灾情应急评估应按下列步骤进行：

a) 获取地震基本参数及地震动记录、破裂过程、震源机制解等相关信息；

b) 收集灾区人文经济、自然地理等基本信息；

c) 对地震灾情进行初步估计；

d) 调查和获取震害信息；

e) 动态修正和评估地震灾情；

f) 编写地震应急灾情评估报告。

4.3 地震灾情信息获取途径

地震灾情信息可通过以下途径获取：

a) 地震、民政、公安、建设、交通、电力、通信、水利、教育、安全监管、卫生、测绘等系统的灾情信息报送；

b) 卫星、航空遥感影像解译；

c) 现场调查人员及灾情速报员的信息反馈；

d) 互联网、广播电视媒体、防震减灾公益服务热线 12322、即时通讯工具等信息搜集。

4.4 地震灾情重要信息快速收集

地震发生后 2 h 内重点收集下列灾情信息，以判断灾情规模，并动态更新：

a) 是否有伤亡、伤亡数量和伤亡地点；
b) 是否有房屋倒塌；
c) 有无桥梁毁坏、是否交通中断；
d) 破坏是否波及县城以上城镇；
e) 手机通信是否正常；
f) 是否停电；
g) 是否停水；
h) 是否有滑坡、滚石、地裂等；
i) 是否有水库大坝裂缝；
j) 是否有地震引发的次生灾害(火灾、水灾、爆炸等)。

4.5 评估时限及要求

4.5.1 地震灾情应急评估工作应在地震应急期内进行，特别重大地震灾害不超过 10 d，重大地震灾害不超过 7 d，其他地震灾害不超过 3 d。

4.5.2 按时间顺序，根据最新灾情调查信息及时更新评估结果，具体要求如下：

a) 震后 8 h 内，应给出极震区烈度及分布范围、死亡人数、建筑物破坏情况等的经验评估结果；
b) 震后 24 h 内，应给出极灾区范围、极灾区烈度、极灾区房屋和基础设施破坏概况、重点救援区域的评估结果；
c) 震后 48 h～72 h 内，应给出受灾等级和范围、死伤人数、重点救援目标、重点抢险目标、地震地质灾害、次生灾害、社会影响的评估结果，并动态更新已有评估结果；
d) 震后 72 h 之后，应给出地震烈度分布、救援排查目标，进一步更新已有评估结果。

4.6 烈度判定依据

本标准中所涉及的烈度及其判定依据与 GB/T 17742 的规定一致。

5 灾区与影响范围评估

5.1 评估内容

灾区与地震影响范围评估应包括下列内容：

a) 有感范围；
b) 灾区范围；
c) 极灾区范围；
d) 灾区等级。

5.2 有感范围评估

综合分析震情速报信息和以极震区为中心至少 4 个方位调查搜集的有感信息，划定有感范围。

5.3 灾区范围评估

5.3.1 灾区范围应依据以下指标综合确定：

a) 有人员伤亡；
b) 有建筑物破坏；

c) 有生命线工程破坏；

d) 有滑坡、崩塌、地裂缝、砂土液化等地震地质灾害；

e) 地震动加速度记录的水平向峰值大于 0.45 m/s^2。

5.3.2 选择判定灾区范围的抽样调查点或烈度调查点应具有代表性，调查点数量要求宜满足 GB/T 18208.4—2011中 4.2 的规定。

5.3.3 灾区范围的确定步骤如下：

a) 利用所在区域历史地震等震线拟合的平均烈度衰减关系，计算Ⅵ度区长、短半轴的长度作为参考，并考虑发震构造等因素，估计灾区范围；

b) 以灾情速报员的速报灾情为主，参考其他途径获取的灾情信息，初步确定灾区范围；

c) 由现场调查人员按照表 C.1 所列内容开展调查，并填表；

d) 按 5.3.1 的指标综合确定灾区范围。

5.4 极灾区范围评估

5.4.1 极灾区范围评估依据主要包括以下内容：

a) 余震分布、地震断层展布、震源机制解、破裂过程、地表破裂；

b) 人员伤亡数量；

c) 房屋建筑破坏；地震地质灾害。

5.4.2 极灾区范围确定步骤如下：

a) 利用历史地震极震区烈度统计资料，可按表 1 给出的极灾区长短轴估计极灾区范围；

b) 根据获取的灾情信息，结合余震分布、地震断层展布、震源机制解、震源破裂过程、地表破裂分布等，初步确定极灾区范围；

c) 根据现场调查的灾情信息，以及航卫片解译、灾情侦查小飞机或直升飞机等灾情侦查结果，确定极灾区范围。

表 1 烈度等震线长短轴半径与烈度对应经验关系

单位为千米

烈度	$M\geqslant 7.8$		$7.5\leqslant M\leqslant 7.7$		$6.8\leqslant M\leqslant 7.4$		$6.0\leqslant M\leqslant 6.7$		$5.2\leqslant M\leqslant 5.9$	
	长轴半径	短轴半径	长轴半径	短轴半径	长轴半径	短轴半径	长轴半径	短轴半径	长轴半径	短轴半径
Ⅺ	$e^{0.302M}$	$e^{2.518M-17.933}$								
Ⅹ	$e^{0.367M}$	$e^{0.967M-4.833}$	$e^{2.773M-18.987}$	$e^{3.154M-22.202}$						
Ⅸ	$e^{1.082M-4.777}$	$e^{0.401M-0.077}$	$e^{2.302M-14.486}$	$e^{2.452M-15.951}$	$e^{0.415M-0.342}$	$e^{1.314M-7.458}$				
Ⅷ	$e^{2.690M-17.011}$	$e^{2.079M-12.476}$	$e^{2.956M-18.851}$	$e^{3.106M-20.316}$	$e^{1.372M-5.831}$	$e^{0.480M-0.600}$	$e^{1.220M-5.687}$	$e^{1.787M-9.981}$		
Ⅶ	$e^{1.470M-6.677}$	$e^{2.151M-12.461}$	$e^{3.361M-21.278}$	$e^{3.402M-21.902}$	$e^{1.218M-4.469}$	$e^{0.495M-0.098}$	$e^{1.060M-3.885}$	$e^{1.584M-7.423}$	$e^{1.906M-8.591}$	$e^{2.452M-12.287}$
Ⅵ	$e^{3.298M-20.265}$	$e^{2.077M-11.041}$	$e^{2.043M-10.478}$	$e^{2.059M-10.899}$	$e^{0.518M+0.956}$	$e^{0.922M-2.374}$	$e^{0.773M-1.180}$	$e^{1.077M-3.518}$	$e^{0.852M-1.939}$	$e^{1.483M-5.879}$

当断层出露地表，且破裂较长时，表中长轴长度适当加长。

注：M 为地震震级。

5.5 灾区等级评估

5.5.1 灾区等级评估依据主要包括以下内容：

a) 人员伤亡；

b) 房屋建筑破坏；

c） 直接经济损失；

d） 地震地质灾害。

5.5.2 按照地震灾害的轻重程度，将灾区分为4个等级，分别为一般灾区、较重灾区、严重灾区和极重灾区。

5.5.3 一般灾区按以下指标综合确定：

a） 个别或无人员伤亡，少数居民失去住所；

b） 房屋破坏轻微；

c） 造成较小的经济损失；

d） 地震地质灾害不发育；

e） 未经抗震设防的房屋的平均震害指数小于0.10，可对应Ⅵ度地震烈度区域。

5.5.4 较重灾区按以下指标综合确定：

a） 人员伤亡轻微，少数居民失去住所；

b） 房屋破坏较重；

c） 造成较大的经济损失；

d） 地震地质灾害呈零星分布；

e） 未经抗震设防房屋的平均震害指数为0.11～0.30，可对应Ⅶ度地震烈度区域。

5.5.5 严重灾区按以下指标综合确定：

a） 人员伤亡较重，多数居民失去住所；

b） 房屋破坏严重；

c） 造成大量的经济损失；

d） 地震地质灾害较发育；

e） 未经抗震设防房屋的平均震害指数为0.31～0.50，可对应Ⅷ度地震烈度区域。

5.5.6 极重灾区按以下指标综合确定：

a） 人员伤亡惨重，大多数居民失去住所；

b） 房屋破坏极其严重；

c） 造成巨大的经济损失；

d） 地震地质灾害非常发育；

e） 未经抗震设防房屋的平均震害指数大于0.51，可对应Ⅸ度及以上高地震烈度区域。

6 地震烈度评估

6.1 评估内容

地震烈度评估的主要内容如下：

a） 极震区烈度和范围；

b） 烈度分布。

6.2 评估步骤

地震烈度评估的基本步骤如下：

a） 利用当地历史地震极震区烈度统计资料或按表2初步评估极震区烈度。当按表2评估时，发生的地震震级接近震级档的上限且震源深度小于10 km，宜取估计烈度的较高值；

b） 利用当地历史地震烈度统计的烈度衰减关系，或烈度衰减关系结合地震动观测记录的判定方法，或按表1确定等震线长短轴半径，然后初步评定烈度分布范围；

c） 根据余震分布、地震断层展布、震源机制解等信息初步确定极震区范围和烈度等震线长轴方向；

d) 根据震害调查资料确定极震区,并按 GB/T 17742 评定极震区烈度;

e) 以极震区为中心,宜沿至少 4 个方位确定调查抽样点,按 GB/T 17742 评定各抽样点烈度;

f) 根据各抽样点烈度,采用数理统计方法或按附录 B 烈度等震线修正方法修正各烈度区边界;

g) 采用动态修正方法,随实际震害调查数据的增加,对评估结果进行动态修正。

表 2 极震区烈度估计

震级 M	极震区烈度
$6.0 \leqslant M \leqslant 6.3$	部分为Ⅶ度,部分为Ⅷ度
$6.4 \leqslant M \leqslant 6.7$	多数为Ⅷ度,个别为Ⅸ度
$6.8 \leqslant M \leqslant 7.4$	多数为Ⅸ度,个别为Ⅹ度
$7.5 \leqslant M \leqslant 7.7$	多数为Ⅹ度
$M \geqslant 7.8$	多数为Ⅺ度

7 人员伤亡与受灾人口评估

7.1 评估内容

人员伤亡与受灾人口评估主要内容如下:

a) 灾区人数;

b) 死亡人数;

c) 受伤人数;

d) 失踪人数;

e) 受困人数;

f) 失去住所人数。

7.2 评估步骤

人员伤亡与受灾人口评估基本步骤如下:

a) 地震发生后第一时间,按照受灾范围内各行政区域的总人口数统计得到灾区人口数量;采用附录 A 中的多种经验估计方法综合估算死亡人数、受伤人数和失去住所人数的范围;

b) 根据表 C.2 所列内容,通过现场调查或电话询问等方式,从当地政府部门收集统计当地人口总数、死亡人数、受伤人数、失踪人数等,并填表;

c) 现场调查并估计可能受困人员的数量,重点核实人员大量受困场所的位置和受困数量,并及时上报;

d) 根据建筑物破坏调查数据,按照附录 A 中的方法估计失去住所人数;

e) 按照基本调查统计单元给出调查人员伤亡的空间分布。在农村以自然村为基本调查统计单元,在城镇以街道或社区为基本调查统计单元。

8 房屋震害评估

8.1 评估内容

房屋震害评估主要内容如下:

a) 抽样调查点内房屋的破坏情况；
b) 各种结构类型房屋破坏比例和数量；
c) 学校、医院破坏情况；
d) 重点救援目标。

8.2 房屋破坏等级划分

按 GB/T 24335 的规定将房屋破坏等级划分为基本完好、轻微破坏、中等破坏、严重破坏和毁坏 5 个等级，并按照其要求进行评定。

8.3 房屋分类

房屋类型分为以下 4 类：

a) 木构架和土、石、砖墙建造的房屋；
b) 单层或多层砌体房屋，包括底框架砖砌体房屋；
c) 钢筋混凝土房屋；
d) 其他类别。

8.4 房屋震害评估步骤

房屋震害评估的基本步骤如下：

a) 判断地震灾害分布，确定一定数量抽样调查点。抽样调查点宜覆盖极震区到有结构破坏的各区域，在农村以自然村为基本调查统计单元，在城镇以街道或社区为基本调查统计单元。
b) 按 8.3 的分类对抽样调查点内各类房屋的破坏情况进行调查，并按表 C.3 的要求填表，按表 C.4的要求统计各类房屋基本完好、轻微破坏、中等破坏、严重破坏和毁坏 5 个等级所占比例，并填表。
c) 对抽样调查点内的学校、医院的破坏情况进行调查并拍照，记录建筑的结构类型、层数、地点和建造年代等信息，给出可使用、不可使用或需进一步鉴定处理意见。
d) 对抽样调查点内典型房屋的破坏情况进行调查并拍照，记录该房屋的结构类型、层数、地点和建造年代等信息。
e) 对抽样调查点内房屋总数、人均房屋面积和各类房屋数量进行调查。
f) 通过当地规划、房管、建设及有关部门获取房屋数据，或根据烈度区内人口数量进行估计，确定各烈度区内房屋数量。
g) 计算各烈度区内各类房屋不同破坏等级的破坏比例的均值，进而求出每一烈度区内各类房屋各破坏等级的房屋破坏数量，最后求出整个灾区房屋破坏总数。也可以将一个烈度区分成若干子区域，采用抽样调查点的破坏比例数据直接计算，最后求和。破坏总数应随调查数据的增加和烈度区的修正同步更新。
h) 根据现场调查情况，判定重点救援区域和重点救援目标。

9 生命线工程系统灾情评估

9.1 评估内容

生命线工程系统震害评估的对象及内容如下：

a) 电力：发电厂土建设施、发电设备、变(配)电站土建设施、变(配)电站电气设备、地上输电设施、地下输电设施、供电情况等；
b) 交通：公路桥梁、公路隧道、公路线路、公路站场、铁路桥梁、铁路隧道、铁路线路、铁路站场、机场设施、港口设施、交通情况等；

c) 供水:水厂建(构)筑物、水厂设备、主干管网、庭院管网、供水情况等;
d) 燃气:气源厂和门站建(构)筑物、气源厂和门站设备、主干管网、庭院管网、供气情况、次生灾害等;
e) 通信:通信建筑物、通信机房设备、通信基站设施、应急通信设备、通信光(电)缆、通信管道、通信杆塔、通信配套设备、临时通信措施、通信情况等;
f) 广电:广播电视台、中短波无线发射台、调频电视发射台、有线电视前端、有线电视网、临时广播电视设施等;
g) 堤坝:破坏现象、功能状态。

9.2 生命线工程破坏等级划分

按 GB/T 24336 的规定进行生命线工程破坏等级划分,并按照其要求进行评定。

9.3 评估步骤

生命线工程系统灾情评估的基本步骤如下:
a) 根据地震影响场的估计结果,初步估计各行政区(市、县、镇等)生命线工程系统的受灾情况;
b) 根据经验估计得到的生命线工程系统受灾情况初步结果,确定一定数量抽样点。抽样点宜覆盖极震区到有生命线工程破坏的各区域,以行政区(市、县、镇等)为基本调查统计单元;
c) 对抽样点内的生命线工程震害开展现场调查,按照相关内容要求填写调查表(表 C.5~表 C.11),并及时上报;
d) 调查抽样点内重大生命线工程破坏情况并及时上报;
e) 汇总各调查点生命线系统受灾信息,判定重点监控和抢修目标。评估结果应随调查数据的增加同步更新。

10 地震地质灾害评估

10.1 评估内容

地震地质灾害应评估以下内容:
a) 地震地表破裂和地裂缝;
b) 崩塌;
c) 滑坡;
d) 泥石流;
e) 砂土液化;
f) 软土震陷。

10.2 地震地质灾害等级划分

10.2.1 依据灾害类别、规模、危害程度等,将地震地质灾害划分为轻度、中度、重度 3 个等级。

10.2.2 满足下列条件之一,可定为轻度地震地质灾害:
a) 地震地表破裂和地裂缝为 0.2 m 以下;
b) 滑坡体积小于 5 000 m^3;
c) 崩塌落石方量小于 500 m^3;
d) 泥石流流域面积小于 1 km^2;
e) 砂土液化没有产生不均匀沉降和地面变形。

10.2.3 满足下列条件之一,可定为中度地震地质灾害:

a) 地震地表破裂和地裂缝为 0.2 m～1.0 m；

b) 滑坡体积 5 000 m^3～50 000 m^3；

c) 崩塌落石方量 500 m^3～5 000 m^3；

d) 泥石流流域面积 1 km^2～5 km^2；

e) 砂土液化或软土震陷产生的不均匀沉降 0 mm～200 mm,并产生轻微地面变形；

f) 因地震地质灾害造成人员有伤无亡；

g) 因地震地质灾害对工业或交通基础设施造成严重的破坏；

h) 造成河流堵塞,需要尽快疏导等。

10.2.4 满足下列条件之一,可定为重度地震地质灾害：

a) 地震地表破裂和地裂缝达 1 m 以上；

b) 滑坡体积大于 50 000 m^3；

c) 崩塌落石方量超过 5 000 m^3；

d) 泥石流流域面积大于 5 km^2；

e) 砂土液化或软土震陷产生的不均匀沉降超过 200 mm,并产生明显地面变形；

f) 因地震地质灾害造成人员伤亡；

g) 因地震地质灾害对工业或交通设施造成极为严重的破坏；

h) 造成极为严重的堰塞湖等。

10.3 评估步骤

地震地质灾害评估的基本步骤如下：

a) 根据地震烈度和地形地貌,经验估计地震地质灾害。将烈度Ⅵ度及以上区域的边坡、陡岸等划定为崩塌可能发育区域。将烈度Ⅷ度及以上区域划为地震地质灾害普遍发育区域,其中地形陡峻的山区峡谷地带划定为可能产生滑坡、崩塌、泥石流并出现堰塞湖及发震断裂露头的区域;开阔的平原地带划定为可能产生砂土液化、震陷、地裂缝等地震地质灾害的区域。

b) 根据主震震级、余震分布、发震断层展布、震源机制解、发震断裂性质等信息,参考国土部门地质灾害危险评估区划图,初步确定地震地质灾害分布。

c) 根据不同途径获取灾情信息,由现场调查人员按照表 C.12 所列内容和要求开展调查,并填表。

d) 根据现场调查的灾情信息和遥感资料解译,估计地震地质灾害影响范围,绘制地震地质灾害影响范围分布图,针对地震地质灾害影响给出紧急抢险及监测建议。评估结果应随调查数据的增加同步更新。

11 地震次生灾害评估

11.1 评估内容

地震次生灾害应评估以下种类：

a) 水灾；

b) 火灾；

c) 毒气泄漏；

d) 爆炸；

e) 放射性污染。

11.2 地震次生灾害等级划分

根据灾害的影响范围,将地震次生灾害划分为轻度、中度、重度 3 个等级,判定指标如下：

a） 轻度：灾害影响仅限于灾害源自身；

b） 中度：灾害影响灾害源附近的空间环境；

c） 重度：灾害影响大片区域。

11.3 评估步骤

地震次生灾害评估的基本步骤如下：

a） 调查收集发生的水灾、火灾、毒气泄漏、爆炸及放射性污染信息。

b） 调查收集可能引起次生灾害的堤坝和易燃易爆、剧毒、放射性、强腐蚀性物质的生产及储放场所等重大灾害源资料及分布，综合考虑气象等敏感因素，分析潜在危险性，提出重点排查目标。调查范围应从极灾区开始向外围辐射一直到建筑物无明显破坏的地区。

c） 根据表C.13所列内容和要求，调查、统计并填表。

d） 根据调查结果，对具有潜在危险的次生灾害源，根据经验估计次生灾害的影响范围和等级。评估结果应随调查数据的增加同步更新。

12 地震社会影响评估

12.1 评估内容

地震社会影响应评估下列内容：

a） 饮用水、食物、衣被、生活用电、煤气、住宿安置、医疗救治、教学活动等灾区生活状况；

b） 工业、农业、服务业等经济运行状况；

c） 灾区社会秩序状况。

12.2 评估步骤

地震社会影响评估的基本步骤如下：

a） 根据地震大小和灾区范围，经验估计社会影响的程度；

b） 根据表C.14、表C.15、表C.16所列内容和要求，调查、统计并填表；

c） 根据调查资料给出社会影响评估结果，并提出灾区救援需求建议。评估结果应随调查数据的增加同步更新。

13 评估报告编写

地震灾情应急评估应编写报告，并按附录D的要求组织报告的框架结构和内容。

附 录 A
（规范性附录）
人员伤亡与受灾人口估算方法

A.1 死亡人数估算

A.1.1 基于烈度的估算

基于地震烈度估算死亡人数的经验公式见式(A.1)：

$$N_D = \sum_{j=6}^{I_{\max}} A_j \rho R_j \qquad \cdots\cdots (A.1)$$

式中：

N_D——死亡人数，单位为人；

$I_{\max}$——极震区烈度；

A_j——第 j 烈度值分布面积，单位为平方千米(km^2)；

ρ——人口密度，单位为人每平方千米(人/km^2)；

R_j——第 j 烈度值对应的死亡率，计算公式见式(A.2)或式(A.3)：

$$\ln R_j = -44.365 + 7.516 I_j - 0.329 I_j^2 \qquad \cdots\cdots (A.2)$$

或

$$\ln R_j = -44.466 + 14.331 \ln I_j + 0.960 \ln \rho \qquad \cdots\cdots (A.3)$$

其中 I_j 为第 j 烈度值，如：$I_j = j$ ($j = 6, 7, \cdots, I_{\max}$)。此外，也可参考表 A.1 的统计关系确定死亡率 R_j。

表 A.1 死亡率和受伤率与烈度的统计关系

烈度	城市		乡镇		农村	
	死亡率 R	受伤率 W	死亡率 R	受伤率 W	死亡率 R	受伤率 W
Ⅵ	0.14×10^{-4}	5.40×10^{-4}	0.20×10^{-4}	3.60×10^{-4}	0.06×10^{-4}	0.38×10^{-4}
Ⅶ	3.10×10^{-4}	53.00×10^{-4}	3.20×10^{-4}	31.00×10^{-4}	0.64×10^{-4}	3.10×10^{-4}
Ⅷ	48.00×10^{-4}	460.00×10^{-4}	40.00×10^{-4}	260.00×10^{-4}	6.80×10^{-4}	27.00×10^{-4}
Ⅸ	680.00×10^{-4}	$4\,000.00\times10^{-4}$	480.00×10^{-4}	$2\,200.00\times10^{-4}$	74.00×10^{-4}	210.00×10^{-4}

A.1.2 基于房屋破坏情况的估算

基于房屋破坏情况估算死亡人数的经验公式一，见式(A.4)：

$$N_D = RP \qquad \cdots\cdots (A.4)$$

式中：

N_D——死亡人数，单位为人；

P——灾区总人口数，单位为人；

R——死亡率，死亡率与房屋倒塌率(或毁坏比)的关系见式(A.5)：

$$\lg R = 12.479 C^{0.1} - 13.3 \qquad \cdots\cdots (A.5)$$

其中 C 为房屋倒塌率(或毁坏比)。死亡率 R 也可根据表 A.2 中的关系初步确定。

表 A.2 人员死亡率、受伤率与房屋建筑破坏程度的关系

房屋破坏程度	死亡率 R	受伤率 W
基本完好	$R_1=0$	$W_1=0$
轻微破坏	$R_2=0$	$W_2=0.000\,5$
中等破坏	$R_3=0.001\,0$	$W_3=0.008\,0$
严重破坏	$R_4=0.010\,0$	$W_4=0.050\,0$
毁坏	$R_5=0.150\,0$	$W_5=0.350\,0$

基于房屋破坏情况估算死亡人数的经验公式二，见式(A.6)：

$$N_D = P \times \sum_{i=1}^{5} \lambda_i \cdot R_i \qquad \text{(A.6)}$$

式中：

N_D ——死亡人数，单位为人；

P ——灾区总人口数，单位为人；

R_i ——第 i 种破坏状态对应的死亡率；

λ_i ——第 i 种破坏状态的加权系数，即房屋建筑破坏初评估确定的破坏比。

A.2 受伤人数估算

根据历史震害经验的统计结果估算受伤人数，直接取死亡人数的3～5倍即可。也可根据表A.1和表A.2中的关系初步确定受伤率，然后按照式(A.7)或者式(A.8)估算。

$$N_I = \sum_{j=6}^{I_{max}} A_j \rho \cdot W_j \qquad \text{(A.7)}$$

式中：

N_I——为受伤人数，单位为人；

I_{max}——极震区烈度；

A_j——第 j 烈度值分布面积，单位为平方千米(km^2)；

ρ ——人口密度，单位为人每平方千米(人/km^2)；

W_j——第 j 烈度值对应的受伤率。

$$N_I = P \times \sum_{i=1}^{5} \lambda_i W_i \qquad \text{(A.8)}$$

式中：

N_I ——受伤人数，单位为人；

P ——灾区总人口数，单位为人；

W_i ——第 i 种破坏状态对应的受伤率；

λ_i ——第 i 种破坏状态的加权系数，即房屋建筑破坏初评估确定的破坏比。

A.3 失去住所人数估算

A.3.1 基于震级和人口密度因素的估算

基于震级和人口密度因素估算失去住所人数的经验公式见式(A.9)：

$$N_H = 2 \times 10^{-7} M^{14.066} \cdot \beta \qquad \text{(A.9)}$$

式中：

N_H ——失去住所人数，单位为人；

M ——地震震级；

β ——人口密度加权系数，取值范围为0.5～8.0。

A.3.2 根据现场调查数据估算

根据现场调查的建筑物破坏等数据，可按式(A.10)估算失去住所人数：

$$N_H = \frac{(c + d + e/2) \times S}{a} \times b - N_D \qquad \text{(A.10)}$$

式中：

N_H ——失去住所人数，单位为人；

N_D ——死亡人数，单位为人；

S ——灾区总的建筑面积，单位为平方米(m^2)；

a ——户均住宅建筑面积，单位为平方米每户；

b ——户均人口，单位为人每户；

c ——建筑物毁坏比率；

d ——建筑物严重破坏比率；

e ——建筑物中等破坏比率。

附　录　B
（规范性附录）
烈度等震线修正方法

B.1　烈度等震线修正方法

B.1.1　用实线勾绘初步确定的烈度等震线。

B.1.2　根据调查数据，按下列要求对烈度等震线进行调整：

a)　在相邻烈度区中，如果高一级烈度区内的一组数据更接近于紧邻的低一级的值，则用光滑曲线将其划归到低一级评估；

b)　在相邻烈度区中，如果低一级烈度区内的一组数据更接近于紧邻的高一级的值，则用光滑曲线将其划归到高一级评估；

c)　如果某一调查点的数据不是与本区或相邻烈度区的数据相近，则不修正，而将此点作为异常点（烈度异常区）处理。

B.2　修正方法示例

在图 B.1 中，Ⅶ度区共取得 4 组数据（$A_1 \sim A_4$），Ⅵ度区亦取得 4 组数据（$B_1 \sim B_4$），如果其中Ⅶ度区中 A_3 点的数据（各不同破坏等级的破坏比例）与Ⅵ度区中的 B 组数据更接近，则用光滑曲线将其划归到Ⅵ度区，再如Ⅵ度区中 B_4 点的数据与Ⅶ度区中的 A 组数据更接近，同理将其划归到Ⅶ度区。

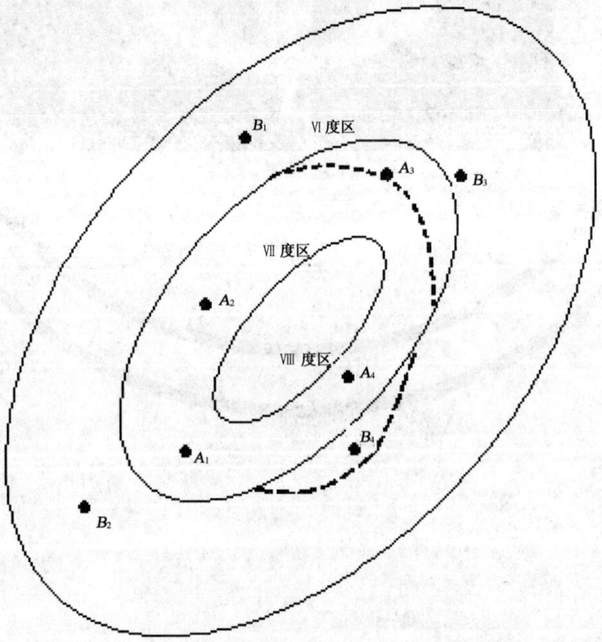

图 B.1　烈度区修正示意图

附 录 C
（规范性附录）
地震灾情应急评估调查表格

地震灾情应急评估调查表格见表 C.1～表 C.16。

表 C.1 地震影响范围调查表

1.人员伤亡(在相应的栏内打√)

死亡	重伤	轻伤	压埋	失踪

2.房屋破坏(在相应的栏内打√)

房屋倒塌	房屋损坏	梭瓦掉瓦	其他

3.地震地质破坏(在相应的栏内打√)

地震断层	地面开裂	滑坡	崩塌、滚石	喷砂冒水	泥石流	地震陷坑	其他

4.生命线系统破坏(在相应的栏内打√)

桥梁毁坏	道路堵塞	港口破坏	机场破坏	停电	停水	通信中断	堤坝破坏

5.人的感觉(在相应的栏内打√)

无震感	少数人有感	多数人有感	震感强烈	惊慌外逃	其他

6.地震烈度快速判断(依据房屋破坏)

现象	器物翻倒	砖烟囱断裂	个别房屋局部倒塌	少数房屋倒塌	多数房屋倒塌	房屋普遍倒塌	房屋普遍倒塌、山河改观
地震烈度	Ⅴ	Ⅵ	Ⅶ	Ⅷ	Ⅸ	Ⅹ	Ⅺ
选择打√							
备注							

调查地点	________省(区、市)________县(区)________乡(镇)________村		
填表人		填表日期	年　月　日

表 C.2 受灾人口调查表

调查地点	______省(区、市)______县(区)______乡(镇)______村			
所在地烈度值			总人口数 人	
死亡人数/人	重伤人数/人	轻伤人数/人	失踪人数/人	转移安置人数/人
大量人员压埋场所情况：				
备注：				
填表人		填表日期	年 月 日	

表 C.3 房屋破坏调查表

序号	建筑物名称或地点	建造年代	结构类型	层数	面积/m^2	破坏等级	备　注
1							
2							
3							
4							
5							
6							
7							
8							
9							
10							
11							
12							
13							
14							
15							
16							
17							
⋮							
调查地点	________省(区、市)________县(区)________乡(镇)________村						
调查点地震烈度							
填表人		填表日期	年　月　日				

注 1：结构类型包括：1)农村房屋(包括木构架和土、石、砖墙建造的房屋)；2)单层或多层砌体房屋(包括底框架砖砌体房屋)；3)钢筋混凝土房屋；4)其他类别。

注 2：破坏等级指以下几种：基本完好；轻微破坏；中等破坏；严重破坏；毁坏。

表 C.4 按五个破坏等级统计的房屋破坏比例

<table>
<tr><td colspan="2">结构类型</td><td colspan="3"></td></tr>
<tr><td colspan="2">房屋总数</td><td colspan="3"></td></tr>
<tr><td colspan="2">地震烈度</td><td colspan="3"></td></tr>
<tr><td rowspan="2">基本完好</td><td>栋数</td><td colspan="3"></td></tr>
<tr><td>破坏比例/%</td><td colspan="3"></td></tr>
<tr><td rowspan="2">轻微破坏</td><td>栋数</td><td colspan="3"></td></tr>
<tr><td>破坏比例/%</td><td colspan="3"></td></tr>
<tr><td rowspan="2">中等破坏</td><td>栋数</td><td colspan="3"></td></tr>
<tr><td>破坏比例/%</td><td colspan="3"></td></tr>
<tr><td rowspan="2">严重破坏</td><td>栋数</td><td colspan="3"></td></tr>
<tr><td>破坏比例/%</td><td colspan="3"></td></tr>
<tr><td rowspan="2">毁坏</td><td>栋数</td><td colspan="3"></td></tr>
<tr><td>破坏比例/%</td><td colspan="3"></td></tr>
<tr><td colspan="2">调查地点</td><td colspan="3">________省(区、市)________县(区)________乡(镇)________村</td></tr>
<tr><td>填表人</td><td></td><td>填表日期</td><td colspan="2">年　　月　　日</td></tr>
<tr><td colspan="5">**注**：结构类型包括：
1)木构架和土、石、砖墙建造的房屋；
2)单层或多层砌体房屋(包括底框架砖砌体房屋)；
3)钢筋混凝土框架房屋；
4)其他类别。</td></tr>
</table>

表 C.5　电力系统地震灾情调查表

内　　容	灾情信息			
发电厂 土建设施	□大部分毁坏 □大部分中等破坏以下	□大部分严重破坏以上 □大部分轻微破坏以下		
发电设备	□大部分毁坏	□部分毁坏	□少数毁坏	□个别毁坏
变(配)电站 土建设施	□大部分毁坏 □大部分中等破坏以下	□大部分严重破坏以上 □大部分轻微破坏以下		
变(配)电站 各类电气设备	□大部分毁坏	□部分毁坏	□少数毁坏	□个别毁坏
地上输电设施	□大部分毁坏	□部分毁坏	□少数毁坏	□局部毁坏
地下输电设施	□大部分毁坏	□部分毁坏	□少数毁坏	□局部毁坏
供电情况	□全区停电	□大部分区域停电	□局部区域停电	□未停电
典型震害描述、主要灾害特点以及紧急处置建议				
灾情等级	□无灾　□轻度受灾　□中度受灾　□重度受灾			
调查地点	________省(区、市)________县(区)________乡(镇)			
填表人		填表日期	年　　月　　日	

表 C.6 交通系统地震灾情调查表

内　容	灾　情　信　息			
公路桥梁	□大部分毁坏	□大部分严重破坏以上	□大部分中等破坏以下	□大部分轻微破坏以下
公路隧道	□大部分毁坏	□大部分严重破坏以上	□大部分中等破坏以下	□大部分轻微破坏以下
公路线路	□大部分毁坏	□大部分严重破坏以上	□大部分中等破坏以下	□大部分轻微破坏以下
铁路桥梁	□大部分毁坏	□大部分严重破坏以上	□大部分中等破坏以下	□大部分轻微破坏以下
铁路隧道	□大部分毁坏	□大部分严重破坏以上	□大部分中等破坏以下	□大部分轻微破坏以下
铁路线路	□大部分毁坏	□大部分严重破坏以上	□大部分中等破坏以下	□大部分轻微破坏以下
通航建筑物	□大部分毁坏	□大部分严重破坏以上	□大部分中等破坏以下	□大部分轻微破坏以下
航道设施	□大部分毁坏	□大部分严重破坏以上	□大部分中等破坏以下	□大部分轻微破坏以下
机场设施	□大部分毁坏	□大部分严重破坏以上	□大部分中等破坏以下	□大部分轻微破坏以下
航道	□毁坏	□严重破坏	□中等破坏	□轻微破坏以下
港口	□毁坏	□严重破坏	□中等破坏	□轻微破坏以下
交通情况	□全区瘫痪	□多数主干道中断	□局部区域中断	□基本正常
典型震害描述、主要灾害特点以及紧急处置建议				
灾情等级	□无灾　□轻度受灾　□中度受灾　□重度受灾			
调查地点	______省(区、市)______县(区)______乡(镇)			
填表人		填表日期	年　月　日	

表 C.7　供水系统地震灾情调查表

内　　容	灾　情　信　息			
水厂建(构)筑物	□大部分毁坏	□大部分严重破坏以上	□大部分中等破坏以下	□大部分轻微破坏以下
水厂设备	□大部分毁坏	□部分毁坏	□少数毁坏	□个别毁坏
水厂功能	□全部停运	□出水量、水压、水质均大幅下降	□出水量、水压、水质有所下降	□出水量、水压、水质均变化不大
主干管网	□每 10 km 破坏多于 8 处 □每 10 km 破坏 2～5 处		□每 10 km 破坏 5～8 处 □每 10 km 破坏少于 2 处	
庭院管网	□大部分毁坏	□部分毁坏	□少数毁坏	□个别毁坏
供水情况	□全区瘫痪	□大部分区域中断或水压下降	□局部区域中断或水压下降	□基本正常
典型震害描述、主要灾害特点以及紧急处置建议				
灾情等级	□无灾　□轻度受灾　□中度受灾　□重度受灾			
调查地点	________省(区、市)________县(区)________乡(镇)			
填表人		填表日期	年　月　日	

表 C.8 供气系统地震灾情调查表

内容	灾情信息			
气源厂、门站建(构)筑物	□大部分毁坏	□大部分严重破坏以上	□大部分中等破坏以下	□大部分轻微破坏以下
气源厂、门站设备	□大部分毁坏	□部分毁坏	□少数毁坏	□个别毁坏
气源厂、门站厂功能	□全部停运	□部分停运	□少数停运	□基本正常
主干管网	□每 10 km 破坏多于 8 处 □每 10 km 破坏 2～5 处		□每 10 km 破坏 5～8 处 □每 10 km 破坏少于 2 处	
庭院管网	□大部分毁坏	□部分毁坏	□少数毁坏	□个别毁坏
供气情况	□全区瘫痪	□大部分区域中断	□局部区域中断	□基本正常
次生灾害	□严重	□中等	□轻微	□无
典型震害描述、主要灾害特点以及紧急处置建议				
灾情等级	□无灾　□轻度受灾　□中度受灾　□重度受灾			
调查地点	______省(区、市)______县(区)______乡(镇)			
填表人		填表日期	年　月　日	

表 C.9 通信系统地震灾情调查表

内　容	灾 情 信 息		
通信建筑物	□大部分毁坏　□大部分严重破坏以上　□大部分中等破坏以下　□大部分轻微破坏以下		
机房设备	□大部分毁坏　□部分毁坏　□少数毁坏　□个别毁坏		
基站设施	□大部分毁坏　□部分毁坏　□少数毁坏　□个别毁坏		
传输线路（光缆）	□每 10 km 破坏多于 8 处　□每 10 km 破坏 5～8 处 □每 10 km 破坏 2～5 处　□每 10 km 破坏少于 2 处		
通信情况	□全区瘫痪　□电话接通率大幅下降，有盲区 □电话接通率有所下降　□基本正常		
临时通信措施	□有　□无		
典型震害描述、主要灾害特点以及紧急处置建议			
灾情等级	□无灾　□轻度受灾　□中度受灾　□重度受灾		
调查地点	________省(区、市)________县(区) ________乡(镇)		
填表人		填表日期	年　月　日

表 C.10 广电系统地震灾情调查表

内 容	灾 情 信 息		
广播电视台、站建(构)筑物	□大部分毁坏 □大部分严重破坏以上 □大部分中等破坏以下 □大部分轻微破坏以下		
广播电视机房设施	□大部分毁坏 □大部分严重破坏以上 □大部分中等破坏以下 □大部分轻微破坏以下		
有线电视传输线路(光缆)	□每 10 km 破坏多于 8 处 □每 10 km 破坏 5～8 处 □每 10 km 破坏 2～5 处 □每 10 km 破坏少于 8 处		
广播电视台站运行情况	□基本停播 □部分停播 □个别环节影响播出 □基本正常		
广播电视播出临时应急措施	□有 □无		
典型震害描述、主要灾害特点以及紧急处置建议			
灾情等级	□无灾 □轻度受灾 □中度受灾 □重度受灾		
调查地点	______省(区、市)______县(区)______乡(镇)		
填表人		填表日期	年 月 日

表 C.11 堤坝地震灾情调查表

内　容	灾情信息			
堤坝破坏现象	□裂缝	□沉降	□渗漏	□滑塌
功能状态	□正常	□影响轻微	□功能损失大	□功能中断
破坏等级	□轻微破坏以下	□中等破坏	□严重破坏	□毁坏
典型震害描述、主要灾害特点以及紧急处置建议				
灾情等级	□无灾	□轻度受灾	□中度受灾	□重度受灾
经度/(°)				
纬度/(°)				
调查地点	＿＿省(区、市)＿＿县(区)＿＿乡(镇)			
填表人		填表日期	年　月　日	

表 C.12 地震地质灾情调查表

内　容	规模/条件				危害情况	
地震地表破裂和地裂缝	长度/m		水平位移/m		□破坏房屋	□堰塞湖
	宽度/m		垂直位移/m		□破坏道路	□堵塞交通
	场地条件	□基岩 □覆盖层	地质年代		□破坏桥梁	□伴生泥石流
	经度/(°)				□破坏铁路	□伴生滑坡
	纬度/(°)				□破坏设施	□伴生崩塌
崩塌	长度/m		宽度/m		□摧毁房屋	□堰塞湖
	高度/m		体积 m^3		□摧毁道路	□堵塞交通
	场地条件	□基岩 □覆盖层	地质年代		□摧毁桥梁	□伴生泥石流
	经度/(°)				□压埋人员	□伴生滑坡
	纬度/(°)				□压埋财产	□其他危害
滑坡	长度/m		宽度/m		□摧毁房屋	□堰塞湖
	高度/m		体积/m^3		□摧毁道路	□堵塞交通
	场地条件	□基岩 □覆盖层	地质年代		□摧毁桥梁	□伴生泥石流
	经度/(°)				□压埋人员	□伴生崩塌
	纬度/(°)				□压埋财产	□其他危害
泥石流	长度/m		宽度/m		□摧毁房屋	□堰塞湖
	高度/m		体积/m^3		□摧毁道路	□堵塞交通
	场地条件		地质年代		□摧毁桥梁	□伴生滑坡
	经度/(°)				□压埋人员	□伴生崩塌
	纬度/(°)				□压埋财产	□其他危害
砂土液化	直径/m		其他		□掩埋农田	□影响交通
	场地条件		地质年代		□其他	□影响生命线
	经度/(°)		纬度/(°)			

表 C.12 （续）

内　容	规模/条件				危害情况	
地裂缝	长度/m		宽度/m		□破坏交通	□影响交通
	场地条件	□基岩 □覆盖层	地质年代		□破坏设施	□影响生命线
	经度/(°)		纬度/(°)			
软土震陷	直径/m		其他		□破坏农田	□影响交通
	场地条件		地质年代		□破坏设施	□影响生命线
	经度/(°)		纬度/(°)			
灾情等级	□无灾　□轻度　□中度　□重度					
其他情况说明						
调查地点	____省(区、市)____县(区)____乡(镇)____村					
填表人		填表日期		年　月　日		

表 C.13　次生灾害调查表

次生灾害种类	□水灾　□火灾　□毒气泄漏　□爆炸　□放射污染		
发生时间			
灾害源地点			
灾害源纬度/(°)		灾害源经度/(°)	
死亡人数/人			
受伤人数/人			
预计恢复时间/h			
影响范围	□Ⅰ　□Ⅱ　□Ⅲ		
人员撤离	□需要　□否　□已撤离		
灾害原因			
影响趋势	□减缓　□趋稳　□增大		
抢险队伍	□需要　□否　□有抢险队伍		
灾情等级	□无灾　□轻度　□中度　□重度		
备注			
调查地点	____省(区、市)____县(区)____乡(镇)____村		
填表人		填表日期	年　月　日

注 1：备注内容根据次生灾害种类填写如下灾情信息：

a）水灾：库容、坝类型、坝高度、宽度、溃口宽度等情况；

b）火灾：易燃物质名称，着火面积、周边有无其他次生灾害源等情况；

c）毒气泄漏：毒气名称、储量、泄漏状态及时间等情况；

d）爆炸：易爆物质名称、储量、存储介质等情况；

e）放射污染：放射物名称、储量、泄漏状态及时间等情况。

注 2：影响范围选项Ⅰ为蔓延大片；Ⅱ为影响近邻；Ⅲ为仅危及灾害源本体。

表 C.14　群众生活状况调查表

内　容	群众生活状况			
饮用水	□充足	□不足	□缺乏	□没有
食物	□充足	□不足	□缺乏	□没有
衣被	□充足	□不足	□缺乏	□没有
生活用电	□充足	□不足	□缺乏	□没有
煤气	□充足	□不足	□缺乏	□没有
住宿安置	□充足	□不足	□缺乏	□没有
医疗救治	□全部有	□多数有	□少数有	□没有
教学活动	□全部停课	□多数停课	□少数停课	□无停课
调查地点	________省(区、市)________县(区)________乡(镇)________村			
填表人		填表日期	年　月　日	

表 C.15　经济运行情况调查表

内　容	经济运行情况			
工业生产	□多数停产	□少数停产	□个别停产	□无停产
	其他影响			
农业生产	□影响很大	□有影响	□影响较小	□没有影响
	其他影响			
商业活动	□多数停业	□少数停业	□个别停业	□无停业
	其他影响			
调查地点	________省(区、市)________县(区)________乡(镇)			
填表人		填表日期	年　月　日	

表 C.16　社会秩序情况调查表

内　容	社会秩序情况						
社会秩序	治安事件	□偷盗	□抢劫	□伤害	□其他		
	群体事件	□哄抢	□聚众闹事	□谣言	□其他		
	心理反应	□恐惧	□痛苦	□忧虑	□烦躁	□慌乱	□其他
	生活态度	□悲观失望	□没有信心	□不安心生产生活		□自救互救	□其他
	社会稳定	□稳定	□一般	□不稳定			
调查地点	________省(区、市)________县(区)________乡(镇)						
填表人		填表日期	年　月　日				

附　录　D
（规范性附录）
地震灾情应急评估报告内容

D.1　地震灾情应急评估报告结构

地震灾情应急评估报告的总体框架应包括：地震基本参数、灾区概况、灾区与影响范围评估、烈度评估、人员伤亡与受灾人口评估、房屋震害评估、生命线系统灾情评估、地震地质灾害评估、地震次生灾害评估、地震社会影响评估、结论等共11部分。

D.2　地震基本参数

地震基本参数应包括以下内容：

a）地震发生时间、震中位置（经度、纬度）、震级、震源深度；

b）余震序列及分布情况；

c）强震动记录（峰值、反应谱、强震记录图形）及综合分析。

D.3　灾区概况

灾区概况应包括以下内容：

a）灾区面积及最大烈度；

b）灾区包括的县（市、区）及受灾人数；

c）灾区社会经济情况；

d）灾区地震地质环境。

D.4　灾区与影响范围评估

灾区与影响范围评估应包括以下内容：

a）有感范围调查评估结果；

b）灾区范围调查评估结果；

c）极灾区范围评估结果；

d）灾区等级评估结果；

e）评估结果分析和建议。

D.5　烈度评估

烈度评估应包括以下内容：

a）极震区烈度和位置评估结果；

b）烈度分布评估结果；

c）评估结果分析和建议。

D.6 人员伤亡与受灾人口评估

人员伤亡与受灾人口评估应包括以下内容：

a) 伤亡人员评估结果；

b) 受灾人数评估结果；

c) 失去住所人员评估结果；

d) 评估结果分析和建议。

D.7 房屋震害评估

房屋震害评估应包括以下内容：

a) 灾区房屋概况及结构分类；

b) 各类结构房屋破坏特征和破坏比例；

c) 房屋破坏评估结果；

d) 评估结果分析和建议。

D.8 生命线系统灾情评估

生命线系统灾情评估应包括以下内容：

a) 灾区生命线系统概况；

b) 生命线系统灾情评估主要结果及破坏特点；

c) 灾区生命线系统破坏对生活、生产的影响；

d) 评估结果分析和建议。

D.9 地震地质灾害评估

地震地质灾害评估应包括以下内容：

a) 灾区历史地震地质灾害概况；

b) 地震地质灾害评估结果；

c) 地震地质灾害成因分析及其危害性。

D.10 地震次生灾害评估

地震次生灾害评估应包括以下内容：

a) 灾区地震次生灾害概况；

b) 地震次生灾害评估结果与分布图；

c) 地震次生灾害潜在危险源影响范围分布图和灾害等级；

d) 地震次生灾害成因分析及其危害性。

D.11 地震社会影响评估

地震社会影响评估应包括以下内容：

a） 灾区地震社会影响概况；

b） 地震社会影响调查评估结果；

c） 评估结果分析和建议。

D.12 结论

结论应包括以下内容：

a） 地震灾害特点；

b） 对抗震救灾的建议。

参 考 文 献

[1] GB/T 18207.1—2008 防震减灾术语 第1部分:基本术语

ICS 91.120.25
P 15

中华人民共和国国家标准

GB/T 30353—2013

人员密集场所地震避险

Avoiding danger of earthquake in assembly occupancies

2013-12-31 发布　　2014-07-01 实施

中华人民共和国国家质量监督检验检疫总局
中国国家标准化管理委员会　发布

前　言

本标准按照 GB/T 1.1—2009 给出的规则起草。

本标准由中国地震局提出。

本标准由全国地震标准化技术委员会(SAC/TC 225)归口。

本标准起草单位:天津市地震局、中国地震局工程力学研究所、公安部天津消防研究所、山西省地震局、山西省太原市消防支队、中国地震局地球物理研究所。

本标准主要起草人:王公学、袁一凡、倪照鹏、阎正萃、冯义钧、张令心、林均岐、王晋、李洋、赵阳。

引　言

由于人们对地震以及其他突发事件的恐慌，在人员密集场所容易出现避险不当，导致本可以避免的伤亡。为正确引导地震避险，减轻地震伤亡，制定本标准。

本标准是在总结我国大量避险经验和教训的基础上，并借鉴火灾等其他突发事件的避险管理和避险要求制定的。

本标准可用于指导和规范人员密集场所的地震避险管理和服务，促进相关单位开展地震避险工作，保护公众的人身安全，保障公共秩序稳定。

本标准结合消防标准的要求，统筹考虑疏散设施、标志指示，与消防标准相衔接。

人员密集场所地震避险

1 范围

本标准明确了人员密集场所地震避险的基本要求及避险职责，规定了避险准备、震时避险、震后疏散的方法和要求。

本标准适用于人员密集场所的地震避险服务和管理工作。

2 规范性引用文件

下列文件对于本文件的应用是必不可少的。凡是注日期的引用文件，仅注日期的版本适用于本文件。凡是不注日期的引用文件，其最新版本(包括所有的修改单)适用于本文件。

GB 50016 建筑设计防火规范

GB 50099 中小学校设计规范

3 术语和定义

下列术语和定义适用于本文件。

3.1

震时避险 avoiding danger in earthquake

地震发生时所采取的就近躲避和撤离的行为。

3.2

震后疏散 evacuation after seismic ground motion

地震动结束后，组织人员有序撤离建(构)筑物的避险行为。

3.3

地震避险 avoiding danger of earthquake

为减轻因地震引起的建(构)筑物或其他设施破坏对人员的伤害采取的震前避险准备、震时避险和震后疏散的应急举措。

3.4

避险缓冲区 evacuation buffer area

为遇险人员设立的临时停留或过渡的相对安全的避险场所和通道。

4 总则

4.1 场所范围

本标准中的人员密集场所包括：

a) 宾馆、饭店等旅馆；

b) 餐饮场所；

c) 商场、市场、超市等商店；

d) 体育场馆；

e) 公共展览馆、博物馆的展览厅；
f) 金融证券交易场所；
g) 影剧院、礼堂、影视厅等公共娱乐场所；
h) 医院的门诊楼、病房楼、医技楼；
i) 学校的教学楼、实验楼、图书馆、食堂和集体宿舍；
j) 公共图书馆的阅览室；
k) 客运车站、码头、民用机场的候车、候船、候机厅(楼)；
l) 人员密集的办公楼、写字楼、生产加工车间、员工集体宿舍等。

4.2 基本要求

4.2.1 人员密集场所地震避险的目标为：提升地震避险管理水平，保障公众人身安全，减轻地震危害。

4.2.2 人员密集场所地震避险工作的基本任务是：组织实施地震避险准备，及时排除安全隐患，做好震时避险和震后疏散工作。

4.2.3 人员密集场所应结合自身特点，建立地震避险管理机制，完善相关制度，配备必要的地震避险设施和器材。

4.2.4 人员密集场所管理人(包括承包、租赁或者委托经营、管理的人员)应明确自身及该场所产权单位的地震避险责任，逐级建立并落实地震避险责任制，确定各级地震避险责任人和地震避险管理人。

4.2.5 人员密集场所管理人应与当地应急、地震等管理机构建立联系制度。

4.3 避险职责

4.3.1 人员密集场所的产权单位应保证建筑的抗震设防和避险设施符合相关的标准。

4.3.2 人员密集场所的管理人应保持建筑的抗震性能和避险设施完好，及时消除相关隐患，并履行下列职责：

a) 明确场所所属部门地震避险责任人；
b) 制定地震避险管理制度；
c) 定期组织开展地震避险知识的宣传和培训；
d) 制定地震避险预案，并适时修订；
e) 定期组织地震避险演练；
f) 组织、指挥人员避险，维持公共秩序。

5 避险准备

5.1 组织指挥机构

5.1.1 人员密集场所地震避险责任人担负地震避险的指挥职责，组织开展地震避险准备以及震时避险和震后疏散等工作。地震避险管理人对地震避险责任人负责，负责地震应急避险的具体工作。

5.1.2 含有多个人员密集场所的单位宜成立地震避险指挥机构。地震避险指挥机构由地震避险责任人、地震避险管理人、部门责任人等组成，具体职责包括：

a) 下达启动场所避险通知；
b) 组织实施震时躲避、撤离和震后疏散；
c) 报告被困人员情况，请求协助救援，并配合救援队实施人员搜救等相关工作；
d) 接受与传递当地人民政府抗震救灾指挥机构关于抗震救灾的各项指令；
e) 平时组织实施避险的各项准备工作。

5.2 避险预案

5.2.1 人员密集场所应制定地震避险预案，或在地震应急预案、突发事件应急预案中设立相应的部分。

5.2.2 地震避险预案应包括下列内容：

a） 基本概况。场所的性质，隶属关系，职工人数，建(构)筑物的结构类型、容纳人数及抗震设防等级，疏散通道、避险缓冲区、避难场所、疏散场地，避险应急物品存放地点，次生灾害源的类型和位置等基本情况。

b） 地震避险管理责任制。场所及所属各部门、岗位的地震避险责任人、管理人的职责及组织指挥机构的组成及职责等。

c） 震时避险方案。根据地区的地震背景、场所的具体情况和服务的人群特点等因素，因地制宜，选择合适的避险方法，制定避险方案。

d） 震后疏散方案。根据疏散人数及其人员特点和建(构)筑物结构的具体情况制定震后疏散方案，包括震后疏散的程序、地点、路线、顺序、方式、时机、警报和疏导用语等。

e） 地震避险准备计划。包括地震避险宣传教育与培训演练，避险设施、通讯、广播、照明等准备工作。

5.2.3 参照附录 A 和第 6 章、第 7 章规定的原则、方法与要求制定震时避险方案和震后疏散方案。

5.2.4 人员密集场所应每年组织对地震避险预案进行一次评估，并根据需要及时修订，修订时间间隔宜不超过 5 年。

5.3 宣传教育与培训演练

5.3.1 人员密集场所应针对本场所的特点对员工进行经常性的地震避险教育，并根据情况采用设置宣传栏、发放宣传品等不同的方式向公众普及地震避险知识。

5.3.2 人员密集场所每年至少应单独或结合其他灾害，组织员工举行 1 次地震避险培训演练，帮助员工熟悉地震避险预案、避险设施、避险物品存放点、地震避险方法及自身职责等。

5.3.3 培训演练的内容应包括：

a） 灾害识别练习。包括地震大小和远近识别、震感强度识别、警报识别等。

b） 避险培训演练。包括避险缓冲区、疏散通道、疏散路线、出入口位置、疏散场所、避险物品存放点等的识别；震时避险和震后疏散方法和要求与疏导用语应用；岗位与责任等。

c） 应对次生灾害培训演练。包括熟悉电源、气源阀门所在位置和断电、断气操作方法、要求，各种灭火和逃生器材的使用方法以及躲避浓烟或烈火伤害的方法和要领。

5.3.4 人员密集场所可在日常工作中，结合放学、散场等环节，模拟撤离和疏散演练。

5.3.5 开展演练时，应采取完善的安全措施。

5.4 避险设施管理

5.4.1 建筑物内应结合消防设施设置疏散通道，疏散通道应符合 GB 50016 和 GB 50099 的要求。

5.4.2 建筑物内宜根据实际情况确定或设置避险缓冲区。下列区域可以作为避险缓冲区：

a） 建筑中抗震性能相对较强的结构单元；

b） 屋顶为轻型结构或网架结构、且无吊灯或天棚等可能因为地震而掉落物件的建筑单元；

c） 经专门评估后确定的区域。

5.4.3 疏散通道、避险缓冲区可参照消防标志及其设置要求设置相应的指示标志。

5.4.4 地震避险设施管理应符合下列要求：

a） 确保疏散通道、避险出口的畅通；

b） 在使用和营业期间，不应锁闭疏散门；

c) 禁止占用、堵塞疏散通道、楼梯间和避险缓冲区；禁止在疏散出口、疏散通道上安装栅栏、卷帘等影响疏散的物体；
d) 平时需要控制人员出入或设置门禁系统的疏散门，应有保证疏散畅通的可靠措施；
e) 地震避险缓冲区标志、避险疏散标志应完好、有效，不应被遮挡，并应定期维护；
f) 建筑内部装修不应改变疏散门的开启方向或减少避险出口、疏散出口的数量及其净宽度，影响避险疏散畅通；
g) 对地震时可能塌落的女儿墙、装饰构件、广告牌等应采取拆除或其他避险防护措施；对场所内悬挂、吊挂的灯具或物品等，应采取可靠的固定措施。商店内的柜台或货架等，宜与地面、梁、柱等构件牢固固定；
h) 发现建筑物及设施、设备等存在地震避险隐患时，应及时消除。

6 震时避险

6.1 启动

6.1.1 地震时，人员密集场所地震避险责任人、管理人和各岗位的员工，应注意识别震感。强烈震感主要有下列特征：

a) 室内人员感觉到明显，甚至剧烈的晃动，站立不稳，梦中惊醒；
b) 门窗、屋顶、屋架颤动作响，未固定的器具物品倾倒或掉落。

6.1.2 当感到强烈震感时，人员密集场所各岗位的员工应按震时避险方案引导公众避险。

6.2 方法

6.2.1 震时避险可选择下列方法：

a) 单层房屋和楼房的一、二层且有行动能力的人员，可迅速撤离到室外安全的地方；
b) 体育场等有露天开阔场地的建筑，可先撤离到露天场地；
c) 进入避险缓冲区；
d) 躲避在立柱旁边、内承重墙的墙根、墙角；
e) 躲避在坚固的排椅、课桌下(旁)；
f) 躲避在结实的柜台、坚固的书架、运动器具旁边。

6.2.2 躲避可采取下列姿势和措施：

a) 蹲下，尽量蜷曲身体，双手抱头，额头抵在大腿上；
b) 在有的位置，如排椅旁边可趴下，伏而待定；
c) 如果有条件，宜拿软性物品护住头部，用湿毛巾捂住口鼻。

6.3 疏导

6.3.1 各岗位员工应引导公众在震时避险时注意下列事项：

a) 注意避开吊灯、电扇等悬挂物，玻璃门窗、橱窗和柜台，高大不稳或摆放易碎品的货架；
b) 远离可能发生物体倒塌或坠落的区域；
c) 远离可能发生可燃或有毒气体、液体泄漏的区域；
d) 不要惊慌，服从指挥，不要一起拥向楼梯、出口，避免拥挤或踩踏；
e) 保护好头部；
f) 注意脚下障碍物和头上落物。

6.3.2 可根据情况选择使用下列疏导用语：

a) 地震！请就近躲避！

b) 地震！请立刻撤离到外边！

c) 这里是避险区，请到这里来！

d) 请跑到空旷的地方！

e) 那里有危险，请到××地方躲避！

f) 请大家不要惊慌！

7 震后疏散

7.1 启动与方法

7.1.1 在震时避险的同时，应立即启动地震应急响应，根据具体情况，发出疏散通知或警报，适时组织疏散。

7.1.2 疏散时，应运用疏导用语引导公众按照预定的疏散路线、顺序和划定的出入口疏散到预定场地。

7.1.3 疏散时，应错开时间，分片、分楼层疏散。在楼梯上行走，尽量靠右，保持左侧空出，避免拥挤踩踏。

7.1.4 疏散时，应安排工作人员在楼梯、拐弯处、楼门口等位置值守引导，维持疏散秩序，安抚公众的惊慌情绪，防止拥挤。

7.2 疏导用语

疏散时宜根据情况选择使用下列疏导用语：

a) 我是引导员，请听我指挥！

b) 大家注意，请听指挥疏散！

c) ××区域从××出口疏散，不要走错！

d) 不要慌张，按顺序走！

e) 请注意！不要拥挤，注意脚下，小心摔倒！

f) 请注意！通道前面有散落物，用手护住头部！

附 录 A
（资料性附录）
地震避险原则与方法

A.1 地震避险原则

A.1.1 因地制宜。根据当地的地震背景资料、建筑（构）物的抗震能力、疏散通道、室外环境安全情况、人群特点，震时所处的位置，因地制宜，选择合适的避险方法。

A.1.2 预有准备。单位在震前应制定地震避险预案，并做相应的准备；人们到达一处场所时，要注意观察周围环境条件，留心寻找并确定一旦地震时的避险方法。

A.1.3 行动果断。按预案果断、快速行动。

A.1.4 听从指挥。听从指挥，有序撤离，避免踩踏或慌乱导致伤亡。

A.2 避险方法

A.2.1 震时就近躲避，震后疏散

A.2.1.1 适用条件：达到当地抗震设防要求的建（构）筑物，震时可能局部破坏，但不会整体倒塌。

A.2.1.2 目的：避免室内装饰物、悬挂物掉落砸压。

A.2.1.3 方法：震时引导就近躲避，震后组织疏散。

A.2.2 震时就近躲避与撤离相结合，震后疏散

A.2.2.1 适用条件：未达到当地抗震设防要求的建（构）筑物，震时可能整体倒塌；疏散路径和疏散场地安全。

A.2.2.2 目的：防止建筑物整体倒塌压埋。

A.2.2.3 方法：对于单层房屋和楼房的一、二层且身体条件适合撤离的人员，震时可引导迅速撤离到室外的安全地方；对于楼房二层以上人员和身体条件不可能撤离的人员，引导就近躲避，震后组织疏散。

A.3 确定地震避险方案应考虑的因素

A.3.1 建（构）筑结构类型、抗震设防情况和房屋使用现状、抗倒塌的能力。

A.3.2 疏散（撤离）路径和疏散（撤离）场地的安全情况，如是否有女儿墙、装饰构件，广告牌以及山体滑坡、崩塌、滚石等落物危险，有无高围墙或其他房屋倒塌砸压危险，有无可燃或有毒气体、液体泄漏危险等情况。

A.3.3 疏散（撤离）通道的设置情况，如是否有疏散（撤离）通道以及通道的畅通情况。

A.3.4 人员身体条件，如人员的年龄和身体健康等情况。

A.3.5 人员所在位置，如人员靠近出口远近等情况。

A.3.6 人员密集程度。

参 考 文 献

[1] GA 654—2006 人员密集场所消防安全管理
[2] 中华人民共和国防震减灾法
[3] 机关、团体、企业、事业单位消防安全避险管理规定(公安部令[2001]第61号)

ICS 67.200.10
X 08

中华人民共和国国家标准

GB/T 30354—2013

食用植物油散装运输规范

Criterion for bulk transportation of edible vegetable oils

2013-12-31 发布　　　　2014-06-22 实施

中华人民共和国国家质量监督检验检疫总局
中国国家标准化管理委员会　发布

前　言

本标准按照 GB/T 1.1—2009 给出的规则起草。

本标准由国家粮食局提出。

本标准由全国粮油标准化技术委员会(SAC/TC 270)归口。

本标准负责起草单位:河南工业大学。

本标准参与起草单位:武汉工业学院、国家粮食局标准质量中心、益海嘉里粮油(天津)有限公司、中粮北海粮油工业(天津)有限公司、山东鲁花集团有限公司。

本标准主要起草人:刘玉兰、汪学德、何东平、谢华民、张宏荣、郝克非、宫永帅、吴晓晨、邓斌。

引　　言

本标准参考了 CAC/RCP 36—1987(Rev.4—2011)《国际散装食用油脂储藏和运输建议操作规程》。

食用植物油散装运输规范

1 范围

本标准规定了食用植物油散装运输的术语和定义、容器、运输作业和运输标识的基本要求等。

本标准适用于成品食用植物油和作为成品食用植物油原料的毛油的散装运输。

2 规范性引用文件

下列文件对于本文件的应用是必不可少的。凡是注日期的引用文件，仅注日期的版本适用于本文件。凡是不注日期的引用文件，其最新版本(包括所有的修改单)适用于本文件。

GB 5749 生活饮用水卫生标准

GB 9685 食品容器、包装材料用添加剂使用卫生标准

3 术语和定义

下列术语和定义适用于本文件。

3.1

食用植物油 edible vegetable oil

本标准所称食用植物油为从植物油料中提取的成品食用油和作为成品食用油原料的毛油。

3.2

散装运输 transportation in bulk

采用油船、油罐车、油桶等大容量容器盛装油脂的运输方式。

注：大容量容器一般是指大于 220 L 的钢制油桶和大于 25 L 的塑料桶。

4 散装运输容器

4.1 运输食用植物油应使用专用容器，不得使用非食用植物油罐车和容器运输。

4.2 容器应使用符合食品卫生标准和食品卫生有关规定的材料制成。钢制容器宜采用不锈钢材料，采用低碳钢材料制造时其内壁应涂符合食品卫生要求的食用级涂料。塑料容器应采用 PE(聚乙烯)、PET(聚酯)等国家允许使用的材料，并符合 GB 9685 的规定。

4.3 不应使用含有铜及其合金材料制成的容器、输油管道、管件、测量仪表或取样器械等。

4.4 不应使用水银温度计进行油温的测量。

4.5 容器应清洁、干燥，具有良好的密闭性，防止油脂在运输过程中受到污染，以及因空气或雨水进入造成的油脂氧化酸败。

4.6 容器应具有一定的强度和必需的防尘、防雨、防爆燃、防静电、防盗窃等设施，保证在运输过程中不发生渗漏和泄漏，且便于装卸及运输。

4.7 用于高熔点、高黏度油脂运输的油轮、罐车，应具有保温和伴热设施，以保证油脂在运输和装卸过程中呈液态。采用的伴热方式(包括热源及装置)应该避免造成油脂的局部过热，避免污染油脂和影响油脂质量。伴热的热源宜为热水或饱和水蒸气。伴热装置宜采用不锈钢材料制作的加热盘管。

4.8 具有伴热装置的容器应该装有温度检测及控制装置，防止容器中的油脂过热。温度检测装置的安装位置应距伴热装置有一定的距离，以期能够反映容器中油脂的平均温度。

4.9 容器的型式、体积界限和重量界限应符合我国交通运输的相关要求。

5 运输容器的清洁、维护和管理

5.1 应定期对运输容器进行清洁，尤其要将容器内底部积存的沉淀物（如油脚）清理干净，避免混入下一批运输的食用油脂中。应首选使用物理清洁方式，尽量不使用化学清洁剂。从运输容器中清理出的沉淀物应单独处理，不得掺入食用油脂中。

5.2 如果运输容器用于运输毛油或其他种类油脂之后再用于高等级食用油的运输，应先将容器内的残油清除干净，并对容器进行清洁。如果用蒸汽和水进行清洗，在装油之前，容器应完全干燥。如果使用清洁剂或碱性物质对运输容器进行清洁，应当用水对与清洁剂接触的所有表面进行彻底清洗，以保证无残留物。水和水蒸气应符合 GB 5749 的相关要求，清洁剂应当对人体健康安全无害。

5.3 应当对运输容器定期进行维护，主要包括容器内外涂层的完整性，以及蒸汽阀、凝汽阀、温度计等部件的功能是否正常和计量是否准确。

5.4 应指派专人负责运输容器的清洁、维护和管理工作，并由专业人员负责检查确认容器的清洁是否达到要求、运输条件是否许可，同时做好记录。

6 散装运输作业

6.1 装油

6.1.1 装入油脂之前，应认真检查运输容器是否符合第 4 章的规定。

6.1.2 食用植物油装入散装运输容器后，应对容器进出口进行铅封。铅封应确保只有破坏铅封才能取到油。

6.1.3 应对提货油样进行留样封存，样品一式两份，供需双方各持一份，以备产品质量追溯之用。

6.1.4 在向运输容器中装油时，应采用独立（专用）的输油管道分别进行不同品种、不同等级油脂的灌装，避免混合掺杂。如果不同品种、不同等级的油脂共用输油管道，应遵照先灌装同品种高等级油脂，再灌装低等级油脂，然后灌装其他油脂的原则。若使用已经输送和灌装低等级油脂的管道，应先用高等级油脂冲洗管线，再输送和灌装高等级油脂。输送和灌装不品同种的油脂，也应对输油管道进行冲洗和吹扫。

6.1.5 运输容器的装油作业应尽可能避免混入空气。油脂宜从容器底部进入，或将进油管置于容器内底部使油脂从容器底部进入。

6.1.6 在向运输容器中装入高熔点、高黏度油脂之前，应对高熔点、高黏度油脂进行缓慢加热，以便油脂溶化和完全均质。装入油脂的温度可参考附录 A 所列出的温度范围。选择的加热温度应尽可能减小对油脂的危害。即使在此温度时油脂有少量结晶现象，也不需要在装运前进行长时间的加热。加热时应避免造成油脂的局部过热。如果加热介质为蒸汽，蒸汽的压力不应超过 150 kPa。在寒冷气候条件下，装油时的油温应为附录 A 所列出的范围中的最大温度，以防止油脂在未完全加热的输油管中被堵塞。

6.1.7 装油的环境应清洁，避免在有粉尘、有毒有害气体及其他扩散性污染源的场所进行装油作业。

6.1.8 装油时要注意运输容器的允许装油量，防止装油时冒顶跑油。

6.2 运输

6.2.1 食用植物油在运输过程中应尽量避免长时间高温曝晒，在高温天气较长时间的运输过程中，要有降温、遮阳措施，防止油脂的氧化酸败。

6.2.2 高等级油脂长途运输时，宜在运输容器内充入高纯度氮气或二氧化碳等惰性气体，在油面上形成惰性气体覆盖层，以防止油脂氧化酸败。但不得充入空气进行搅拌或其他作业。

6.2.3 运输高熔点、高黏度油脂时，在运输过程中应在油罐或容器上采取保温和伴热措施，以防止油脂固化。运输容器中的油温应保持在附录A所列出的范围内。

6.2.4 运输途中应保持运输车辆的清洁，防止运输容器受到污染。同时应防止标签脱落。当采用钢制油桶、塑料油桶或塑料软包装等其他形式的容器进行食用油脂运输时，不应与有毒有害物品混装、混运。在雨雪天气运输时应对其进行遮盖。

6.2.5 运输过程应防止容器中油脂的渗漏，杜绝外来油脂或其他物质的掺入。

6.2.6 从事食用油脂运输的人员应具有油脂散装运输的专业知识，了解作业规程，应对运输过程提供书面报告。长时间运输过程还应提供运输期间的气候条件、油温等记录。

6.3 卸油

6.3.1 卸油管道应清洁，应满足6.1.4的要求。卸油环境应卫生，应满足6.1.7的要求。在雨雪天气卸油时，应有一定的遮盖设施，防止雨雪进入容器。

6.3.2 高熔点、高黏度油脂卸油时的温度应保证油脂的完全溶化，具有良好流动性，油温应保持在附录A所列出的范围内。

6.3.3 油脂的承运方和接收方应同时在场，对容器油脂进出口的铅封进行检查，确认铅封号，确认铅封完好、未被破坏。然后进行启封，并与随行文件进行核对，确定无误后方能卸油。应对卸油油样进行留样封存，一式两份，双方各持一份，以备产品质量追溯之用。

6.3.4 采用挠性软管进行运输容器的装卸油作业时，挠性软管应具有一定强度，内衬材料应符合食品卫生标准，并且便于安装和清洁。挠性软管在不用时应封闭开口端。

6.3.5 卸油作业应防止跑、冒、滴、漏等现象发生，应有油脂溢漏事故应急措施及相应设施，确保卸油作业的安全。

7 食用植物油散装运输的随行文件和标识

7.1 食用植物油的散装运输应随带装运清单（即随行文件），并随所运输的货物同时到达目的地。装运清单应清楚填写所运油脂的品名、数量、质量等级、生产厂名、产地、生产日期、批号、保质期限、发货日期、目的地及接收单位（人）、联系方式等。

7.2 需在散装运输的包装上标明品名、数量、质量等级、生产厂名、生产日期、保质期限等内容，可以采用粘贴或者悬挂的方式进行标识，但应防止在运输过程中脱落和遗失。

7.3 采用转基因油料加工生产的油脂产品，应按照国家的有关规定进行标识。

附　录　A
（资料性附录）
高熔点、高黏度油脂装卸和运输温度参考值

高熔点、高黏度油脂装卸和运输温度参考值见表 A.1。

表 A.1　高熔点、高黏度油脂装卸和运输温度参考值

油脂种类	批量运输		装油和卸油	
	最低温度/℃	最高温度/℃	最低温度/℃	最高温度/℃
椰子油	27	32	40	45
棕榈油	32	40	50	55
棕榈软脂	25	30	32	35
棕榈硬脂	40	45	60	70
棕榈仁油	27	32	40	45
棕榈仁软油	25	30	30	35
棕榈仁硬油	32	38	40	45
花生油	室温	室温	20	25
棉籽油	室温	室温	20	25
大豆油	室温	室温	20	25
菜籽油	室温	室温	10	20
玉米油	室温	室温	10	20
芝麻油	室温	室温	10	20
橄榄油	室温	室温	10	20
葵花籽油	室温	室温	10	20
红花籽油	室温	室温	10	20
亚麻籽油	室温	室温	10	20
葡萄籽油	室温	室温	10	20

注 1：表中所列出的油温是指高、中、低温度读数的平均值。

注 2：在某些情况下，环境温度可能超过表中所推荐的最高温度。

参 考 文 献

[1] CAC/RCP 36—1987(Rev.4—2011) 国际散装食用油脂储藏和运输建议操作规程

ICS 65.040.20
B 30

中华人民共和国国家标准

GB/T 30355—2013

龙舌兰剑麻综合利用导则

General guide for comprehensive utilization of sisal

2013-12-31 发布　　2014-06-22 实施

中华人民共和国国家质量监督检验检疫总局
中国国家标准化管理委员会　发布

前 言

本标准按照 GB /T 1.1—2009 给出的规则起草。

本标准由中华人民共和国农业部提出并归口。

本标准起草单位：中国热带农业科学院分析测试中心。

本标准主要起草人：李建国、尹桂豪、韩丙军、邹冬梅、张艳玲。

龙舌兰剑麻综合利用导则

1 范围

本标准规定了龙舌兰属(*Agave* L.)剑麻综合利用的术语定义、基本原则、基本要求和管理要求。

本标准适用于龙舌兰属 H.11648 麻、剑麻(*A. sisalana* Perr.)等品种。

2 规范性引用文件

下列文件对于本文件的应用是必不可少的。凡是注日期的引用文件,仅注日期的版本适用于本文件。凡是不注日期的引用文件,其最新版本(包括所有的修改单)适用于本文件。

GB/T 15031 剑麻纤维

NY/T 233—1994 龙舌兰麻纤维及制品术语

3 术语和定义

NY/T 233—1994 界定的以及下列术语和定义适用于本文件。

3.1

剑麻 sisal

龙舌兰科龙舌兰属剑麻植物及其叶纤维的统称。

[NY/T 233—1994,定义 2.2]

3.2

刮麻 sisal decorticated

用机械方法从叶片上剥掉叶肉取出纤维的工序。

3.3

长纤维 long fibre

又称直纤维,叶片经加工处理后所得到的长而有条理的纤维。

[NY/T 233—1994,定义 2.4.1]

3.4

麻汁 sisal juice

剑麻叶片被剥除纤维后,经过挤压所得到的含有大量叶绿素的液体。

3.5

麻膏 sisal paste

麻汁经过自然发酵干燥得到的粘稠状物质。

3.6

麻渣 sisal dregs

剑麻叶经过剥麻机获得长纤维后剩余的碎叶肉。

4 基本原则

4.1 龙舌兰剑麻的综合利用,应根据当地经济发展水平和生产条件,因地制宜地采取相应的方法和技术，实现资源合理利用，以获得最佳经济效益和生态效益。

4.2 在龙舌兰剑麻纤维生产加工过程中，应提高麻汁、麻膏和麻渣的利用率，保障人体健康和环境安全。

4.3 龙舌兰剑麻综合利用的过程应符合相关法律法规的规定。

5 基本要求

5.1 植株的利用

5.1.1 水土保持

剑麻栽培具有少耕的特点，可以在热带亚热带地区进行栽培，保持水土。

5.1.2 园林绿化

龙舌兰剑麻粗生耐旱，叶片坚挺美观、四季常青，具有绿化和观赏价值，可选择形态各异的品种在公园和绿化带中种植，绿化美化环境。

5.2 叶片的利用

龙舌兰剑麻叶片收割后经刮麻、冲洗、压水和干燥、梳理等加工工艺处理，得到直纤维。纤维应符合GB/T 15031的要求。

5.3 纤维的利用

利用剑麻纤维可以加工成以下制品：

——纱线类：直纤维纱、短纤维纱等；

——绳缆类：白棕绳、钢丝绳芯等；

——絮垫类：针刺絮垫、粘合絮垫等；

——门垫类：手织门口垫、针刺门垫等；

——地毯类：原色、染色等地毯；

——挂毯类：织花、印花、绘画等挂毯；

——墙纸类：原色墙纸、染色墙纸、墙纸网等；

——麻布类：剑麻布、抛光轮等；

——日用类：冲凉带、冲凉手套、冲凉刷等；

——工艺品类：遮阳帽、茶具垫、扫帚、挎包、袜子等；

——纤维造纸：新闻纸、绝缘纸、烟纸等。

5.4 麻汁、麻膏的利用

5.4.1 麻汁经收集、过滤、自然发酵后，沉淀物经干燥制作成麻膏。麻膏可提取剑麻皂甙，用作医药原料。

5.4.2 利用麻汁制作麻膏过程中产生的滤液可用作液体有机肥。

5.4.3 麻汁可直接用于生产沼气。

5.5 麻渣的利用

5.5.1 麻渣经发酵后可制作成有机肥。

5.5.2 麻渣经堆制发酵，可制作成食用菌培养基质。

5.5.3 麻渣脱水后,经除臭处理或青贮,可作为饲料使用。

5.5.4 麻渣经处理,可提取果胶叶绿素铜钠,用作食品添加剂。

5.6 麻茎干的利用

可用于生产叶基纤维、酿酒、制作有机肥料等。

6 管理要求

6.1 龙舌兰剑麻综合利用技术宜经过中试评估后方可规模化应用。

6.2 生产单位应制定综合利用技术规范。

6.3 龙舌兰剑麻综合利用生产的产品应经过第三方机构的检测评定。

ICS 79.080
B 70

中华人民共和国国家标准

GB/T 30356—2013

木质楼梯安装、验收和使用规范

Installation, inspection and usage guidelines for wooden stair

2013-12-31 发布

2014-06-22 实施

中华人民共和国国家质量监督检验检疫总局
中国国家标准化管理委员会 发布

前　言

本标准按照 GB/T 1.1—2009 给出的规则起草。

请注意本文件的某些内容可能涉及专利。本文件的发布机构不承担识别这些专利的责任。

本标准由国家林业局提出。

本标准由全国人造板标准化技术委员会(SAC/TC 198)归口。

本标准起草单位:中国林业科学研究院木材工业研究所、苏州华通木业有限公司、广州市尚艺木制品有限公司、连云港美步楼梯制造有限公司、苏州赛诺木业有限公司、佛山市南海名杉木业制造有限公司、浙江富得利木业有限公司、湖州世友楼梯有限公司、台州市希尔登楼梯有限公司、莱恩楼梯(辽宁)有限公司、北京安居益圆工贸有限公司、德华集团控股股份有限公司、上海黎众木业有限公司、北京绿奥诺建筑板材咨询中心。

本标准主要起草人:吴盛富、郭权仪、王彩荣、孙刚、张立君、张立伟、李楚平、孟兴伟、张金财、高玲、杨勇、潘永军、尹继超、沈金祥、徐贵学、李晓娟、王莉娟。

木质楼梯安装、验收和使用规范

1 范围

本标准规定了木质楼梯安装、验收和使用过程中的规范性要求，包括术语和定义、前期准备、安装、验收、使用与维修。

本标准适用于居住建筑套内组装式木质楼梯及其木质部件的安装。本标准不适用于公共场所和室外用木质楼梯的安装。

2 规范性引用文件

下列文件对于本文件的应用是必不可少的。凡是注日期的引用文件，仅注日期的版本适用于本文件。凡是不注日期的引用文件，其最新版本(包括所有的修改单)适用于本文件。

GB/T 18102—2007 浸渍纸层压木质地板

GB/T 28994—2012 木质楼梯

GB 50205—2001 钢结构工程施工质量验收规范

GB 50368—2005 住宅建筑规范

3 术语和定义

GB/T 28994—2012 界定的以及下列术语和定义适用于本文件。

3.1

基层 based-lay

基础上、踏板下的夹层，通常由防潮层、木龙骨和衬板组成。

4 前期准备

4.1 现场测量

4.1.1 测量洞口、承重墙、梯段、平台、地面、楼面以及相对尺寸。

4.1.2 现场测量报告应经供需双方签字确认，并作为木质楼梯安装后验收参考依据之一。

4.2 基础处理

4.2.1 有基础木质楼梯

踏板基础面应处理至水平，踢板基础面与踏板基础面要保持垂直。同一梯段的踢板基础的高度和踏板基础的长度和宽度要保持一致。

4.2.2 无基础木质楼梯

当无基础木质楼梯安装在墙上时，墙体应为承重墙。如遇空心墙，需在楼梯加固的位置填实，以便楼梯固定。如楼梯安装在楼板上，应保证落地处有足够的承载能力。如楼梯与梁固定，梁的强度和刚度应满足设计的承载要求。

在楼梯固定的位置不应有功能性的管、线。

4.2.3 踏板基础和踢板基础的处理

踏板基础和踢板基础的形位差异不大于 30 mm,可以通过基层进行调整;踏板基础和踢板基础的形位差异大于 30 mm,应修改基层或基础。

4.2.4 基层的安装

基层的安装应注意:

a) 在基础上应铺设防潮层;

b) 基层用木楔调整至水平,并牢固固定在基础上;

c) 用合适的木条封堵踢板、踏板与基层的空隙。

5 安装

5.1 安装前的准备

安装开始前,检查现场是否达到安装条件,认真核对图纸及零部件,确定踏步安装尺寸,确定楼梯承重梁固定方案。楼梯基础达到要求、确认楼梯各部件数量准确无误、质量符合要求后,开始安装。

5.2 安装规程

5.2.1 无基础楼梯承重梁、柱的安装

承重梁的安装应根据图纸进行定位,根据实际情况进行安装(如图纸定位不精确,可合理调动位置)。根据设计要求,承重梁的安装如需与实心墙进行固定,应保证与墙体的结合强度达到要求且垂直。固定点的数量由实际情况决定。

如需安装承重柱,承重柱的安装应该满足设计要求,承重柱安装应保证其连接牢固,以达到整个楼梯的稳定性。

5.2.2 楼梯踏板、踢板、平台的安装

有基础楼梯踏板、踢板、平台的安装应对照图纸标号,测量踏板、踢板尺寸,由下而上进行踏板、踢板的安装,踏板、踢板与基层的连接可采用木螺钉或木栓加胶固定,每安装一块,应先对其做好保护。

不规则踏板、踢板应采用样板,将样板与基层对好后再进行切割,前缘保持一致,反面采用螺钉加胶连接牢固。

平台面板可以分小块安装,要求拼接处离缝不大于 2 mm,高度差不大于 1 mm。

无基础楼梯踏板、踢板、平台的安装应与承重梁、柱牢固连接。

5.2.3 小立柱的安装

小立柱的安装如图 1 所示,且应注意:

a) 小立柱安装后距离应均匀。

b) 确认小立柱在踏板上的位置,可以用木塞或螺栓连接小立柱与踏板并应加胶固定。测量踏板至扶手下端的垂直距离来确定小立柱高度;小立柱切割时,应先确定上端的斜度,再依据小立柱需求高度切割小立柱下端。

c) 扶手下面的榫眼应按每根小立柱上端面斜度切面进行钻孔安装。

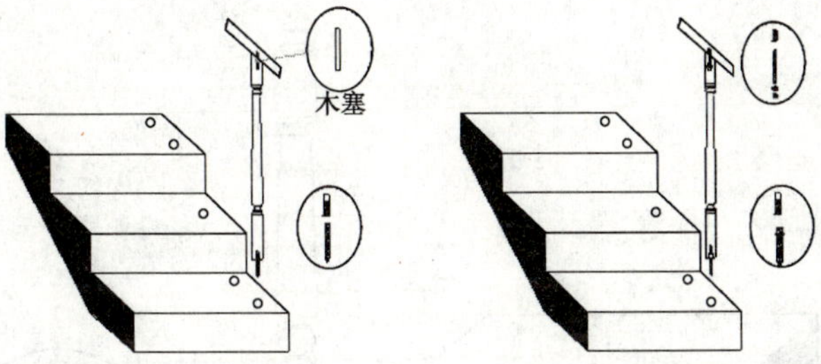

a) 普通立柱安装　　b) 加强柱安装

图 1 小立柱的安装

5.2.4 扶手的安装

主柱与扶手通常用扣板条、木塞或直接嵌入连接(如图 2 所示),安装时应注意:

a) 确定扶手高度以及与大立柱的安装位置,标记大立柱与扶手连接点。

b) 确定扶手切割角度,先预切割判断其角度是否与设计吻合,有误差应反复微调。

c) 扶手上端与大立柱连接时,应采用螺栓或木塞,涂胶加固,下端与大立柱连接时,应采用两根螺栓并涂胶加固(如图 2 所示)。

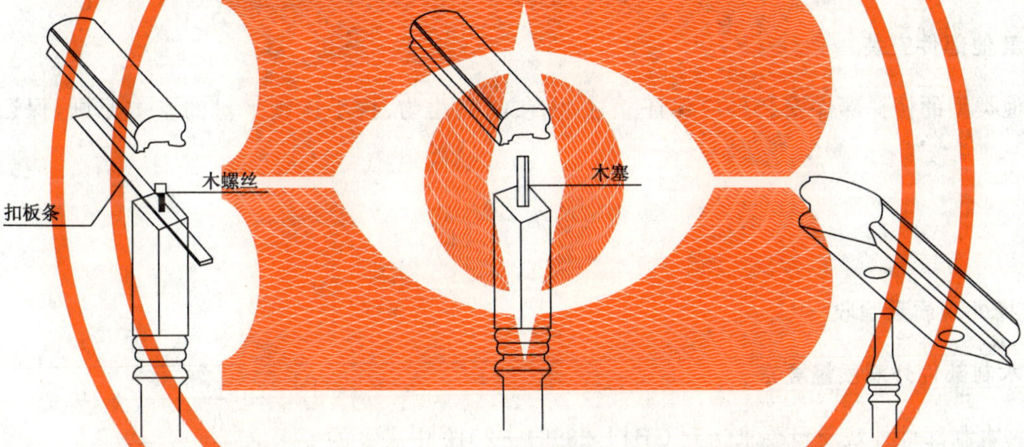

图 2 扶手的安装

5.2.5 大(中)立柱安装

根据图纸进行定位,依据实际情况进行切割,大(中)立柱应用螺栓与螺母的连接方式与底面连接,并且底面涂胶(如图 3 所示)。

安装整体楼梯除了“底”与“顶”接触点固定以外最少有 1 个大立柱支撑楼梯。2 楼到 3 楼悬空的楼梯(或类似安装要求)除了“底”与“顶”接触点固定以外,最少有 2 个大立柱支撑楼梯。

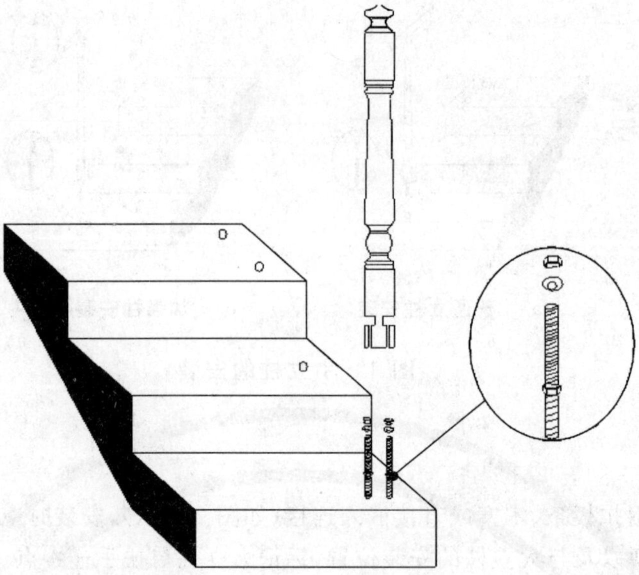

图 3 大(中)立柱的安装

5.2.6 其他部件安装

其他类型的楼梯部件安装也应保证立柱垂直、间隔均匀、扶手连续平滑的基本原则,保证其连接强度。

6 验收

6.1 整梯外观质量验收

6.1.1 木制部件外观质量要求

6.1.1.1 木制部件外观质量要求达到 GB/T 28994—2012 中表 2 的要求。

6.1.1.2 对于踏板、踢板为浸渍胶膜纸饰面人造板时,外观质量应符合 GB/T 18102—2007 的优等品规定。

6.1.2 金属部件外观质量要求

金属部件外观质量要求应符合表 1 的要求。

表 1 金属部件外观质量要求

电镀件	镀层表面光滑平整,应无起泡、锈蚀、毛刺、露底、泛黄、花斑、烧焦、裂纹、划痕和磕碰伤等缺陷
喷涂件	涂层应光滑均匀,色泽一致,应无流挂、疙瘩、皱皮,无漏喷、锈蚀、飞漆

6.1.3 楼梯外观验收

楼梯外观质量应符合下列要求:

a) 与人体接触部位不应有毛刺、刃口或棱角;

b) 部件的外表应光滑,倒棱、圆角、弧线应保持流畅光滑、均匀一致;

c) 雕刻的图案部分应均匀、清晰、层次分明，对称部位应对称，棱角、圆弧处应无缺角，各部位不应有锤印和毛刺；

d) 表面不应有崩茬、刀痕、砂痕；

e) 封边、包边不应出现脱胶、鼓泡、开裂现象；

f) 贴面应严密、平整，不应有明显透胶；

g) 榫、塞角等各零部件的结合应紧密、端正，结合部位无开裂或松动；

h) 所有连接和切割部位应连接顺滑，平面接头处高度差不超过 0.3 mm；

i) 小立柱应垂直，间距均匀，排列整齐，与扶手底面间隙不大于 0.5 mm；

j) 承重梁与墙体和横梁连接应牢固无松动。

6.2 木质复合楼梯验收

钢木复合楼梯，钢结构部分应满足 GB 50205—2001 的要求。

玻璃木复合楼梯，玻璃构件部分按照合同约定验收。

6.3 整梯尺寸验收

6.3.1 木质楼梯扶手上方的净宽应按照设计方案验收，最小不小于 700 mm。

6.3.2 木质楼梯扶手下方的净宽不小于 850 mm。

6.3.3 木质楼梯一侧扶手至另一侧墙体之间的净宽不应小于 700 mm。

6.3.4 楼梯首踏踏板（包括楼梯中间平台区域）上至楼梯顶面在各个方向距离照设计方案和合同约定验收，但最小值不小于 2 000 mm。

6.3.5 楼梯栏杆垂直杆件间净距按照 GB 50368—2005 中 5.2.3 的规定，但不大于 110 mm。

6.3.6 踏板尺寸变化长度方向（顺纹方向）范围不大于 6‰，宽度方向不大于 12‰，各面平整光滑，圆边处应自然流畅，无变形，防滑线大小相称（如有）。踏板（底板）与底梁的缝隙最大不得超过 2 mm。有基础楼梯踏板紧贴底板粘贴牢固。

6.4 验收报告

木质楼梯验收完毕，所有要求均满足本标准及合同要求，双方签署验收报告。验收报告格式参见附录 A。

7 使用与维修

7.1 定期清洁维护

定期吸尘或清扫，防止沙粒等硬物堆积而刮划踏板表面；用无水的拖布或抹布擦拭，定期使用专用的木质油精护理保养；局部脏迹可用中性清洁剂清洗；不应使用酸、碱性溶剂或汽油等有机溶剂擦洗。

7.2 注意事项

防止阳光长期直射；应避免将水泼洒在楼梯上，如有水洒在楼梯上应立即用干抹布擦拭干净；室内相对湿度小于或等于 40%时，宜采取加湿措施，室内湿度大于或等于 80%时，宜通风排湿；不应接触明火或直接接触大功率电热器；应避免在木质楼梯上放置酸性或碱性物质。

7.3 保修期限

在正常维护条件下使用，自通过验收之日起保修期为一年。

7.4 维修

在正常维护条件下使用,保修期内出现验收报告中验收项目不能达标的,保修方应对超标部位进行免费更换和维修。

7.5 维修后的验收

木质楼梯维修后,保修方和购买方应对维修后的木质楼梯进行验收,再度签收验收报告。保修方在保修期内有继续保修的义务。

附　录　A
（资料性附录）
木质楼梯安装验收报告

合同号：

项　目	单位或个人	木楼梯名称	地　址	电　话
购买方				
木楼梯生产厂				
安装方				
木楼梯出厂合同号		出厂日期		
安装开工日期		竣工日期		
保修期	年　月　日　起至　年　月　日止。			
验收报告				
验收项目	结　果			
验收结论	安装负责人 验收负责人 购买方负责人 日期　年　月　日			

ICS 67.140.10
X 55

中华人民共和国国家标准

GB/T 30357.1—2013

乌龙茶　第1部分:基本要求

Oolong tea—Part 1: Basic requirements

2013-12-31 发布　　2014-06-22 实施

中华人民共和国国家质量监督检验检疫总局
中国国家标准化管理委员会　发布

前言

GB/T 30357《乌龙茶》分为以下几个部分：

——第1部分：基本要求；

——第2部分：铁观音；

——第3部分：黄金桂；

——第4部分：水仙；

——第5部分：肉桂；

——第6部分：单枞；

——第7部分：佛手；

——第8部分：大红袍；

……

本部分为GB/T 30357的第1部分。

本部分按照GB/T 1.1—2009给出的规则起草。

本部分由中华全国供销合作总社提出。

本部分由全国茶叶标准化技术委员会(SAC/TC 339)归口。

本部分起草单位：国家茶叶质量监督检验中心(福建)、中华全国供销合作总社杭州茶叶研究院、福建农林大学、福建八马茶业有限公司、安溪茶厂有限公司、厦门华祥苑实业有限公司、福建省安溪县溪韵茶业有限公司、武夷星茶业有限公司。

本部分主要起草人：杨乙强、林锻炼、翁昆、孙威江、陈磊、林荣溪、李宗垣、林先滨。

乌龙茶　第1部分:基本要求

1　范围

GB/T 30357 的本部分规定了乌龙茶的术语和定义、产品、要求、试验方法、检验规则、标志标签、包装、运输和贮存。

本部分适用于以山茶属茶种茶树[*Camellia sinensis* (Linnaeus) O.kuntze]的叶子、驻芽和嫩梢,依次经适度萎凋、做青、杀青、揉捻(包揉)、干燥等独特工序加工而成的、具有特定品质特征的乌龙茶。

2　规范性引用文件

下列文件对于本文件的应用是必不可少的。凡是注日期的引用文件,仅注日期的版本适用于本文件。凡是不注日期的引用文件,其最新版本(包括所有的修改单)适用于本文件。

GB/T 191　包装储运图示标志

GB 2762　食品安全国家标准　食品中污染物限量

GB 2763　食品安全国家标准　食品中农药最大残留限量

GB 7718　食品安全国家标准　预包装食品标签通则

GB/T 8302　茶　取样

GB/T 8303　茶　磨碎试样的制备及其干物质含量测定

GB/T 8304　茶　水分测定

GB/T 8305　茶　水浸出物测定

GB/T 8306　茶　总灰分测定

GB/T 8311　茶　粉末和碎茶含量测定

GB/T 14487　茶叶感官审评术语

GB/T 18795　茶叶标准样品制备技术条件

GB/T 23776　茶叶感官审评方法

GH/T 1070　茶叶包装通则

GH/T 1071　茶叶贮存通则

JJF 1070　定量包装商品净含量计量检验规则

定量包装商品计量监督管理办法　国家质量监督检验检疫总局令[2005]第75号

国家质量监督检验检疫总局关于修改《食品标识管理规定》的决定　国家质量监督检验检疫总局令[2009]第123号

3　术语和定义

GB/T 14487 界定的以及下列术语和定义适用于本文件。

3.1

萎凋　withering

鲜叶在一定的温、湿度条件下均匀摊放,使其萎蔫、散发水分的过程。乌龙茶萎凋包括晒青和晾青两个环节。

3.2

做青　fine manipulation

在机械力作用下，鲜叶叶缘部分受损伤，促使其内含的多酚类物质部分氧化、聚合，产生绿叶红边的过程。

4　产品与实物标准样

4.1　产品

产品根据茶树品种不同，分为铁观音、黄金桂、水仙、肉桂、单枞、佛手、大红袍等产品。

4.2　实物标准样

乌龙茶每级设一个标准样，每三年换样一次，实物标准样的制备应符合 GB/T 18795 的规定。

5　要求

5.1　基本要求

5.1.1　具有正常的色、香、味，无异味，无异臭，无劣变。

5.1.2　不含有非茶类物质，不着色，无任何添加剂。

5.2　感官品质

各品种乌龙茶的感官品质应符合该产品标准的要求。

5.3　理化指标

理化指标应符合表 1 的规定。

表 1　理化指标

项　目		指　标
水分(质量分数)/%	≤	7.0
水浸出物(质量分数)/%	≥	32
总灰分(质量分数)/%	≤	6.5
碎茶(质量分数)/%	≤	16
粉末(质量分数)/%	≤	1.3

5.4　质量安全指标

5.4.1　污染物限量应符合 GB 2762 的规定。

5.4.2　农药残留限量应符合 GB 2763 的规定。

5.5　净含量

应符合《定量包装商品计量监督管理办法》的规定。

6 试验方法

6.1 感官品质

按 GB/T 23776 的规定执行。

6.2 试样制备

按 GB/T 8303 的规定执行。

6.3 水分

按 GB/T 8304 的规定执行。

6.4 水浸出物

按 GB/T 8305 的规定执行。

6.5 总灰分

按 GB/T 8306 的规定执行。

6.6 碎茶

按 GB/T 8311 的规定执行。

6.7 粉末

按 GB/T 8311 的规定执行。

6.8 污染物限量

按 GB 2762 的规定执行。

6.9 农药残留限量

按 GB 2763 的规定执行。

6.10 净含量

按 JJF 1070 的规定执行。

7 检验规则

7.1 取样

7.1.1 取样以"批"为单位,同一批投料生产、同一条生产线、同一班次生产加工过程中形成的独立数量的产品为一个批次,同批产品的品质和规格一致。

7.1.2 取样按 GB/T 8302 的规定执行。

7.2 检验

7.2.1 出厂检验

每批产品均应做出厂检验,经检验合格签发合格证后,方可出厂。出厂检验项目为感官品质、水分、碎茶、粉末和净含量。

7.2.2 型式检验

型式检验项目为第5章要求中的全部项目，检验周期每年一次。有下列情况之一时，应进行型式检验：

a) 如原料有较大改变，可能影响产品质量时；

b) 生产地址、生产设备或生产工艺有较大改变，可能影响产品质量时；

c) 停产三年以上恢复生产时；

d) 国家法定质量监督机构提出型式检验要求时。

7.3 判定规则

按第5章要求的项目，任一项不符合规定的产品均判为不合格产品。

7.4 复验

对检验结果有争议时，应对留存样或在同批产品中重新按GB/T 8302规定加倍取样进行不合格项目的复验，以复验结果为准。

8 标志标签、包装、运输和贮存

8.1 标志标签

产品的标志应符合GB/T 191的规定，标签应符合GB 7718和国家质量监督检验检疫总局《关于修改〈食品标识管理规定〉的决定》的要求。

8.2 包装

包装应符合GH/T 1070的规定。

8.3 运输

运输工具应清洁、干燥、无异味、无污染。运输时应有防雨、防潮、防暴晒措施。不得与有毒、有害、有异味、易污染的物品混装、混运。

8.4 贮存

产品应在包装状态下贮存于清洁、干燥、无异气味的专用仓库中，按GH/T 1071的规定执行。不得与有毒、有害、有异味、易污染的物品混放。仓库周围应无异气污染。

ICS 67.140.10
X 55

中华人民共和国国家标准

GB/T 30357.2—2013

乌龙茶　第2部分：铁观音

Oolong tea—Part 2：Tieguanyin

2013-12-31 发布　　2014-06-22 实施

中华人民共和国国家质量监督检验检疫总局
中国国家标准化管理委员会　发布

前 言

GB/T 30357《乌龙茶》分为以下几个部分：

——第1部分：基本要求；

——第2部分：铁观音；

——第3部分：黄金桂；

——第4部分：水仙；

——第5部分：肉桂；

——第6部分：单枞；

——第7部分：佛手；

——第8部分：大红袍；

……

本部分为GB/T 30357的第2部分。

本部分按照GB/T 1.1—2009给出的规则起草。

本部分由中华全国供销合作总社提出。

本部分由全国茶叶标准化技术委员会(SAC/TC 339)归口。

本部分起草单位：国家茶叶质量监督检验中心(福建)、中华全国供销合作总社杭州茶叶研究院、福建农林大学、福建八马茶业有限公司、华祥苑茶业股份有限公司、福建省感德龙馨茶业有限公司、福建日春茶业有限公司、福建省安溪茶厂有限公司、武夷星茶业有限公司、福建安溪八龙国际茶城有限公司、泉州出入境检验检疫局综合技术服务中心。

本部分主要起草人：林锻炼、翁昆、张雪波、陈磊、孙威江、林荣溪、陈文钦、黄伙水、陈泉宾、林先滨、杨松伟、王启灿、林为棒。

乌龙茶　第2部分:铁观音

1　范围

GB/T 30357的本部分规定了铁观音产品的分类与实物标准样、要求、试验方法、检验规则、标志标签、包装、运输和贮存。

本部分适用于以铁观音品种的叶、驻芽、嫩梢为原料,依次经萎凋、做青、杀青、揉捻(包揉)、烘干等独特工艺过程制成的初制茶(或称毛茶)和经整形、归类等工艺制成的精制茶(或称成品茶)。

2　规范性引用文件

下列文件对于本文件的应用是必不可少的。凡是注日期的引用文件,仅注日期的版本适用于本文件。凡是不注日期的引用文件,其最新版本(包括所有的修改单)适用于本文件。

GB/T 191　包装储运图示标志

GB 2762　食品安全国家标准　食品中污染物限量

GB 2763　食品安全国家标准　食品中农药最大残留限量

GB 7718　食品安全国家标准　预包装食品标签通则

GB/T 8302　茶　取样

GB/T 8303　茶　磨碎试样的制备及其干物质含量测定

GB/T 8304　茶　水分测定

GB/T 8305　茶　水浸出物测定

GB/T 8306　茶　总灰分测定

GB/T 8311　茶　粉末和碎茶含量测定

GB/T 14487　茶叶感官审评术语

GB/T 23776　茶叶感官审评方法

GH/T 1070　茶叶包装通则

GH/T 1071　茶叶贮存通则

JJF 1070　定量包装商品净含量计量检验规则

定量包装商品计量监督管理办法　国家质量监督检验检疫总局令[2005]第75号

国家质量监督检验检疫总局关于修改《食品标识管理规定》的决定　国家质量监督检验检疫总局令[2009]第123号

3　术语和定义

GB/T 14487界定的以及下列术语和定义适用于本文件。

3.1

铁观音　Tieguanyin

以铁观音茶树品种的叶、驻芽、嫩梢为原料,依次经萎凋、做青、杀青、揉捻(包揉)、烘干等独特工艺过程制成的铁观音茶叶产品。

4 产品分类与实物标准样

4.1 产品分类

4.1.1 清香型铁观音

以铁观音毛茶为原料，经过拣梗、筛分、风选、文火烘干等特定工艺过程制成，外形紧结、色泽翠润、香气清高、滋味鲜醇。

4.1.2 浓香型铁观音

以铁观音毛茶为原料，经过拣梗、筛分、风选、烘焙等特定工艺过程制成，外形壮结、色泽乌润、香气浓郁、滋味醇厚。

4.2 实物标准样

各品种、各等级均设实物标准样，有效期为3年。

5 要求

5.1 基本要求

品质正常，无异味，无异臭，无劣变。不含有非茶类物质，不着色，无任何添加剂。

5.2 感官指标

5.2.1 清香型铁观音各级感官指标应符合表1的要求。

表1 清香型铁观音感官指标

级别	项目							
	外形				内质			
	条索	整碎	净度	色泽	香气	滋味	汤色	叶底
特级	紧结、重实	匀整	洁净	翠绿润、砂绿明显	清高、持久	清醇鲜爽、音韵明显	金黄带绿、清澈	肥厚软亮、匀整
一级	紧结	匀整	净	绿油润、砂绿明	较清高持久	清醇较爽、音韵较显	金黄带绿、明亮	较软亮、尚匀整
二级	较紧结	尚匀整	尚净、稍有细嫩梗	乌绿	稍清高	醇和、音韵尚明	清黄	稍软亮、尚匀整
三级	尚结实	尚匀整	尚净、稍有细嫩梗	乌绿、稍带黄	平正	平和	尚清黄	尚匀整

5.2.2 浓香型铁观音各级感官指标应符合表2的要求。

表 2 浓香型铁观音感官指标

级别	项目							
	外形				内质			
	条索	整碎	净度	色泽	香气	滋味	汤色	叶底
特级	紧结、重实	匀整	洁净	乌油润、砂绿显	浓郁	醇厚回甘、音韵明显	金黄、清澈	肥厚、软亮匀整、红边明
一级	紧结	匀整	净	乌润、砂绿较明	较浓郁	较醇厚、音韵明	深金黄、明亮	较软亮、匀整、有红边
二级	稍紧结	尚匀整	较净、稍有嫩梗	黑褐	尚清高	醇和	橙黄	稍软亮、略匀整
三级	尚紧结	稍匀整	稍净、有嫩梗	黑褐、稍带褐红点	平正	平和	深橙黄	稍匀整、带褐红色
四级	略粗松	欠匀整	欠净、有梗片	带褐红色	稍粗飘	稍粗	橙红	欠匀整、有粗叶及褐红叶

5.3 理化指标

理化指标应符合表 3 的规定。

表 3 理化指标

项目		指标
水分(质量分数)/%	≤	7.0
总灰分(质量分数)/%	≤	6.5
水浸出物(质量分数)/%	≥	32
碎茶(质量分数)/%	≤	16
粉末(质量分数)/%	≤	1.3

5.4 卫生指标

5.4.1 污染物限量应符合 GB 2762 的规定。

5.4.2 农药残留限量应符合 GB 2763 的规定。

5.5 净含量

应符合《定量包装商品计量监督管理办法》的规定。

6 试验方法

6.1 取样按 GB/T 8302 的规定执行。

6.2 感官品质检验按 GB/T 23776 的规定执行。

6.3 试样的制备按 GB/T 8303 的规定执行。
6.4 水分检验按 GB/T 8304 的规定执行。
6.5 水浸出物检验按 GB/T 8305 的规定执行。
6.6 总灰分检验按 GB/T 8306 的规定执行。
6.7 碎茶检验按 GB/T 8311 的规定执行。
6.8 粉末检验按 GB/T 8311 的规定执行。
6.9 污染物限量检验按 GB 2762 规定的检验方法执行。
6.10 农药残留限量检验按 GB 2763 规定的检验方法执行。
6.11 净含量检验按 JJF 1070 规定的检验方法执行。

7 检验规则

7.1 取样

7.1.1 取样以“批”为单位,同一批投料生产、同一条生产线、同一班次生产加工过程中形成的独立数量的产品为一个生产批次,同批产品的品质和规格一致。
7.1.2 取样按 GB/T 8302 的规定执行。

7.2 检验

7.2.1 出厂检验

每批产品均应做出厂检验,经检验合格签发合格证后,方可出厂。出厂检验项目为感官品质、水分、碎茶、粉末和净含量。

7.2.2 型式检验

型式检验项目为第 5 章要求中的全部项目,检验周期每年一次。有下列情况之一时,应进行型式检验:

a) 如原料有较大改变,可能影响产品质量时;
b) 生产地址、生产设备或生产工艺有较大改变,可能影响产品质量时;
c) 停产半年以上恢复生产时;
d) 国家法定质量监督机构提出型式检验要求时。

7.3 判定规则

7.3.1 如基本要求、感官指标、理化指标、卫生指标、净含量符合第 5 章的要求,则判定该批产品合格。
7.3.2 卫生指标的任一项不符合本部分要求,则判定该批产品不合格。
7.3.3 感官指标、理化指标和净含量允许短缺量任一项目首检不符合本部分要求时,可用备用样对不符合检测项目进行复检。若复检结果符合本部分要求,则判定该批产品合格,若复检结果有一项不符合本部分要求,则判定该批产品不合格。
7.3.4 对检验结果有异议时,可依相关规定选定检验机构,用备用样品对所争议的项目进行复检,以复检结果为准。

7.4 复验

对检验结果有争议时,应对留存样或在同批产品中重新按 GB/T 8302 规定加倍取样进行不合格项目的复验,以复验结果为准。

8 标志标签、包装、运输和贮存

8.1 标志标签

产品的标志应符合 GB/T 191 的规定，标签应符合 GB 7718 和《国家质量监督检验检疫总局关于修改〈食品标识管理规定〉的决定》的规定。

8.2 包装

包装应符合 GH/T 1070 的规定。

8.3 运输

运输工具应清洁、干燥、无异味、无污染。运输时应有防雨、防潮、防暴晒措施。不得与有毒、有害、有异味、易污染的物品混装、混运。

8.4 贮存

产品应在包装状态下贮存于清洁、干燥、无异气味的专用仓库中，按 GH/T 1071 的规定执行。不得与有毒、有害、有异味、易污染的物品混放。仓库周围应无异气污染。

ICS 65.040.20
B 93

中华人民共和国国家标准

GB/T 30358—2013

棉花加工工艺系统安装及制作通用技术条件

General technical requirements of process system installation and manufacturing for cotton process

2013-12-31 发布　　2014-06-22 实施

中华人民共和国国家质量监督检验检疫总局
中国国家标准化管理委员会　发布

前　言

本标准按照 GB/T 1.1—2009 给出的规则起草。

本标准由中华全国供销合作总社提出。

本标准由全国棉花加工标准化技术委员会(SAC/TC 407)归口。

本标准起草单位:邯郸金狮棉机有限公司、中棉工业有限责任公司、中华全国供销合作总社郑州棉麻工程技术设计研究所、中国棉花协会棉花加工分会、南通棉花机械有限公司、山东天鹅棉业机械股份有限公司、北京中棉工程技术有限公司、阿克苏长龙棉机有限责任公司、石河子开发区银彩棉业机械有限公司、奎屯文峰棉机工贸有限公司、五家渠东润棉机有限责任公司、启东市供销机械有限公司。

本标准主要起草人:苏英杰、关纪培、胡春雷、尹青云、王瑞霞、季宏斌、杨丙生、张锦石、杨健、林峰、陈冲、倪刚。

棉花加工工艺系统安装及制作通用技术条件

1 范围

本标准规定了棉花加工工艺系统中设备、平台、钢梯、防护栏杆、风机、除尘器、盖板、螺旋输送机、管网、法兰、支吊架的安装及制作的技术要求,并给出了安装及制作工程验收的要求。

本标准适用于棉花加工企业工艺系统的安装、制作以及工程验收。

2 规范性引用文件

下列文件对于本文件的应用是必不可少的。凡是注日期的引用文件,仅注日期的版本适用于本文件。凡是不注日期的引用文件,其最新版本(包括所有的修改单)适用于本文件。

GB 2893 安全色

GB 2894 安全标志及其使用导则

GB 4053.1 固定式钢梯及平台安全要求 第1部分:钢直梯

GB 4053.2 固定式钢梯及平台安全要求 第2部分:钢斜梯

GB 4053.3 固定式钢梯及平台安全要求 第3部分:工业防护栏杆及钢平台

GB/T 14521.7 运输机械术语 螺旋输送机

GB/T 18353—2008 棉花加工企业基本技术条件

GB 23821 机械安全 防止上下肢触及危险区的安全距离

3 术语和定义

GB/T 14521.7界定的以及下列术语和定义适用于本文件。为了便于使用,以下重复列出了GB/T 14521.7中的某些术语和定义。

3.1

工艺系统 process system

由棉花加工主要设备、辅助设备及其他要素有机组成的统一体。

3.2

管网 pipe network

用于输送籽棉、皮棉、棉籽、短绒、回收纤维及通风除尘等的风管管道系统。

3.3

螺旋输送机 screw conveyor

借助旋转的螺旋叶片,或者靠带内螺旋而自身又能旋转的料槽输送物体的输送机。

[GB/T 14521.7—1993,定义3.1]

注:俗称绞龙。

4 总则

4.1 图样

4.1.1 安装及制作所需的图样一般包括：

a) 厂区布局规划图；

b) 工艺系统设计图；

c) 设备安装基础图；

d) 气力输送管网设计图；

e) 支架和平台图；

f) 电气配电图；

g) 电气原理图；

h) 电气接线图；

i) 电缆沟及预埋管图；

j) 设备说明书；

k) 设备明细表。

4.1.2 安装及制作应按图样、相关技术标准和合同的规定执行，发生变更时应有设计或合同变更的通知书。

4.2 环境保护

4.2.1 作业场所空气中粉尘浓度以及排向大气的粉尘浓度应符合 GB/T 18353—2008 中 3.7.4 的规定。

4.2.2 作业场所噪声应符合 GB/T 18353—2008 中 3.7.5 的规定。

4.3 安全

4.3.1 凡是可能危及人身安全的设备和区域均应按 GB 2894 的规定于醒目处设安全标志，并应按 GB 2893的规定涂上安全色。安全标志和安全色应保持色彩鲜明、清晰、持久。

4.3.2 有毒、有害物质的密闭系统应避免泄漏，应配置检测、报警装置。

5 设备安装

5.1 设备的总体布局和安装位置应符合工艺系统设计图的要求。

5.2 设备的布局应合理和紧凑，有合理的操作空间及物料堆放空间，最小安全距离和操作维修空间应达到标准和设计要求。

5.3 设备下的行人通道净空间高度不应小于 1.9 m。

注：GB 18399 中 5.1.9 规定：设备下的行人通道净空不得小于 1.9 m。

5.4 设备基础应符合设备说明书对安装基础的要求，混凝土标号及基础预埋件应严格按照设备“安装基础图”的要求进行施工和制作。

5.5 当改变设备的安装形式时，设备的安装基础应保证设备安装牢固和可靠，满足设备使用条件的要求。

5.6 设备安装应符合设备说明书中对设备安装的精度要求。

5.7 设备各组成部分与基础的联接、设备之间的联接以及水、电、气、液、油等动力源和工作管路的联接应符合设计要求。设备的安装联接不应降低设备本身的原有性能。

5.8 液压系统和气压系统管道安装前应去除内壁的氧化物和污垢等影响运行性能的物质。

5.9 配电工艺应布置合理，不宜出现明线，有明线的地方应采用保护措施。

5.10 电器设备及电机外壳应采取保护接地或接零措施。

5.11 电气系统应配备无功补偿装置。

5.12 现场制作的有关设施和装置应采取防锈及防腐措施。

5.13 烘干管道应采取保温措施。

6 平台、钢梯和防护栏杆

6.1 工作平台、通行平台、防护栏杆、上下钢梯或其他便于工作的设施应合理设计和布局。

6.2 工作平台、通行平台的设计、制造和安装应符合 GB 4053.3 的要求。

6.3 防护栏杆的设计、制造和安装应符合 GB 4053.3 的要求。

6.4 固定式钢直梯的设计、制造和安装应符合 GB 4053.1 的要求。

6.5 固定式钢斜梯的设计、制造和安装应符合 GB 4053.2 的要求。

7 风机

7.1 型号、规格以及安装应符合设计要求。

7.2 风机传动装置的外露部位以及直通大气的进出口应装设防护罩或采取其他安全措施。

7.3 安装风机的支架，其结构形式和外形尺寸应符合设计规定，焊接应牢固。

7.4 运转中不应有异常振动和声响，紧固连接部位不应松动。

8 除尘器

8.1 除尘器的规格和数量应符合设计要求。

8.2 除尘器应安装牢固、接口严密。

9 盖板

9.1 需要在标高±0.00 以下安装的设备和装置应设盖板或其他安全防护装置。

9.2 盖板应与支承面外边缘平齐，表面应平整、无凹凸、无翘翻、无滑动，基础应坚实，应防火、防滑、耐磨损、防污染、防腐蚀。

9.3 盖板的材料应采用花纹钢板。

9.4 盖板视其工作要求也可为网板，采用网板时应符合 GB 23821 的要求。

9.5 盖板应有足够的强度，在 1 200 N 静载荷的垂直作用下不应产生裂纹、撕裂、破损或永久性变形。

10 螺旋输送机

10.1 螺旋轴应具有足够的强度和刚度，可选用实心轴或管型结构。

10.2 螺旋叶片表面应平整、无裂纹，焊缝应光滑、无焊渣。

10.3 螺旋叶片宜采用连续焊缝焊接在螺旋轴上，也可采用交错断续焊缝焊接，每个螺距交错焊两处，每处焊缝长度应不小于 50 mm。螺旋叶片的两个终端应双面焊接，焊缝长度应不小于 50 mm。

10.4 螺旋叶片应与螺旋轴轴线垂直，其角度允许偏差应不大于 7°。

10.5 螺旋直径与螺距的极限偏差应符合表 1 的规定。

10.6 螺旋叶片与螺旋轴的局部间隙应不大于 2 mm。

10.7 壳体表面不应有明显的凹凸不平，向内凹应不大于 2 mm，向外凸应不大于 3 mm。

10.8 螺旋体与壳体圆筒部分的径向间隙应符合表1的规定。

表1 螺旋输送机基本参数与尺寸偏差

单位为毫米

螺旋直径	200	250	300	350	400	450	500	600
偏差	±1.5						±2.5	
径向间隙	6.25～12.5				7.5～15			8.75～17.5
螺距	200	250	300	350	400	450	500	
偏差	±14		±16				±20	

11 管网

11.1 一般要求

11.1.1 安装及制作应按气力输送管网设计图的规定执行，发生变更时应有设计或合同变更的通知书。

11.1.2 风管的材料应采用机械咬合类镀锌钢板，镀锌钢板的镀锌层应为100号以上。

11.1.3 管网系统安装完毕，应按系统进行密封性试验，各管道连接应密封可靠。

11.1.4 矩形风管以外边长尺寸为标注尺寸，圆形风管以外径尺寸为标注尺寸。

11.2 风管制作

11.2.1 风管采用拼接时，应采用咬接或铆接，不应有十字形拼接缝。

11.2.2 风管咬接咬口缝结合应紧密，不应有半咬口或张裂现象，直管拼接的纵向咬口缝应错开，咬口缝宽度应均匀。

11.2.3 风管的折角应平直，圆弧应均匀，两端平面应平行，无翘角，表面凹凸应不大于5 mm。

11.2.4 风管制作的技术要求应符合表2的规定。

表2 风管制作的技术要求

单位为毫米

风管边长 b 或直径 D	边长或直径偏差	矩形风管表面平面度	矩形风管端口对角线之差	圆形风管端口端面平面度
≤320	−2	≤10	≤3	≤2
>320	−3			

11.3 风管安装

11.3.1 管网系统的布置应合理、规范，安装应牢固。

11.3.2 根据管线内物料的特性要求，管线上应设置相应的清除滞留物料的装置。

11.3.3 管道连接端面间隙应不大于2 mm。

11.3.4 各管道的接口、接头应采用法兰螺栓或卡箍连接。

11.3.5 管道各处的支管及吸嘴叉管的角度宜为15°～30°。

11.3.6 各种分离器、卸料器、沉杂器吸尘口周围都应有妥善的密封装置。各种装置的漏风率应不大于15%，每个管网系统的总漏风率应不大于25%。

11.3.7 安装并联的输送管路时，并联各管路的阻力应小于或等于10%。

11.3.8 风管接口不应安装在墙内或楼板中，风管沿墙体或楼板安装时，距离墙面、楼板宜大于150 mm。

11.3.9 与风机相连接的进风口、出风口和与除尘器相连接处应留有检查孔。

11.3.10 进出风管道与风机相联接时，应采取软联接，不应强行联接，不应将管道重量加在风机各部件上，并注意保证风机的水平位置。

11.3.11 风管安装偏差应符合下列规定：

a) 明装水平风管水平度偏差应为±5 mm/m，总偏差不应大于±25 mm；

b) 明装垂直风管垂直度偏差应为±5 mm/m，总偏差不应大于±25 mm；

c) 暗装风管位置应正确，无明显偏差；

d) 风管与法兰连接应牢固，翻边应平整，宽度应不小于6 mm，应紧贴法兰。

11.3.12 风管的安装坡度应正确。

11.3.13 柔性短管的安装应松紧适度，无明显扭曲。可伸缩性金属或非金属软风管的长度不宜超过2 m，不应有死弯或塌凹。

11.3.14 应避免风机进出口直接接异型管以及突扩管和突缩管。

11.4 管道材料厚度

11.4.1 籽棉及棉籽输送管网的材料厚度应不小于1 mm。

11.4.2 除籽棉及棉籽输送管网外的管网材料厚度应按管道截面直径进行控制：

a) 圆管直径大于或等于260 mm时，材料厚度应不小于1 mm；

b) 异型管截面任意一个标注尺寸大于或等于260 mm时，材料厚度应不小于1 mm。

12 法兰

12.1 法兰制作的技术要求应符合表3的规定。

表3 法兰制作的技术要求

单位为毫米

边长 b 或 直径 D	边长或 直径偏差	矩形法兰 对角线之差	法兰 端面平面度	圆形法兰任意 正交两直径
≤320	+2	≤3	≤2	≤2
>320	+3			

12.2 圆形法兰内径实际尺寸应比圆形风管外径基本尺寸大2 mm，矩形法兰内边长实际尺寸应比矩形风管外边长基本尺寸大2 mm。

12.3 法兰的焊缝应焊接牢固。

12.4 相同规格的法兰应能互换。

12.5 法兰的螺栓或铆钉的间距应不大于150 mm。

12.6 矩形风管角钢法兰四角处应设螺栓孔。

12.7 管网的管道法兰及螺栓规格应符合表4的规定。

表4 风管法兰及螺栓规格

边长 b 或直径 D	法兰角钢材料规格	螺栓规格
≤320	25 mm×3 mm	M6
>320	30 mm×3 mm	M8

12.8 法兰连接螺栓应均匀拧紧，同一管段法兰螺母应在同一侧。

12.9 安装在室外或潮湿环境的法兰连接处，应采用镀锌螺栓和镀锌垫圈。

13 支吊架

13.1 管网管道安装，其支吊架的间距应符合下列规定：

a) 当矩形风管长边或圆形风管直径不大于 400 mm 时，其支吊架的间距应不大于 4 000 mm；

b) 当矩形风管长边或圆形风管直径大于 400 mm、小于等于 1 000 mm 时，其支吊架的间距应不大于 3 000 mm；

c) 当矩形风管长边或圆形风管直径大于 1 000 mm 时，其支吊架的间距应不大于 2 000 mm。

13.2 室外管网安装，支吊架应大于 2 个，支吊架的间距应不大于 6 000 mm。

13.3 水平弯管在 1 000 mm 范围内应设置一个支架，支管距干管 1 200 mm 范围内应设置一个支吊架。

13.4 支吊架不应设置在风口、阀门或检查口处，距离风口不宜小于 200 mm。

13.5 支吊架不应直接吊在法兰上。

13.6 管网管道安装后，支吊架受力应均匀，且无明显变形。

13.7 支吊架的外露部分应做防腐处理。

13.8 安装在托架上的圆形风管宜设托座，托架可用扁钢弯成。

13.9 矩形风管有保温层时，其支吊架宜设在保温层外部，不应损坏保温层。

13.10 当水平悬吊的主风管长度超过 20 m 时，应设置防晃支架，防晃支架应设在风管系统的起、止点或风管改变方向处。

13.11 不应以安装完的风管作为支、托架，不应将其他支、吊架焊接或挂在风管法兰和风管支、吊架上。

14 安装及制作工程验收

14.1 安装及制作工程竣工后，应进行工程验收。验收应依据安装及制作过程中的质量检验记录资料和合同中规定的检验内容。

14.2 安装及制作质量不符合要求时，应及时处理和返工，并应重新进行验收。

参 考 文 献

［1］ GB 18399—2001 棉花加工机械安全要求.

ICS 65.140
B 47

中华人民共和国国家标准

GB/T 30359—2013

蜂 花 粉

Bee pollen

2013-12-31 发布　　2014-06-22 实施

中华人民共和国国家质量监督检验检疫总局
中国国家标准化管理委员会　发布

前 言

本标准按照 GB/T 1.1—2009 给出的规则起草。

本标准参照 GH/T 1014—1999 制定。

本标准由中华全国供销合作总社提出。

本标准由全国蜂产品标准化工作组(TCSWG 2)归口。

本标准起草单位:杭州澳医保灵药业有限公司、国家轻工业食品质量监督检测杭州站。

本标准主要起草人:胡晓岚、虞英民、陈青俊、安然、赵志良、朱金梁、徐承志、楼晓燕。

蜂 花 粉

1 范围

本标准规定了蜂花粉的定义、要求、等级、试验方法、包装、标志、贮存、运输要求。

本标准适用于工蜂采集形成的团粒(颗粒)状蜂花粉或碎蜂花粉,不适用于破壁蜂花粉及以蜂花粉为原料加工成的产品。

2 规范性引用文件

下列文件对于本文件的应用是必不可少的。凡是注日期的引用文件,仅注日期的版本适用于本文件。凡是不注日期的引用文件,其最新版本(包括所有的修改单)适用于本文件。

GB/T 191 包装储运图示标志

GB 5009.3 食品安全国家标准 食品中水分的测定

GB 5009.4 食品安全国家标准 食品中灰分的测定

GB 5009.5 食品安全国家标准 食品中蛋白质的测定

GB/T 5009.6 食品中脂肪的测定

GB/T 5009.7 食品中还原糖的测定

GB/T 5009.8 食品中蔗糖的测定

GB/T 5009.37—2003 食用植物油卫生标准的分析方法

GB 7718 食品安全国家标准 预包装食品标签通则

GB 16326—2005 坚果食品卫生标准

3 术语和定义

下列术语和定义适用于本文件。

3.1

花粉 pollen

雄配子体 gametophyte

由一个营养细胞和一个至二个生殖细胞组成的显花植物的雄性种质。

3.2

花粉壁 pollen wall

由纤维素和孢粉素构成的**花粉**(3.1)外壳。

3.3

蜂花粉 Bee pollen

工蜂采集**花粉**(3.1),用唾液和花蜜混合后形成的物质。

3.4

单一品种蜂花粉 monofloral bee pollen

工蜂采集一种植物的**花粉**(3.1)形成的**蜂花粉**(3.3)。

3.5

杂花粉　multifloral bee pollen

工蜂采集二种以上植物的**花粉**(3.1)形成的**蜂花粉**(3.3),或二种以上单一品种蜂花粉的混合物。

3.6

破壁蜂花粉　bee pollen of breaking wall

经加工,**花粉**(3.1)壁被打破的**蜂花粉**(3.3)。

3.7

碎蜂花粉　bee pollen debris

蜂花粉(3.3)团粒破碎后形成的蜂花粉粉末。

3.8

工蜂　worker

在蜂群内担当采集、守卫、清理、哺育等内外勤工作的生殖器官发育不完全的雌性蜜蜂。

4　技术要求

4.1　感官要求

感官要求应符合表1的规定。

表1　蜂花粉的感官要求

项　目	要　求	
	团粒(颗粒)状蜂花粉	碎蜂花粉
色泽	呈各种蜂花粉各自固有的色泽,单一品种蜂花粉色泽见附录A	
状态	不规则的扁圆形团粒(颗粒),无明显的砂粒、细土,无正常视力可见外来杂质,无虫蛀、无霉变	能全部通过20目筛的粉末,无明显的砂粒、细土,无正常视力可见外来杂质,无虫蛀、无霉变
气味	具有该品种蜂花粉特有的清香气,无异味	
滋味	具有该品种蜂花粉特有的滋味,无异味	

4.2　理化要求

产品等级和理化要求符合表2要求。

表2　蜂花粉的等级和理化指标

项　目		指　标	
		一等品	二等品
水分/(g/100 g)	≤	8	10
碎蜂花粉率/%	≤	3	5
单一品种蜂花粉率/%	≥	90	85
蛋白质/(g/100 g)	≥	15	

表 2（续）

项　　目	指　　标	
	一等品	二等品
脂肪/(g/100 g)	1.5～10.0	
总糖(以还原糖计)/(g/100 g)	15～50	
黄酮类化合物(以无水芦丁计)/(mg/100 g) ≥	400	
灰分/(g/100 g) ≤	5	
酸度(以 pH 值表示) ≥	4.4	
过氧化值(以脂肪计)/(g/100 g) ≤	0.08	
注：如果是碎蜂花粉，则碎蜂花粉率不作要求。		

4.3 单一品种蜂花粉定性鉴别

单一品种蜂花粉定性鉴别应符合附录 A 的要求。

4.4 安全卫生要求

应符合国家相关法律、法规、规章和标准规定。

5 试验方法

5.1 感官指标检验

5.1.1 色泽、状态：将样品置于洁净的白瓷盘中，在自然光下用肉眼观察。

5.1.2 气味：鼻嗅。

5.1.3 滋味：口尝。

5.2 理化指标检验

5.2.1 水分测定

按 GB 5009.3 规定的第二法执行。

5.2.2 碎蜂花粉率测定

用天平称取试样约 50 g，精确到 0.1 g，用 20 目筛筛出碎粒及碎粉末并称重。按式(1)计算：

$$\text{碎蜂花粉率} = \frac{\text{筛出的碎蜂花粉粉末质量}}{\text{试样试质}} \times 100\% \quad \cdots\cdots\cdots\cdots(1)$$

5.2.3 蛋白质测定

按 GB 5009.5 规定的方法执行。

5.2.4 黄酮类化合物的测定

按附录 B 规定的方法执行。

5.2.5 灰分测定

按 GB 5009.4 规定的方法执行。

5.2.6 脂肪测定

按 GB/T 5009.6 规定的第二法执行。

5.2.7 总糖测定

样品按 GB/T 5009.8 中的盐酸水解处理后，再按 GB/T 5009.7 规定的第一法执行。

5.2.8 单一品种蜂花粉的花粉率测定

5.2.8.1 第一法(仲裁法)

按附录 A 中的 A.2 处理样品，以 100 倍或 400 倍光学显微镜下镜检，如发现涂片中花粉细胞重叠，则重新涂片，每视野中花粉细胞总数在 30～100 范围为宜，调节显微镜的光线和焦距，使花粉细胞清晰，选取 5 个视野区域并对视野内的所有的花粉细胞进行计数，5 个视野中某一品种的花粉数的总数与5 个视野中所有的花粉数的总数之比即为单一品种的蜂花粉的花粉率。平行试验应重新涂片检测，两次平行试验的相对误差应不大于 10%。

5.2.8.2 第二法

称取试样约 1 g～3 g，拣出其中该品种蜂花粉团粒，分别称量，按式(2)计算：

$$\text{单一品种蜂花粉率}=\frac{\text{该品种蜂花粉团粒数质量}}{\text{试样蜂花粉团粒总数质量}}\times 100\% \qquad \cdots\cdots(2)$$

5.2.9 酸度的测定

取花粉 20 g，加入 5 倍量的纯化水，75 ℃水浴提取 1.5 h，待冷却，滤过，离心 20 min，取上清液，然后按仪器操作说明书进行测量，并记录其 pH 值，精确至 0.02，pH 值的结果以两次测量的平均值表示。

5.2.10 过氧化值的测定

样品的前处理按照 GB 16326—2005 中的 9.1，然后按 GB/T 5009.37—2003 中的 4.2 中的第一法测定。

5.3 单一品种蜂花粉的定性鉴别

按附录 A。

6 包装、标志、贮存和运输

6.1 包装

用于食用的蜂花粉包装材料应符合食品安全要求，包装容器牢固、严密、整洁、无破损、无泄漏。

6.2 标志

6.2.1 包装物或者标识上应按照规定标明产品的品名、净含量、产地、生产者(加工者或包装者)或经营单位、生产日期、保质期、产品质量等级等内容，单一品种需注明粉源植物。

6.2.2 预包装食品标签应符合 GB 7718 的要求，运输包装应符合 GB/T 191 的规定。

6.3 贮存

6.3.1 用真空充氮包装，在常温下保存。其他包装的应在－5 ℃以下保存。

6.3.2 短期临时存放，应经过干燥和密闭处理后存于阴凉干燥处。

6.3.3 不同产地、花种、等级或不同季节采集的产品应分别贮存。

6.3.4 贮存场所应清洁卫生，防高温、防风雨、远离污染源。

6.3.5 不得与有毒、有害、有腐蚀性、有异味、易挥发的物品同场所贮存。

6.4 运输

6.4.1 运输工具应清洁卫生。运输过程中，要避免高温，防风沙、防曝晒、防雨淋、防湿。

6.4.2 轻装轻卸，不得与有毒、有害、有异味、易污染的物品同装混运。

附 录 A
（规范性附录）
单一品种蜂花粉的定性鉴别和显微镜检验方法

A.1 单一品种蜂花粉色泽和细胞形态

A.1.1 油菜（*Brassica campestris* L.）花粉

油菜花粉为黄色。

细胞呈近似长球形，按形态特征分为白菜型、甘蓝型和芥菜型。极面观为三列片状，三道萌发沟明显；赤道面观为圆形或椭圆形。电子显微镜下观察外壁具网状雕纹。白菜型长径为 32 μm～39 μm，甘蓝型和芥菜型长径为 40 μm～46 μm。见图 A.1。

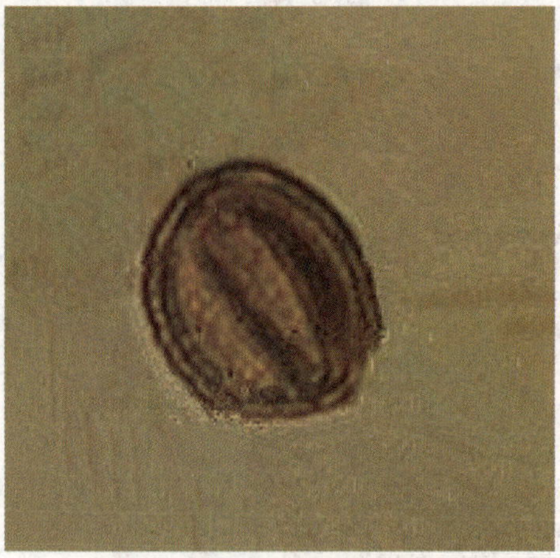

a） 油菜花粉赤道面观形态（×400）

b） 油菜花粉极面观形态（×400）

图 A.1 油菜花粉细胞显微镜下的形态

A.1.2 芝麻（*Sesamum orientale* L.）花粉

芝麻花粉为白色或咖啡色。

细胞呈扁球形（似扁南瓜），少数为球形。赤道面观为阔椭圆形，极面观为 12 裂圆形。表面有瘤状雕纹，从正面观察为负网状，35.3 μm×40.1 μm。具有 10～13 道萌发沟，间隙较宽。极面直径约 65 μm，赤道面直径约 45 μm。见图 A.2。

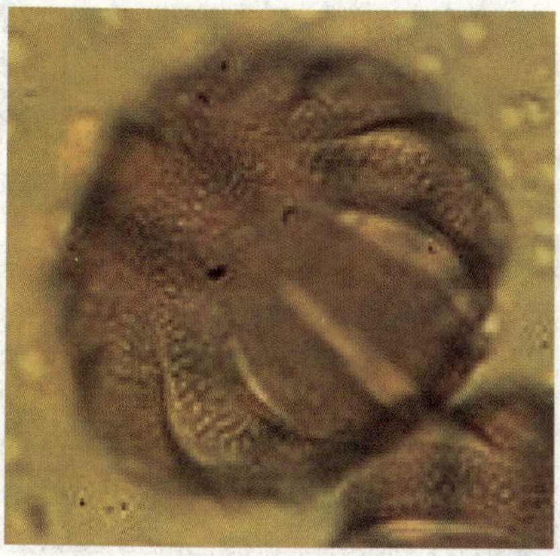

a) 芝麻花粉赤道面观形态（×100）

b) 芝麻花粉极面观形态（×100）

图 A.2 芝麻花粉细胞显微镜下的形态

A.1.3 荞麦(*Fagopyrum esculentum* Moench.)花粉

荞麦花粉为暗黄色。

花粉细胞呈长球形,表面有细网状雕纹,赤道面观为椭圆形,极面观为3裂圆形。极面观察可见三道明显萌发沟。极面直径约44 μm,赤道面直径约31 μm。见图A.3。

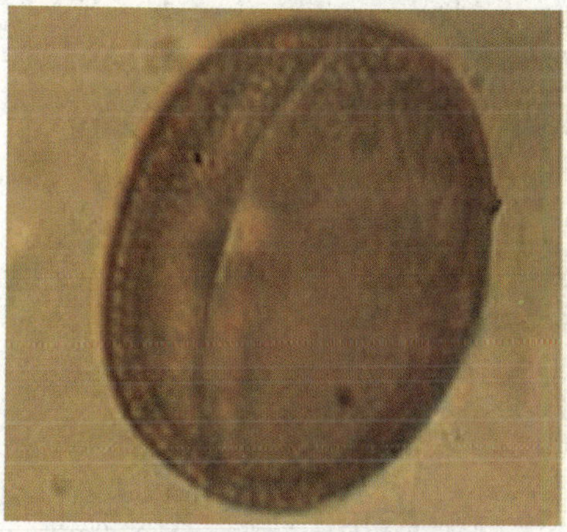

a) 荞麦花粉赤道面观形态（×100）

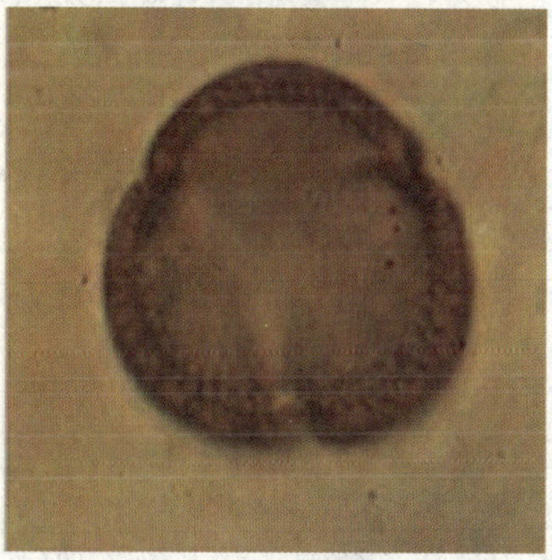

b) 荞麦花粉极面观形态（×100）

图 A.3 荞麦花粉细胞显微镜下的形态

A.1.4 向日葵(*Helianthus annuus* L.)花粉

向日葵花粉为橘黄色。

花粉细胞呈圆球形,赤道面观为椭圆形,极面观为3裂圆形,直径约为35 μm。外壁有尖刺,刺长3 μm～5 μm。表面有3孔沟,间隔5 μm～10 μm。见图A.4。

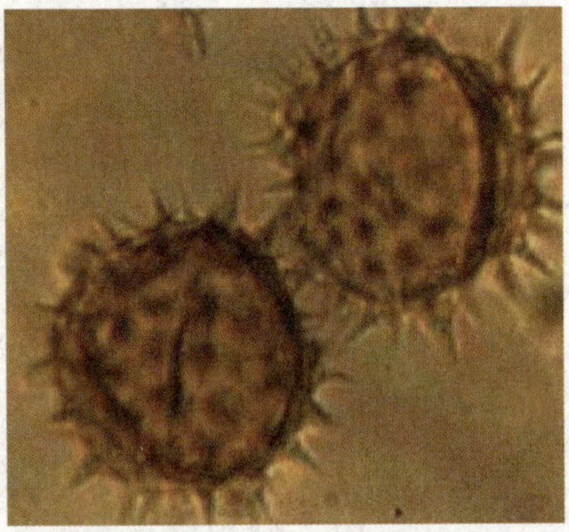

a) 向日葵花粉赤道面观形态(×100)

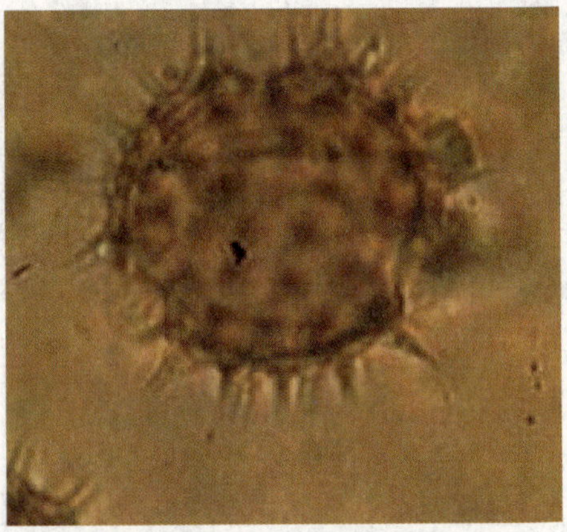

b) 向日葵花粉极面观形态(×100)

图 A.4 向日葵花粉细胞显微镜下的形态

A.1.5 玉米(*Zea mays* L.)花粉

玉米花粉为淡黄色。

花粉细胞呈近似球形,直径约 80 μm。外壁光滑,有一个圆的萌发孔。见图 A.5。

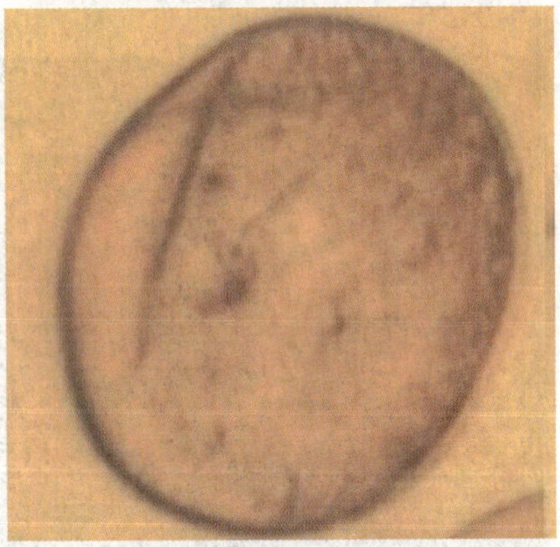

a) 玉米花粉赤道面观形态(×100)

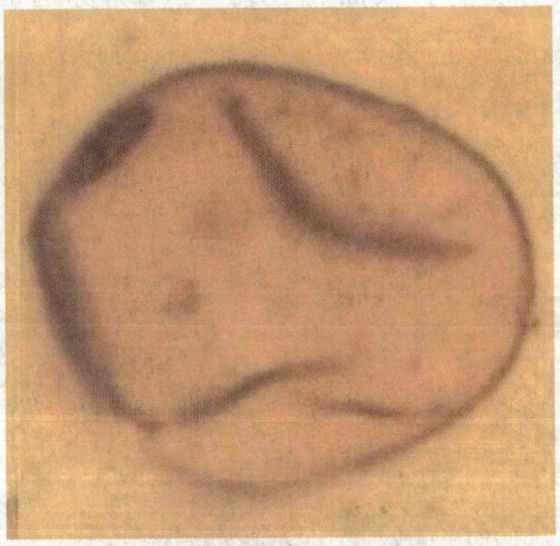

b) 玉米花粉极面观形态(×100)

图 A.5 玉米花粉细胞显微镜下的形态

A.1.6 紫云英(*Astragalus sinicus* L.)花粉

紫云英花粉为橘红色。

花粉细胞呈长球形,赤道面观长椭圆形,极面观为钝三角形或三裂片状。极面直径约 30 μm,赤道面直径约 15 μm。表面具细网状雕纹,有 3 孔沟。见图 A.6。

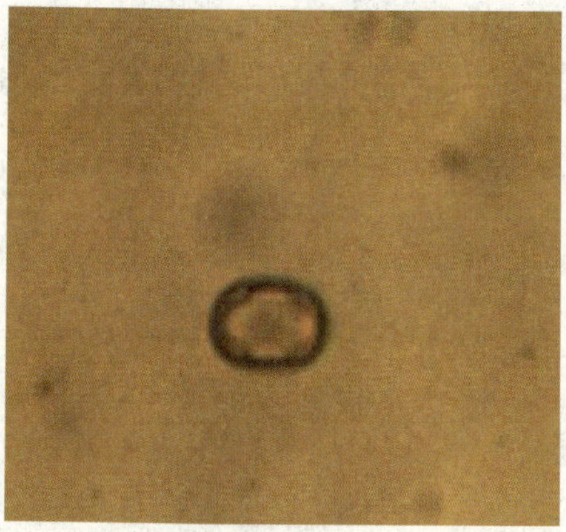

a) 紫云英花粉赤道面观形态(×100)

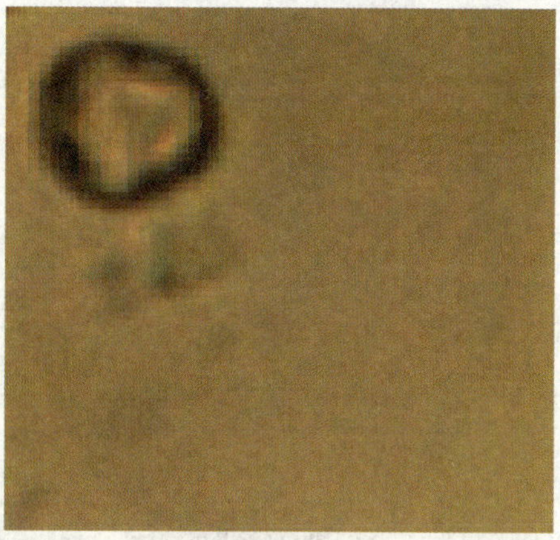

b) 紫云英花粉极面观形态(×100)

图 A.6 紫云英花粉细胞显微镜下的形态

A.1.7 蚕豆(*Vicia faba* L.)花粉

蚕豆花粉为黑绿色。

花粉细胞呈长球形,赤道面观为椭圆形,极面观为钝三角形,大小约为 30 μm×50 μm。表面具细颗粒雕纹,有三条萌发沟。见图 A.7。

a) 蚕豆花粉赤道面观形态(×100)

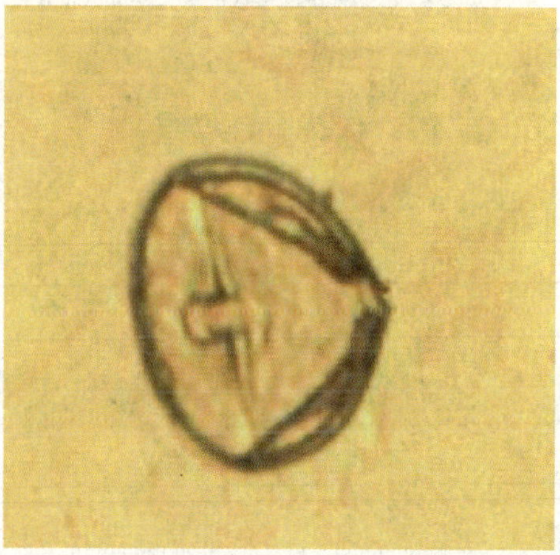

b) 蚕豆花粉极面观形态(×100)

图 A.7 蚕豆花粉细胞显微镜下的形态

A.1.8 西瓜[*Citrullus lanatus* (Thunb.) Matsum. & Nakai]花粉

西瓜花粉为紫黄色。

花粉细胞呈近似球形,约 55 μm×60 μm。外壁表面具有较大的网状雕纹,有 3 孔沟。极面观为三裂片状。见图 A.8。

a）西瓜花粉赤道面观形态（×100）

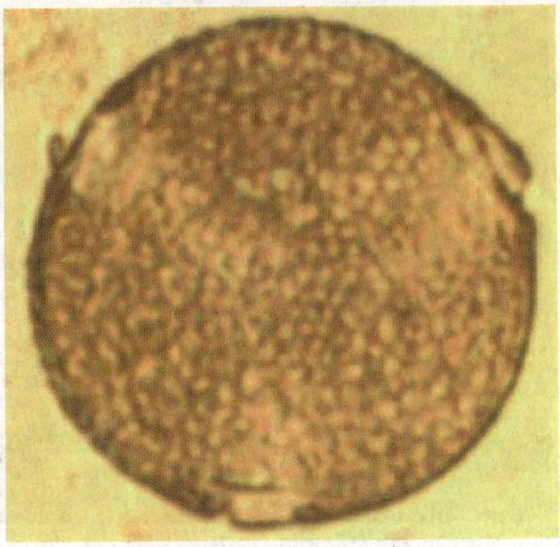

b）西瓜花粉极面观形态（×100）

图 A.8 西瓜花粉细胞显微镜下的形态

A.1.9 南瓜[*Cucurbita moschata*（Duchesne ex Lam.）Duchesne ex Poir.]花粉

南瓜花粉为深黄色。

花粉细胞呈圆球形，直径 150 μm。表面有尖刺，刺长约 5 μm～10 μm。见图 A.9。

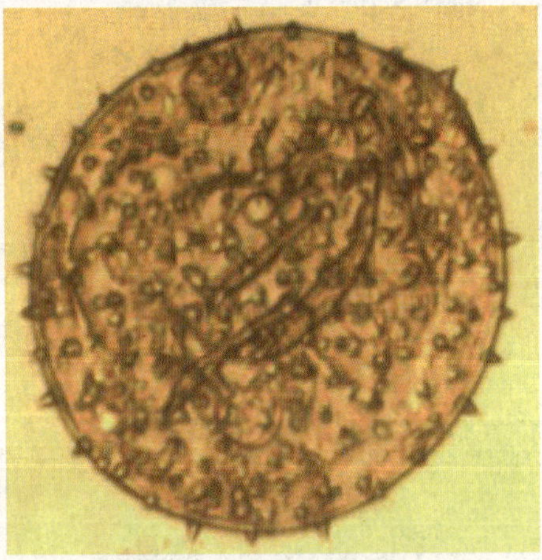

a）南瓜花粉赤道面观形态（×100）

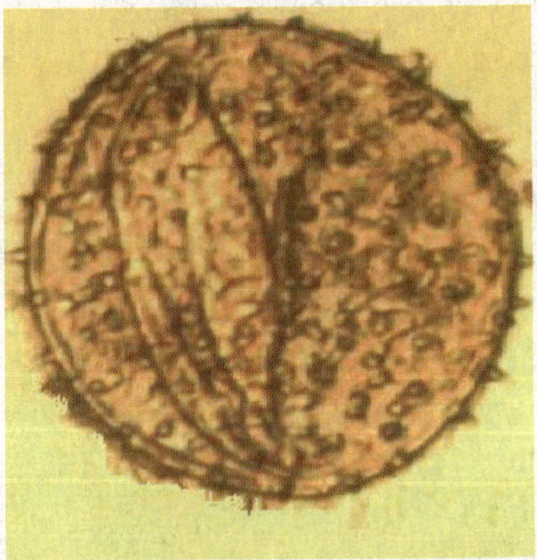

b）南瓜花粉极面观形态（×100）

图 A.9 南瓜花粉细胞显微镜下的形态

A.1.10 柑橘（*Citrus reticulata* Blanco）花粉

柑橘花粉为黄色。

花粉细胞呈近似球形，赤道面观为椭圆形或近似矩形。极面观为 4～5 裂圆形。具 4～5 孔沟，表面具网状雕纹。近似球形的直径约 30 μm。椭圆形的赤道直径为 28 μm，极面直径为 32 μm。见图 A.10。

a） 柑橘花粉赤道面观形态(×100)

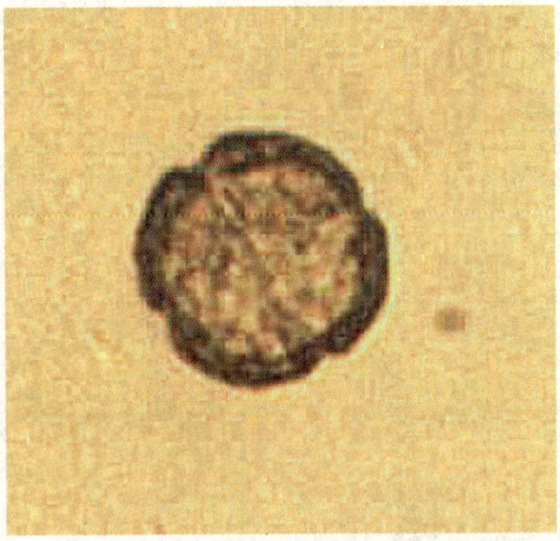

b） 柑橘花粉极面观形态(×100)

图 A.10 柑橘花粉细胞显微镜下的形态

A.1.11 党参[*Codonopsis pilosula* (Franch.) Nannf.)花粉

党参花粉为黄色。

花粉细胞呈近似球形,赤道面观近扁圆形,极面观为6裂圆形,表面有颗粒状雕纹,有6~7道细条状萌发沟。大小约35 μm×40 μm。见图A.11。

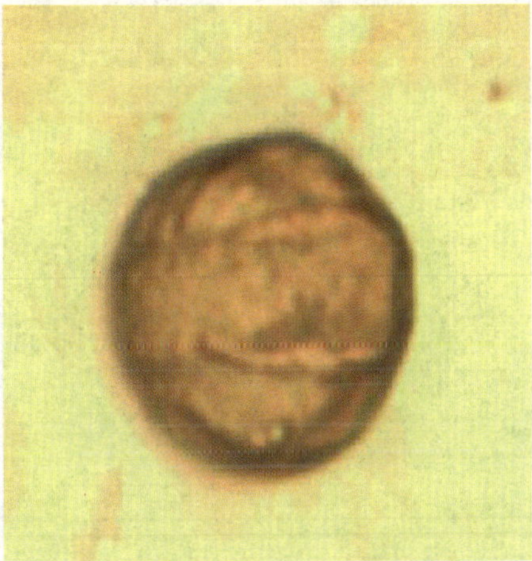

a） 党参花粉赤道面观形态(×100)

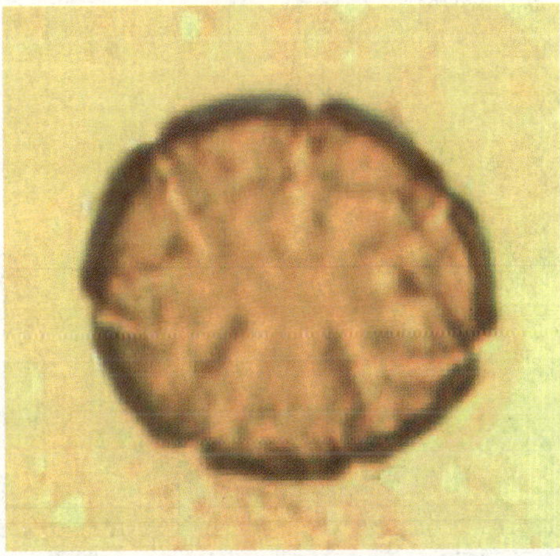

b） 党参花粉极面观形态(×100)

图 A.11 党参花粉细胞显微镜下的形态

A.1.12 蒲公英(*Taraxacum mongolicum* Hand.-Mazz.)花粉

蒲公英花粉为黄色。

花粉细胞呈近似球形,直径约28.3 μm。表面有明显刺网状雕纹,有3孔沟。见图A.12。

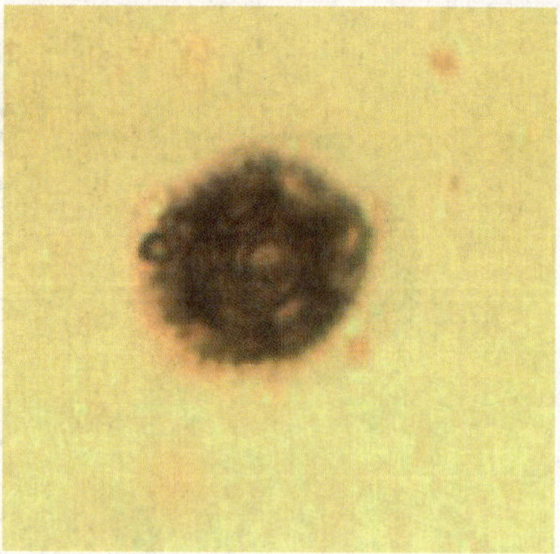

a）蒲公英花粉赤道面观形态(×100)

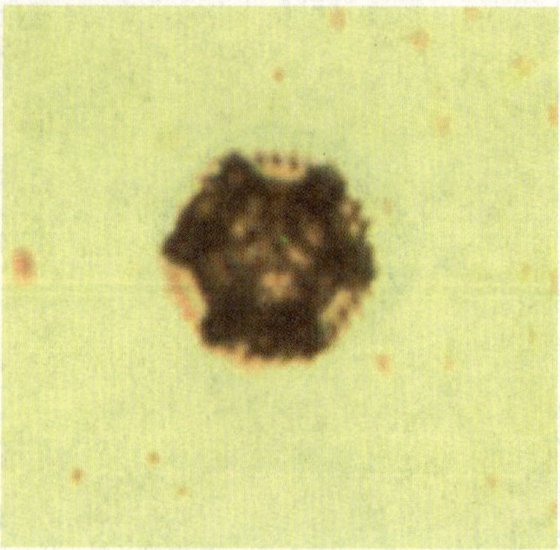

b）蒲公英花粉极面观形态(×100)

图 A.12　蒲公英花粉细胞显微镜下的形态

A.1.13　荷花(*Nelumbo nucifera* Gaertn.)花粉

荷花花粉为黄色。

花粉细胞呈近似球形。赤道面观椭圆形，极面观为三裂圆形，直径约 65 μm～68 μm。具三沟，沟宽。壁厚 4.4 μm～5.2 μm。表面有颗粒状纹。见图 A.13。

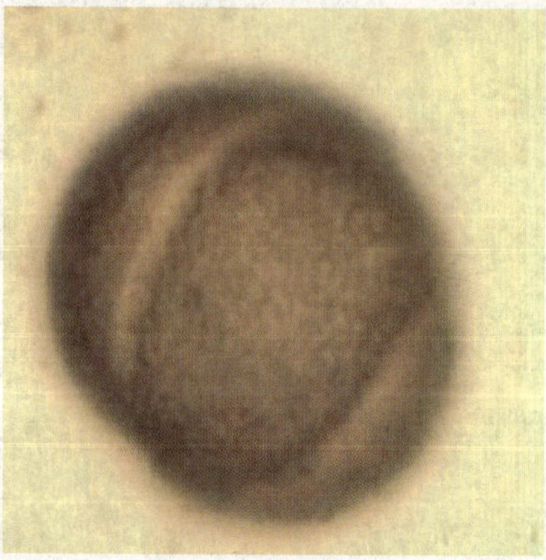

a）荷花花粉赤道面观形态(×100)

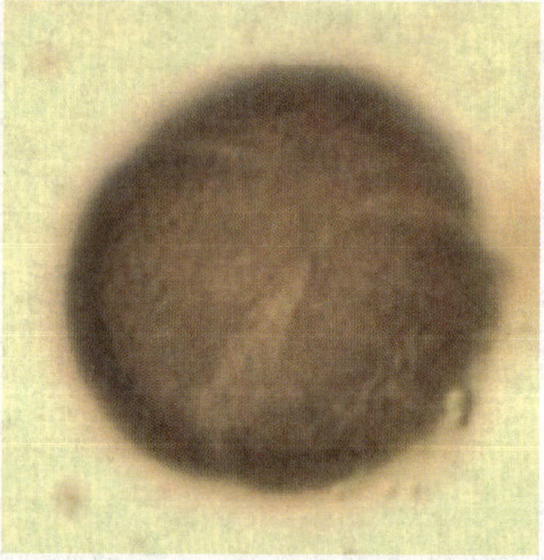

b）荷花花粉极面观形态(×100)

图 A.13　荷花花粉细胞显微镜下的形态

A.1.14　茶花(*Camellia japonica* L.)花粉

茶花花粉为黄色。

花粉细胞呈近似球形。赤道面观椭圆形，极面观为钝三角形或 3 裂圆形，直径 34 μm～52 μm。有 3 孔沟，内孔大，横长。表面有细网状纹。见图 A.14。

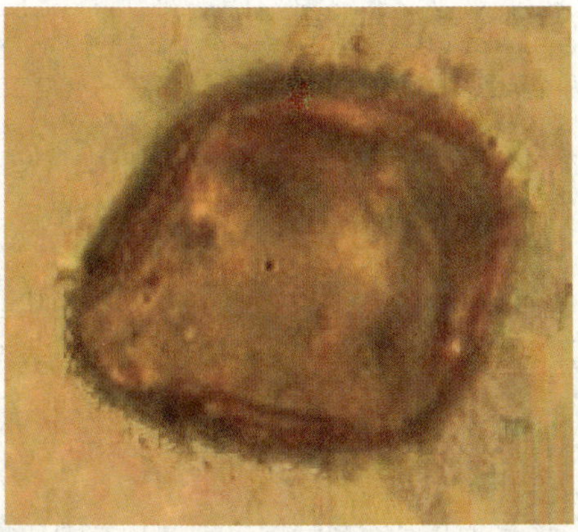

a） 茶花花粉赤道面观形态（×100）

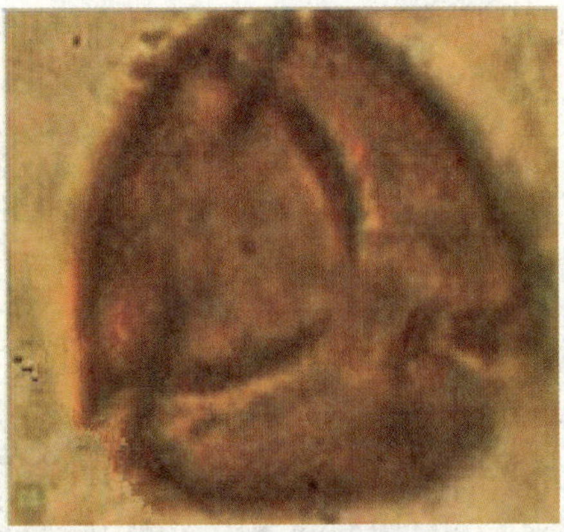

b） 茶花花粉极面观形态（×100）

图 A.14 茶花花粉细胞显微镜下的形态

A.1.15 玫瑰(*Rosa rugosa* Thunb.)花粉

玫瑰花粉为黄色。

花粉细胞呈近似球形。赤道面观椭圆形，极面观为三裂圆形，直径约 17 μm～22 μm。具二沟。表面有细网状或脑状雕纹。见图 A.15。

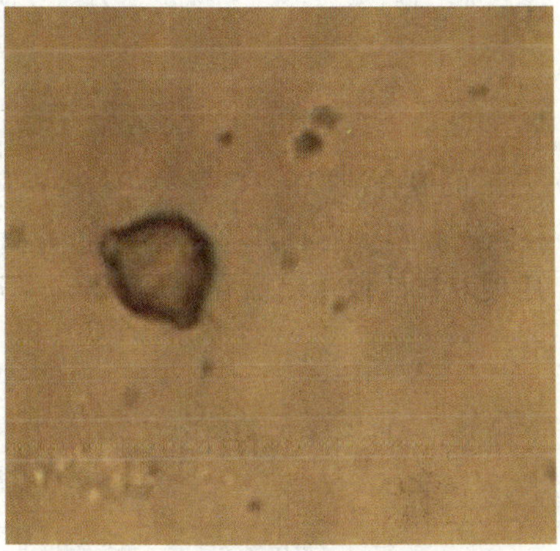

a） 玫瑰花粉赤道面观形态（×100）

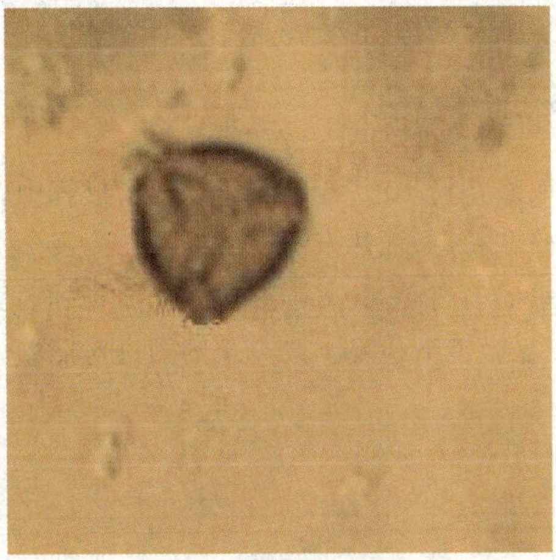

b） 玫瑰花粉极面观形态（×100）

图 A.15 玫瑰花粉细胞显微镜下的形态

A.1.16 五味子[*Schisandra chinensis* (Turcz.) Baill.]花粉

五味子花粉为黄色。

花粉细胞呈近似球形。赤道面观椭圆形，极面观为近球形，极面观 6 裂圆形，花粉大小约 25 μm×23 μm。见图 A.16。

a） 五味子花粉赤道面观形态(×100)

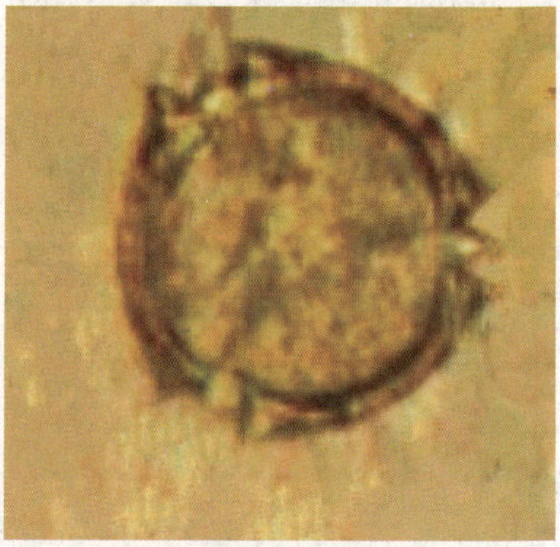

b） 五味子花粉极面观形态(×100)

图 A.16 五味子花粉细胞显微镜下的形态

A.2 蜂花粉品种的鉴别——显微镜镜析法

A.2.1 仪器

光学显微镜:10×10 倍、10×40 倍。

A.2.2 步骤

取蜂花粉 10～15 粒置于刻度指形管中,加入硫酸和冰乙酸的混合液(1∶9),浸没花粉粒。用玻璃棒捣碎花粉后,加热至沸,保持 5 min。冷却后加蒸馏水转移至离心管中离心,离心后弃去上清液,再加蒸馏水摇匀离心,共离心 3 次。沉淀物加甘油数滴搅匀。用玻璃棒蘸取 1 滴涂在载玻片上,盖上盖玻片,在显微镜下检视。按 A.1 的图谱对照鉴别。

附 录 B
（规范性附录）
花粉中黄酮类化合物的分析测定方法

B.1 试剂

B.1.1 无水乙醇(分析纯)

B.1.2 70%(体积分数)乙醇:纯化水 30 mL 加无水乙醇 70 mL,即得。

B.1.3 5%亚硝酸钠溶液:称取 5.0 g 亚硝酸钠(分析纯),用纯化水定容至 100 mL。

B.1.4 10%硝酸铝溶液:称取 17.6 g 硝酸铝(分析纯),用纯化水定容至 100 mL。

B.1.5 氢氧化钠试液:称取 4.3 g 氢氧化钠(分析纯),用纯化水定容至 100 mL。

B.1.6 芦丁标准溶液

B.1.6.1 芦丁对照品贮备液:精密称取芦丁对照品 50 mg,置 50 mL 量瓶中,加 70%乙醇(B.1.2)适量,振摇使溶解,并稀释至刻度。

B.1.6.2 芦丁对照品使用溶液:精密吸取 10 mL 芦丁对照品贮备液(B.1.6.1),置 50 mL 量瓶中,加 70%乙醇(B.1.2)适量,振摇使溶解,并稀释至刻度。

B.2 仪器设备

B.2.1 紫外可见分光光度计。

B.3 试样的制备

取花粉样品磨碎粉末 1.0 g～3.0 g,精密称定(精确至 0.000 1 g),加 70%乙醇 40 mL,加热回流2 h,冷却,滤过,置 50 mL 量瓶中,以 70%乙醇洗涤残渣,洗液并入量瓶中,用 70%乙醇定容至刻度,摇匀。精密吸取 2 mL 置 10 mL 量瓶中,用 70%乙醇稀释至刻度,摇匀。

B.4 分析步骤

B.4.1 标准曲线的制备

精密量取对照品使用溶液(B.1.6.2)0、1、2、3、4、5、6 mL,分别置 25 mL 量瓶中,各加水至 6.0 mL,加 5%亚硝酸钠溶液和 10%硝酸铝溶液各 1 mL,摇匀,放置 6 min,加氢氧化钠试液 10 mL,加水至刻度,摇匀,放置 15 min。照分光光度法测定,在 510nm 波长处测定吸光度,以吸收度为纵坐标,浓度为横坐标,绘制标准曲线。

B.4.2 样品的测定

精密吸取按 B.3 制备好的样品溶液 2 mL,置 25 mL 量瓶中,加水至 6.0 mL,加 5%亚硝酸钠溶液和 10%硝酸铝溶液各 1 mL,摇匀,放置 6 min,加氢氧化钠试液 10 mL,加水至刻度,摇匀,放置 15 min。按照分光光度法测定,在 510 nm 波长处测定吸光度,将吸光值带入回归方程,计算,即得。

B.5 计算

B.5.1 黄酮含量按式(B.1)计算：

$$X=\frac{m}{w\times d\times 1\ 000}\times 100\% \qquad \cdots\cdots(B.1)$$

式中：

X ——黄酮含量；

m ——由标准曲线上计算得到的样品比色液中芦丁质量，单位为毫克(mg)；

w ——样品的质量，单位为克(g)；

d ——稀释比例。

B.5.2 计算结果用百分数表示，精确或保留到小数点后2位。

B.6 允许差

同一操作者2次平行测定结果允许的相对误差应不大于3%。

附 录 C
（资料性附录）
电子显微镜下蜂花粉的形态特征

C.1 电子显微镜下蜂花粉的形态特征

C.1.1 油菜花粉细胞电镜下的形态见图 C.1。

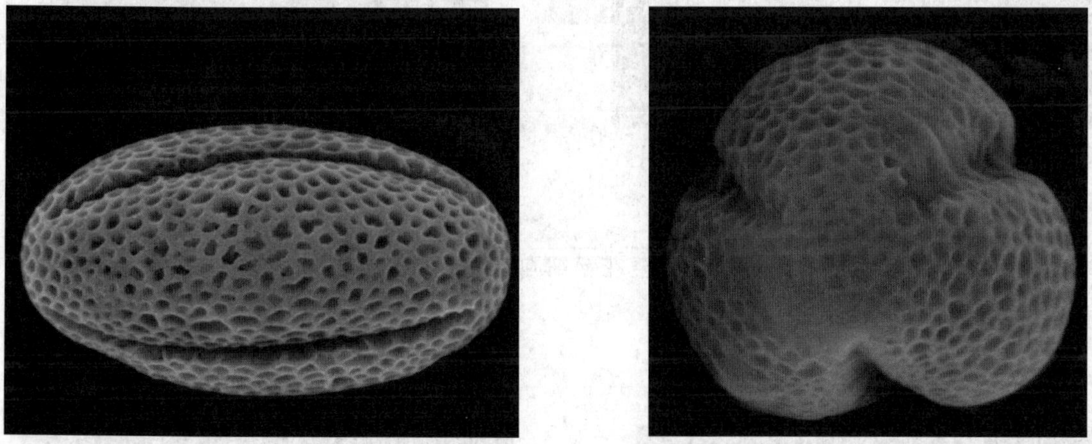

a） 油菜花粉赤道面观形态（×4000）　　b） 油菜花粉极面观形态（×6000）

图 C.1 油菜花粉细胞电镜图

C.1.2 芝麻花粉细胞电镜下的形态见图 C.2。

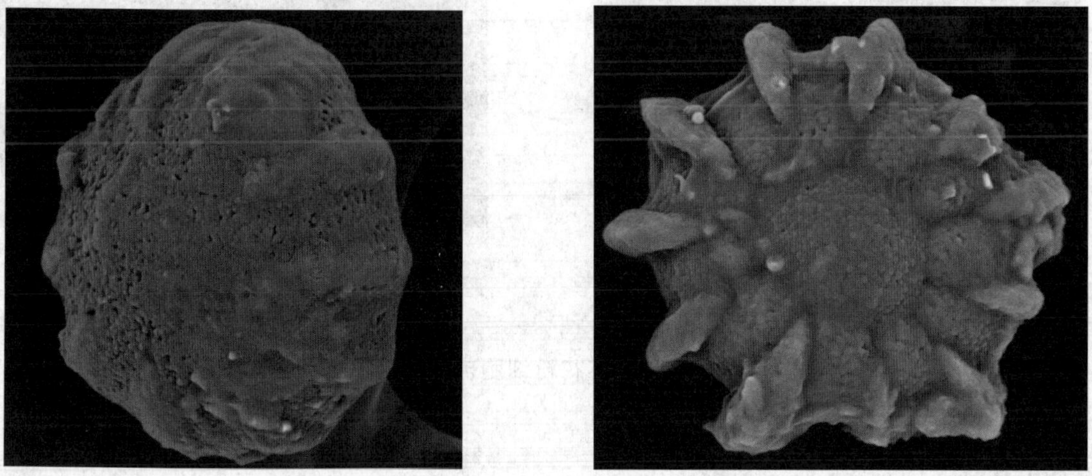

a） 芝麻花粉赤道面观形态（×2000）　　b） 芝麻花粉极面观形态（×2500）

图 C.2 芝麻花粉细胞电镜下的形态

C.1.3　荞麦花粉细胞电镜下的形态见图 C.3。

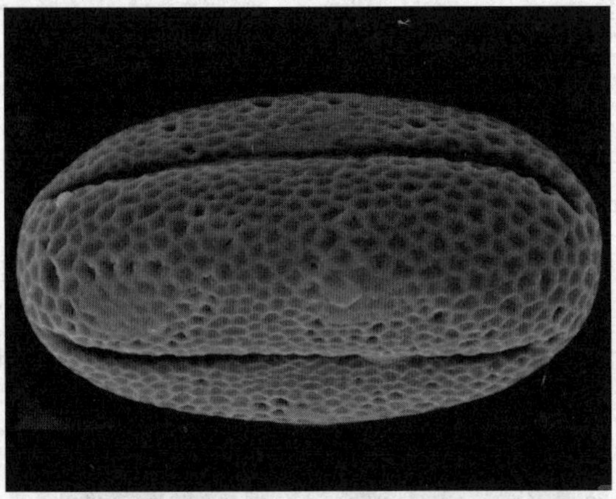

a)　荞麦花粉赤道面观形态（×2500）

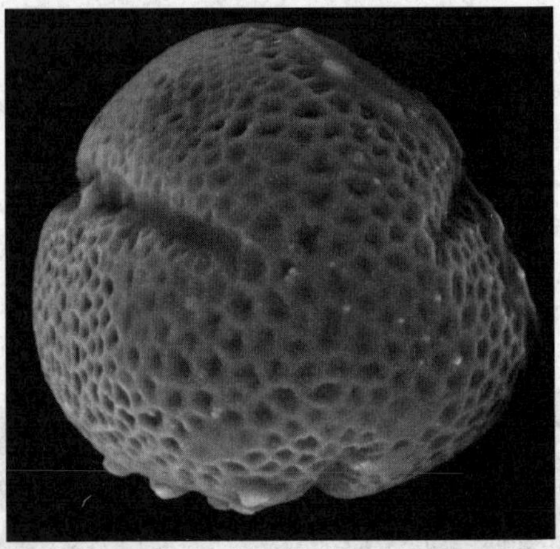

b)　荞麦花粉极面观形态（×3000）

图 C.3　荞麦花粉细胞电镜下的形态

C.1.4　向日葵花粉细胞电镜下的形态见图 C.4。

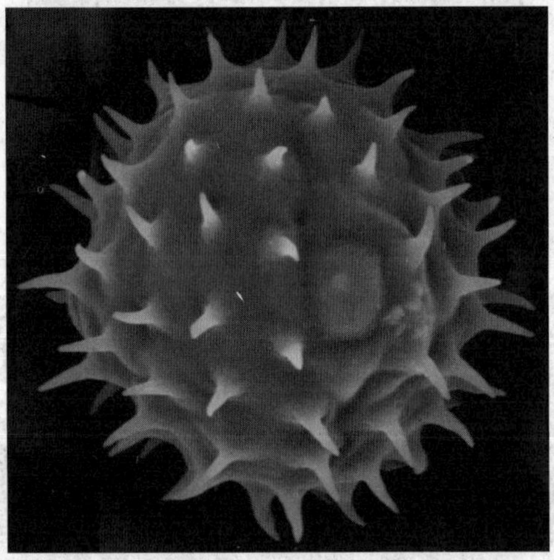

a)　向日葵花粉赤道面观形态（×3000）

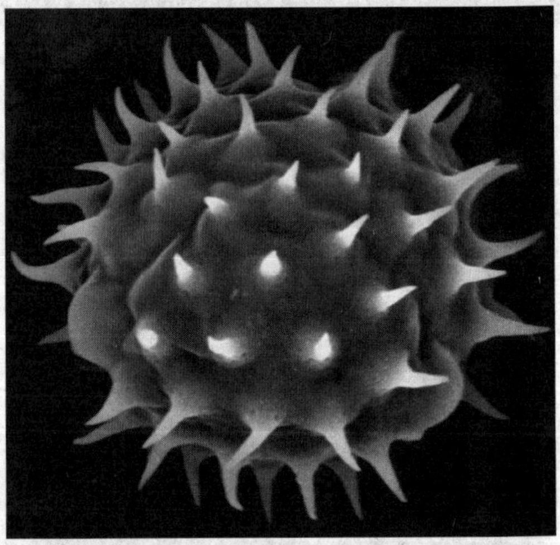

b)　向日葵花粉极面观形态（×3000）

图 C.4　向日葵花粉细胞电镜下的形态

C.1.5 玉米花粉细胞电镜下的形态见图 C.5。

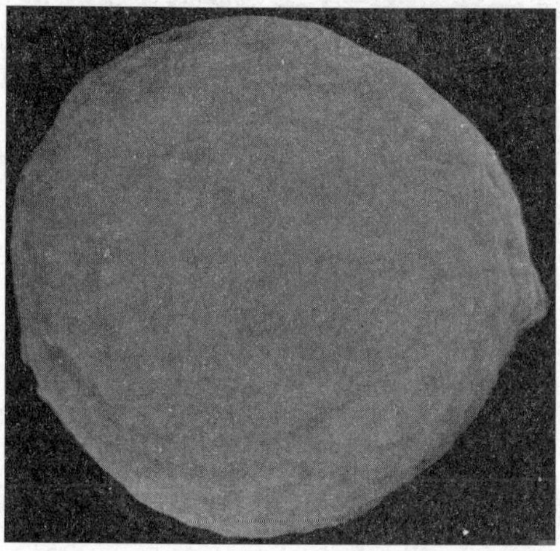

a） 玉米花粉粒形态（×2000）

b） 玉米花粉外壁雕纹与萌发孔形态（×2000）

图 C.5 玉米花粉细胞电镜下的形态

C.1.6 紫云英花粉细胞电镜下的形态见图 C.6。

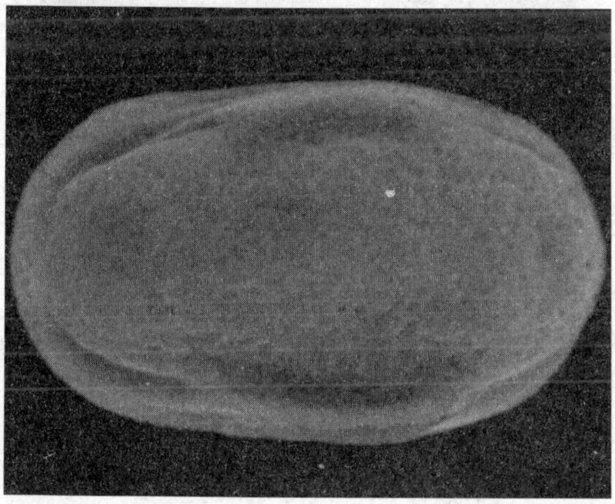

a） 紫云英花粉赤道面观（视 2 孔沟）形态（×7000）

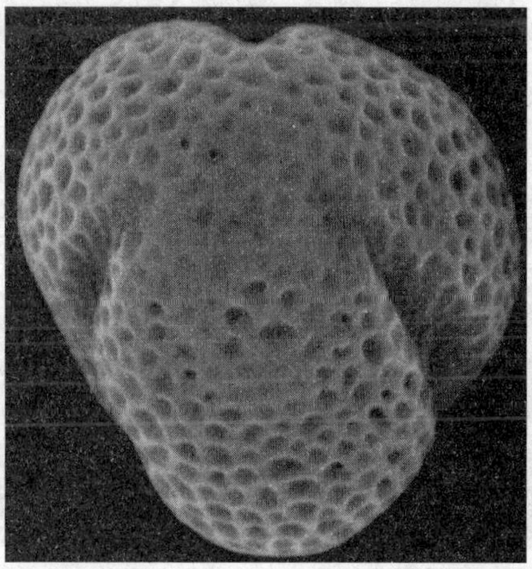

b） 紫云英花粉极面观形态（×6000）

图 C.6 紫云英花粉细胞电镜下的形态

C.1.7 蚕豆花粉细胞电镜下的形态见图 C.7。

a) 蚕豆花粉赤道面观(视 2 孔沟)形态(×3000)

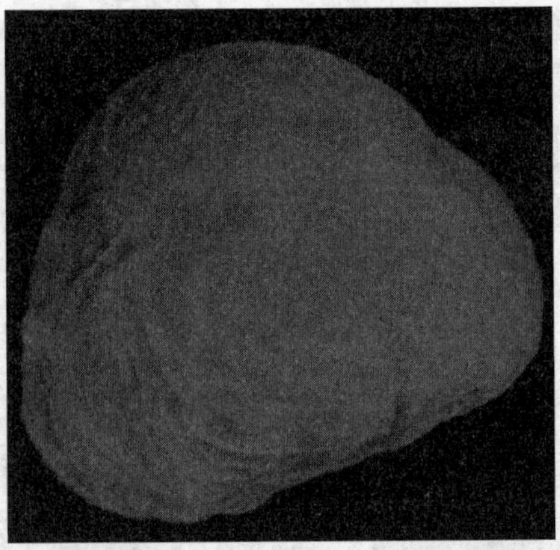

b) 蚕豆花粉极面观形态(×4000)

图 C.7 蚕豆花粉细胞电镜下的形态

C.1.8 西瓜花粉细胞电镜下的形态见图 C.8。

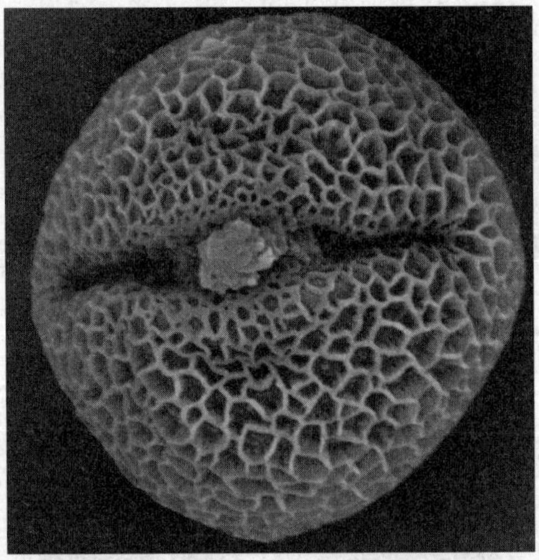

a) 西瓜花粉赤道面观形态(×3000)

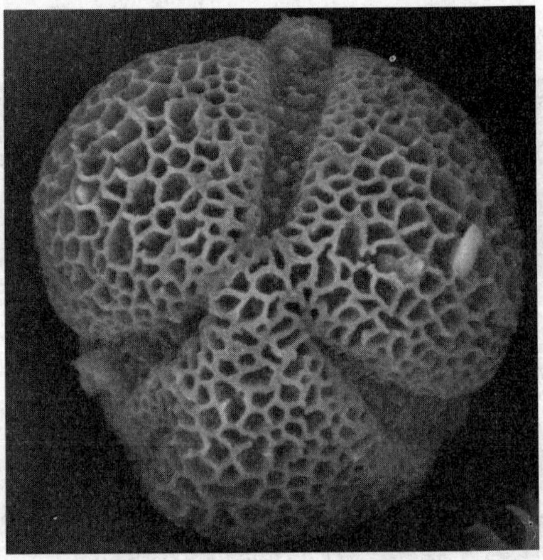

b) 西瓜花粉极面观形态(×3000)

图 C.8 西瓜花粉细胞电镜下的形态

C.1.9 南瓜花粉细胞电镜下的形态见图 C.9。

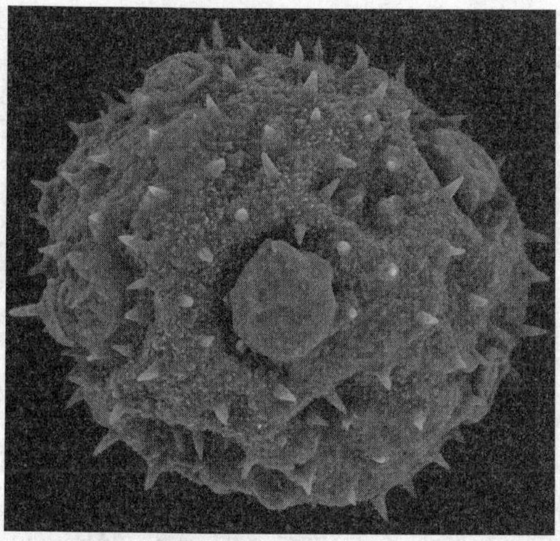

a） 南瓜花粉表面雕纹形态（×1000）

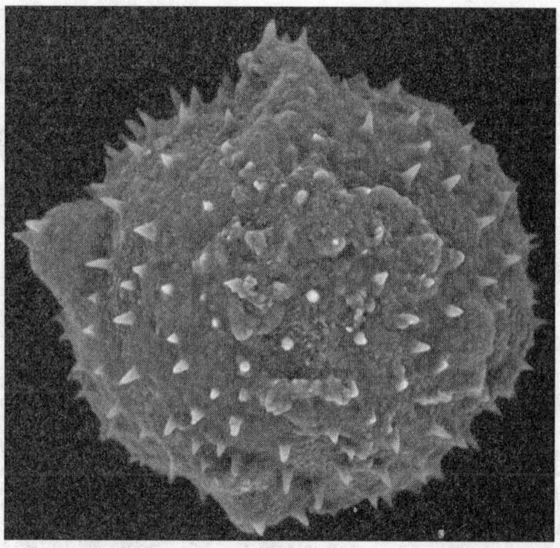

b） 南瓜花粉粒形态（×1000）

图 C.9 南瓜花粉细胞电镜下的形态

C.1.10 柑橘花粉细胞电镜下的形态见图 C.10。

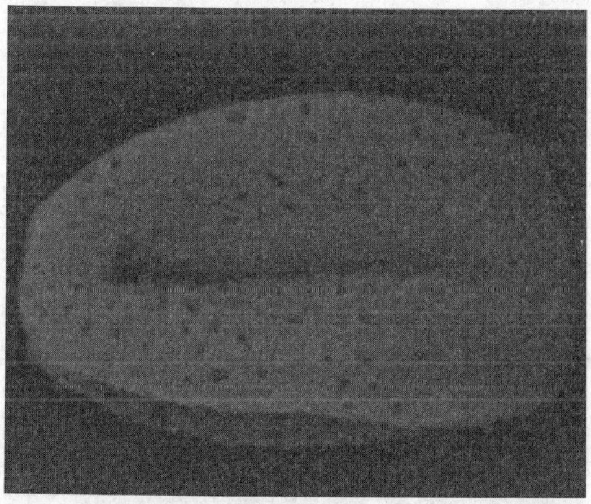

a） 柑橘花粉赤道面观（视 2 孔沟）形态（×7000）

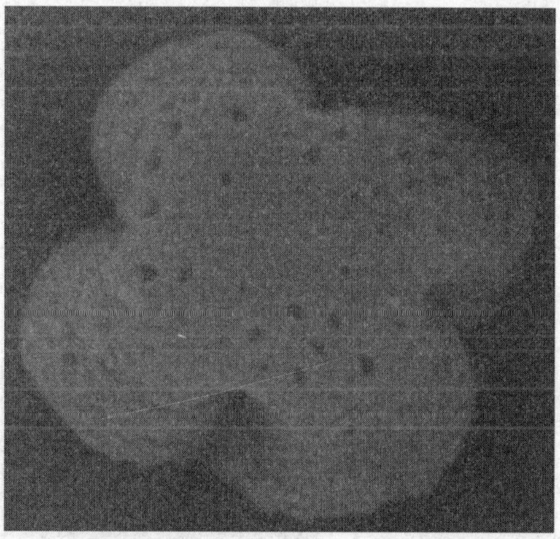

b） 柑橘花粉极面观形态（×7000）

图 C.10 柑橘花粉细胞电镜下的形态

C.1.11 党参花粉细胞电镜下的形态见图 C.11。

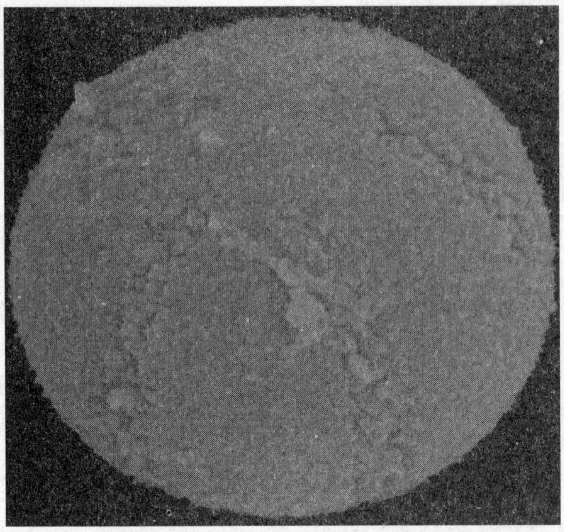

a) 党参花粉赤道面观形态(×4000)

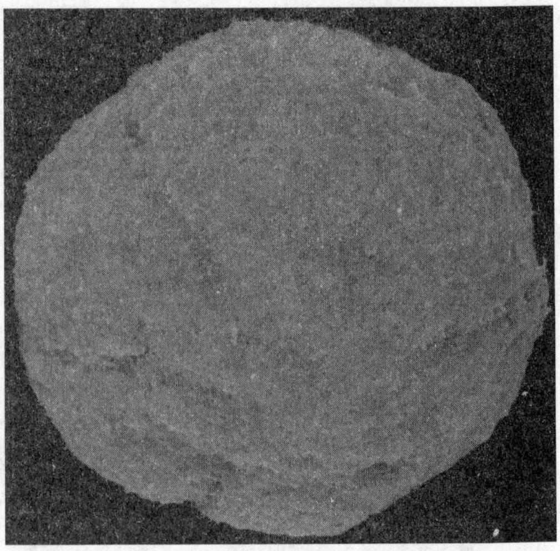

b) 党参花粉极面观形态(×4000)

图 C.11 党参花粉细胞电镜下的形态

C.1.12 蒲公英花粉细胞电镜下的形态见图 C.12。

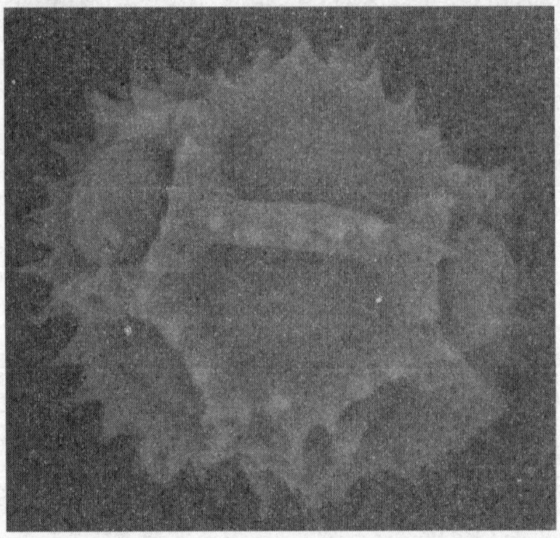

a) 蒲公英花粉赤道面观形态(×7000)

b) 蒲公英花粉极面观形态(×7000)

图 C.12 蒲公英花粉细胞电镜下的形态

C.1.13 荷花花粉细胞电镜下的形态见图 C.13。

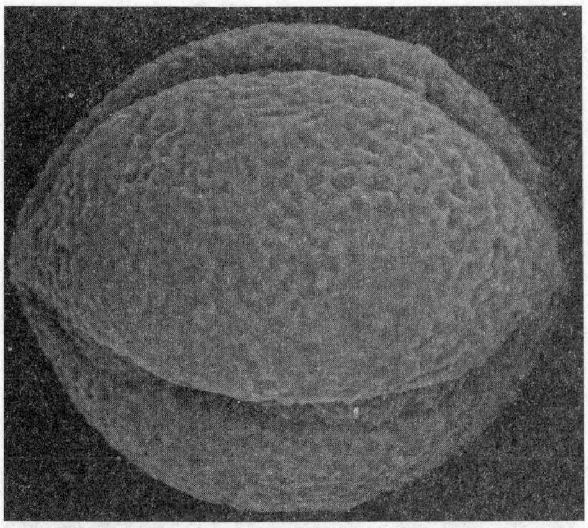

a) 荷花花粉赤道面观形态(×2000)

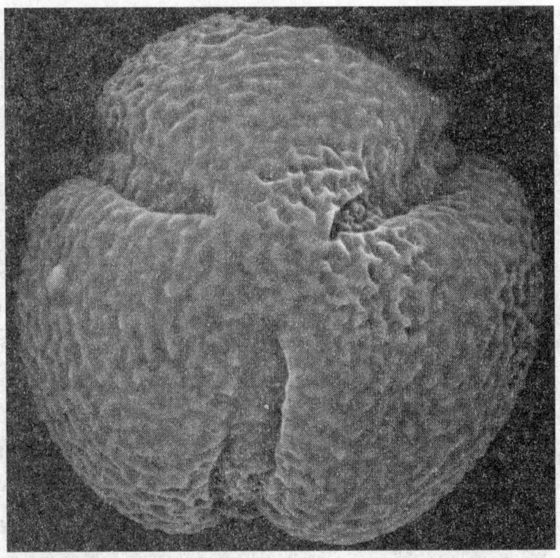

b) 荷花花粉极面观形态(×2500)

图 C.13 荷花花粉细胞电镜下的形态

C.1.14 茶花花粉细胞电镜下的形态见图 C.14。

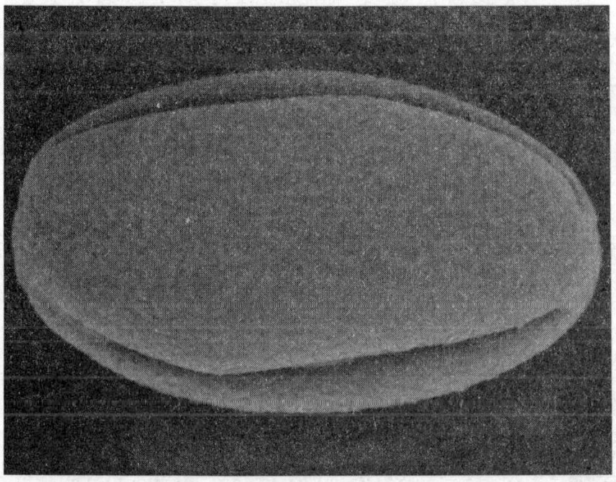

a) 茶花花粉赤道面观形态(×3000)

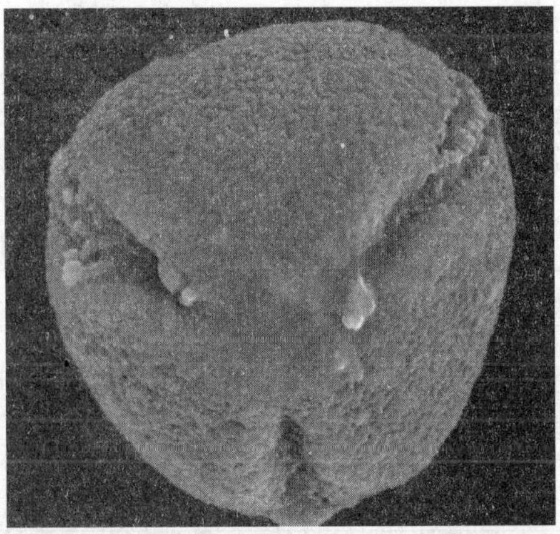

b) 茶花花粉极面观形态(×4000)

图 C.14 茶花花粉细胞电镜下的形态

C.1.15 玫瑰花粉细胞电镜下的形态见图 C.15。

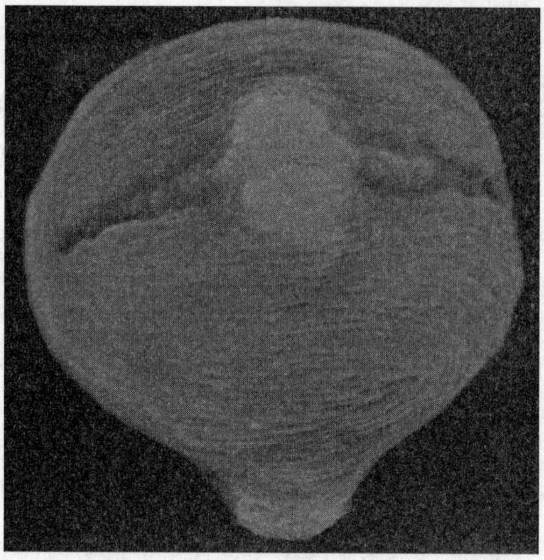

a) 玫瑰花粉赤道面及表面雕纹形态(×8000)

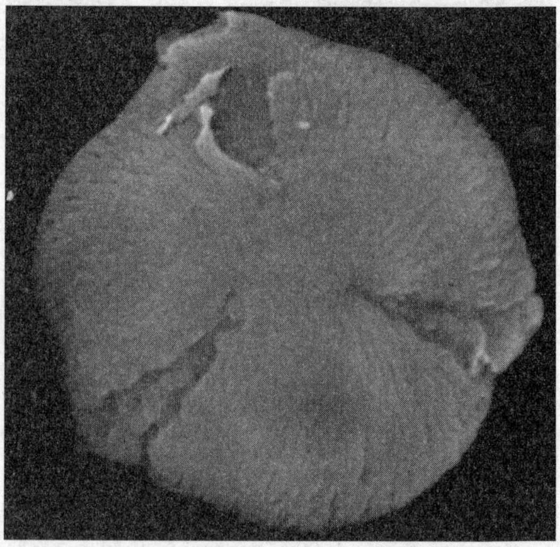

b) 玫瑰花粉极面观形态(×7000)

图 C.15 玫瑰花粉细胞电镜下的形态

C.2 蜂花粉品种的鉴别——电子显微镜镜析法

C.2.1 仪器

扫描电镜:放大倍数:20～10 000 倍;离子溅射仪。

C.2.2 步骤

C.2.2.1 样品称取和净化:用四分法均匀选取花粉样品,在万分之一电子天平上称取 0.1 g 放入 2 mL 指型管中,加入纯净水(25 ℃)1.5 mL,置于超声波清洗器中超声 10 min,静止 3 min 后弃去上层清洗液,重复 2 次。同法再用丙酮(分析纯)和无水乙醇(分析纯)进行漂洗,然后将样品平摊在中性滤纸上自然风干。

C.2.2.2 样品贴台和镀膜:在粘有双面碳导电胶带的扫描电镜样品台上,用取样杆将样品均匀撒落在样品台上并轻轻展开,放入离子溅射仪中,在真空度优于 0.1Torr,电源开关在 HV,电压旋钮为 5,电流表读数在 4 mA～6 mA 时,进行溅射 5 min,取出后待电镜观察。

C.2.2.3 扫描电镜观察:将待观察的样品台放入扫描电镜内、在放大倍数 20～10 000 倍、加速电压 15 kV、室内温度 15 ℃～25 ℃、相对湿度≤70%、电源 110 VA、频率 50/60 Hz 的条件下,调到最佳的清晰度、亮度、对比度和放大倍数,进行图像扫描拍摄。

ICS 65.100
G 23

中华人民共和国国家标准

GB/T 30360—2013

颗粒状农药粉尘测定方法

Testing method of dustiness for granular pesticide product

2013-12-31 发布　　2014-06-22 实施

中华人民共和国国家质量监督检验检疫总局
中国国家标准化管理委员会　发布

前　言

本标准按照 GB/T 1.1—2009 给出的规则起草。

本标准使用重新起草法修改采用国际农药分析协作委员会 CIPAC MT 171《颗粒状产品的粉尘》(DUSTINESS OF GRANULAR PRODUCTS)。

本标准与 CIPAC MT 171《颗粒状产品的粉尘》(DUSTINESS OF GRANULAR PRODUCTS)的主要技术差异和原因如下：

——仅修改采用了 CIPAC MT 171 中重量法一种测定方法，因为重量法为仲裁方法。考虑到国内目前实际情况，本标准没有采用光学法。

——采用 75 μm 不锈钢滤网前放置指定质量脱脂棉替代烧结玻璃过滤器，满足测定要求。

本标准由中国石油和化学工业联合会提出。

本标准由全国农药标准化技术委员会(SAC/TC 133)归口。

本标准起草单位：沈阳化工研究院有限公司、江苏龙灯化学品有限公司、江苏省激素研究所股份有限公司、衡水景美化学工业有限公司。

本标准主要起草人：兆奇、冯秀珍、孔繁蕾、李有。

颗粒状农药粉尘测定方法

1 范围

本标准规定了颗粒状农药产品粉尘的测定方法。

本标准适用于颗粒状农药产品中粉尘的测定。

2 术语和定义

下列术语和定义适用于本文件。

2.1

颗粒状农药 granular pesticide

颗粒状农药是指颗粒剂、水分散粒剂、可溶粒剂、泡腾粒剂等剂型的农药。

3 试验方法

3.1 方法提要

称取一定量的样品，在测试空间内按规定条件自由下落，释放的粉尘由空气流承载，收集在过滤器上，称量得出粉尘量。

3.2 仪器

粉尘测量仪(见图1)：由一个测量箱体和一个倾倒管(倾倒管高度600 mm)组成。测量箱的顶部有可移动的盖子，连接着倾倒管。箱体里面安装一个过滤器，过滤器连接空气流量测定表和真空泵；

过滤器：孔径75 μm，直径40 mm；

空气流量计：范围10 L/min～20 L/min；

天平：感量0.1 mg，精密度±0.1 mg；

秒表；

烧杯：100 mL；

镊子。

单位为毫米

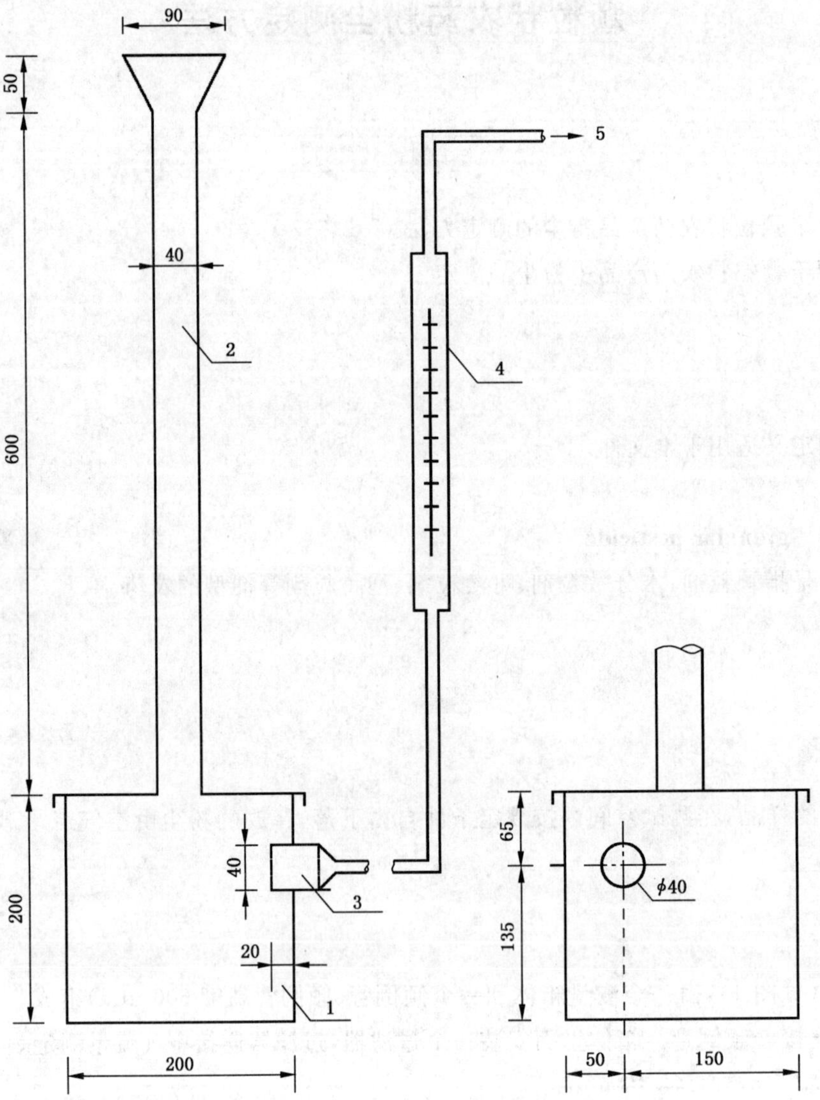

a) 粉尘测量仪横截面图示

b) 测量箱体侧面图示

说明：

1——测量箱体；

2——倾倒管；

3——过滤器(此过滤器并非指定,只需保证 15 L/min 的空气流速,且独立可拆装即可)；

4——空气流量计；

5——接真空泵。

图 1 粉尘测量仪示意图

3.3 注意事项

样品含水量的变化可能显著影响粉尘量,粉尘的测量一定要在样品开封后迅速进行。

3.4 测定步骤

称量 0.3 g～0.8 g 脱脂棉(精确至 0.000 1 g),均匀放入过滤网前端。将过滤器连接空气流量计入口，流量计出口连接真空泵。将带有盖子的倾倒管安装在测量箱体上。开启真空泵，调节空气流量为15 L/min。用烧杯称量 30.0 g(精确至 0.1 g)样品，将其匀速倒入倾倒管入口处，同时计时，控制倾倒样品在 60 s 完成，收集粉尘于脱脂棉上。收集完毕，用镊子取出脱脂棉称重(精确至 0.000 1 g)。

3.5 计算

试样的粉尘量按式(1)计算：

$$m=(m_2-m_1)\times 1\,000 \qquad (1)$$

式中：

m ——试样的粉尘量，单位为毫克(mg)；

m_2——倾倒样品后脱脂棉的质量，单位为克(g)；

m_1——倾倒样品前脱脂棉的质量，单位为克(g)。

3.6 结果判定

表 1 结果判定

粉尘的测定值/mg	结果判定
≤30	基本无粉尘
>30	有粉尘

ICS 65.100
G 23

中华人民共和国国家标准

GB/T 30361—2013

农药干燥减量的测定方法

Testing method of loss in weight for pesticides

2013-12-31 发布 2014-06-22 实施

中华人民共和国国家质量监督检验检疫总局
中国国家标准化管理委员会 发布

前　言

本标准按照 GB/T 1.1—2009 给出的规则起草。

本标准使用重新起草法修改采用国际农药分析协作委员会 CIPAC MT 17《干燥减量》(LOSS IN WEIGHT)。

本标准与 CIPAC MT 17《干燥减量》(LOSS IN WEIGHT)的主要技术差异及原因如下：

——仅修改采用了 CIPAC MT 17 中 17.1 和 17.2 两种测定方法。考虑到国内尚未用 CIPAC MT 17 中 17.3 和 17.4 方法测定农药干燥减量，本标准暂不采用这两种方法。

——指定了《加热 1 小时的干燥减量测定》方法中的温度条件。

本标准由中国石油和化学工业联合会提出。

本标准由全国农药标准化技术委员会(SAC/TC 133)归口。

本标准负责起草单位：沈阳化工研究院有限公司。

本标准参加起草单位：合肥星宇化学有限责任公司、山东胜邦绿野化学有限公司、南通泰禾化工有限公司、黄河三角洲京博化工研究院有限公司、衡水景美化学工业有限公司。

本标准主要起草人：兆奇、赵国霞、蔡黎克、兰林付、张建林、李有。

农药干燥减量的测定方法

1 范围

本标准规定了农药干燥减量的测定方法。

本标准适用于农药原药和固体制剂中干燥减量的测定。

2 试验方法

2.1 加热1小时的干燥减量测定

2.1.1 方法提要

样品放置在105 ℃的烘箱中加热1 h(或烘至恒重)。

2.1.2 仪器

称量瓶:带盖广口,直径50 mm,高30 mm;

烘箱:105 ℃±2 ℃;

干燥器。

2.1.3 测定步骤

将称量瓶放入烘箱中加热1 h,取出放置于干燥器内冷却至室温,称量(精确至0.000 1 g)。重复上述步骤,直至称量瓶恒重为止。称取试样5 g,样品需预先研磨去除结块,然后均匀分散在称量瓶内,称量(精确至0.000 1 g),将称量瓶放入烘箱中,不加盖,烘1 h(根据不同产品特性可适当延长干燥时间直至恒重),加盖取出放入干燥器中冷却至室温后称量(精确至0.000 1 g)。

2.1.4 计算

试样的干燥减量按式(1)计算:

$$\omega_1 = \frac{m_1 - m_2}{m_1 - m_0} \times 100 \qquad \cdots\cdots(1)$$

式中:

ω_1——试样的干燥减量,以%表示;

m_1——烘干前试样和称量瓶(或坩埚)的质量,单位为克(g);

m_2——烘干后试样和称量瓶(或坩埚)的质量,单位为克(g);

m_0——称量瓶(或坩埚)的质量,单位为克(g)。

2.2 高于室温真空条件下的干燥减量测定

2.2.1 方法提要

在指定温度和压力下,将样品置于真空干燥箱中加热至恒重。

2.2.2 仪器

玻璃坩埚:G_0;

干燥器；

真空干燥箱。

2.2.3 测定步骤

指定温度下在真空干燥箱中将坩埚加热 1 h，取出放置于干燥器内冷却至室温，称量（精确至 0.000 1 g）。重复上述步骤，直至坩埚恒重为止。称取试样 5 g，样品需预先研磨去除结块，然后均匀分散在坩埚内，称量（精确至 0.000 1 g）。真空干燥箱预先调整好指定温度，将坩埚置于真空干燥箱中，之后抽真空至指定的压力，保持此条件 2 h（应调整适当的温度和压力使得试样恒重），放空气入真空干燥箱，取出坩埚放入干燥器中冷却至室温后称量（精确至 0.000 1 g）。

2.2.4 计算

试样的干燥减量按式（1）计算。
